U0156715

Tania M. Buckrell Pos

Tea & Taste

The Visual Language of Tea

[英] 塔妮娅·M. 布克瑞·珀斯

茶味英伦

视觉艺术中的饮茶文化与社会生活

张弛　李天琪 译

此书献给我的丈夫迈克尔（Michael）。

目录

致谢

4

特别感谢那些给我的研究工作以启发，使我拥有了更丰富的茶贸易史视角的朋友们。衷心感谢慷慨允许我使用其藏品图片的个人和机构，这些图片使我的文本更加生动。感谢各位茶商、收藏家和各个茶室提供图片，还要感谢我去过的公共机构中，那些帮我协调图片使用事宜的工作人员。另外，我常去的图书馆的工作人员也帮了很多忙，他们每天孜孜不倦地为历史研究者们提供无价的服务。还要感谢吉娜·德·法瑞尔（Gina de Ferrer）的帮助，以及梅根·阿尔德里希博士（Dr. Megan Aldrich）对我写作这本书的鼓励。我还要特别向史蒂芬·川宁（Stephen Twining）先生的卓越贡献表示感谢并致敬。最后，感谢在生活中一直给予我支持的父母、兄弟、家人和朋友。

一套由克里斯托弗·德莱塞博士（Dr. Christopher Dresser）设计、埃尔金顿公司（Elkington & Co.）生产的银茶具，约1880年。图片由伦敦美术协会（Fine Art Society）提供。

序

在我的心目中，茶的故事与纯艺术和装饰艺术的故事密不可分。茶的故事中，确实包含了好故事的所有要素。贪婪、权力、既得利益者、嫉妒、政治议程，这些只是其中涉及的部分内容，虽然这么说有耸人听闻之嫌。更实际地来看，茶作为饮料，一直处在历史风云的中心，至今还影响着我们的生活，给新一代的艺术家以灵感，例如那些当代的工作室陶艺家（Studio Potters）。

我认为，是大不列颠的广大女性在不断推动茶的故事向前发展，她们的影响力不容小觑。从女王伊丽莎白一世（Queen Elizabeth I）时期开始，就有女性将茶看作文明的饮料，甚至是教化人的饮料。直到今天，在用茶礼仪方面，女性仍然十分具有影响力，她们致力于使古老的茶道适应日渐繁忙的现代生活。如果没有查理二世（King Charles II）的妻子布拉干萨的凯瑟琳（Catherine of Braganza）和 18 世纪上流社会的女性，英国也许不会成为今天的饮茶大国。茶叶给英国带来了如此多的利益：从传统手工业到如今那些享誉全球的新兴产业，再到我们每个人的健康都可以从被我们习以为常地称为“茶”的饮品中受益。

茶是一种伟大的饮料。在我眼中，茶就像酒一样。葡萄酒用葡萄酿造，茶叶则来自茶树，但不是所有的茶味道都一样。绿茶的味道清淡精致，好比白葡萄酒；红茶味道更浓，与红葡萄酒更相似。和酒一样，茶的味道也会受其产地影响。土壤、海拔、天气等因素都会导致茶叶味道的差别，不同国家、不同地区的茶味道各异，甚至同一地区的茶也不是完全相同。我并不是想把茶说得高不可攀；相反，我想通过描述茶与生俱来的美妙味道，吸引更多人加入饮茶者的行列。

有人说我痛恨方糖，我强烈反对这一说法。但我确实不喜欢往茶里加糖，因为对我来说，这会破坏茶原本的味道。如果你觉得茶太浓了，可以换一种清淡一点的茶，但不要通过加糖来改变味道！

茶与糖的关联也很有趣，并且展示了茶器的丰富多样。很多人觉得，18 世纪上流社会女性用的精美茶叶盒，起初是用来放方糖的。但这就引出了一个问题：茶叶盒中间的玻璃碗又是做什么用的呢？作为一个茶人，我可以负责任地告诉你，它其实是用来混合茶叶的。在当时，能喝得起茶的家庭，一般都会买很多种绿茶和红茶，放在茶叶盒不同的区域里。泡茶的时候，女主人从每个格子里各拿一点，在碗里混合好，再倒入茶壶。当时，糖确实也是昂贵的奢侈品，也存放在茶叶盒里，但这与玻璃碗无关。玻璃碗体现的只是茶叶盒功能的演变而已。从前，只有高档些的茶叶盒才有混合茶叶的碗；而今天，与茶有关的许多方面，都和过去不一样了。

如果要谈论与茶有关的精美手工艺品，茶叶盒是一个绝佳的例子，这也是本书的主要内容之一。《茶味英伦：视觉艺术中的饮茶文化与社会生活》一书讲述了关于茶的故事，通过精美的彩页展示了英国作为一个饮茶大国的饮茶史，以及茶文化传播这一宏大现象直接催生出的那些纯艺术与装饰艺术作品。

史蒂芬·川宁

R. 川宁有限公司

（R. Twining and Company Limited）

2003 年 10 月

中译本序

得知我的著作《茶味英伦: 视觉艺术中的饮茶文化与社会生活》一书将被翻译成中文出版，我倍感欣喜。这本关于茶与相关装饰艺术的书终于传播到了几千年前茶的起源地。中国是个伟大的国家，它为世界带来了最为流行且经久不衰的饮品，这种饮品的消费现在遍及全球。我甚至无法想象，生活中如果缺少了茶会变成什么样。

中国为世界带来的不仅仅是茶饮，本书还对那些与饮茶息息相关的历史悠久的纯艺术与装饰艺术作品做了介绍，它们也同样来自中国。作为一名艺术史学者，我试着通过瓷器、银器、家具和图像来讲述茶的故事。在早期的东西方贸易中，茶充当了“排头军”的角色。茶与瓷器也是早期东西方贸易中最重要的商品。欧洲对中国瓷器有着极强的渴望，中国瓷在西方被称为“白色黄金”——这也是本书的另一个叙事角度。事实上，关于茶的历史确实和与此类似的相关话题密不可分。

我在大约 20 年前完成了这本书的写作，那也是我作为艺术史学者、策展人和艺术顾问的职业生涯的开端。在本书的写作中，我从艺术品专家、古董商，还有诸如英国维多利亚与阿尔伯特博物馆的国家艺术图书馆（Victoria & Albert Museum National Art Library）、英国国家博物馆（British Museum）、英国国家海事博物馆（National Maritime Museum）等相关机构那里，搜集了英国一流的文献资料。我一直在伦敦工作，跟我的先生和两个儿子在这里生活。我很高兴这本书能够在中国激发起读者新的兴趣，并得以出版发行。希望这本书能给您带来愉快的阅读体验，就如我当年也曾享受这本书的研究和写作工作一样。

塔妮娅 · M. 布克瑞 · 珀斯

国际艺术与管理有限责任合伙公司

（Arts & Management International LLP）

伦敦，英国

2020 年 11 月

引言

6

从17世纪早期开始，西方人对东方的装饰艺术和风俗文化就一直抱有强烈的兴趣。然而，这其中没有任何一种比饮茶来得长久。尽管无论在出口国还是进口国，饮茶都有着源远流长的历史，但其对英国的影响尤为深刻，这种影响不仅涉及经济与历史，还塑造了社会和文化的方方面面。

茶最初作为药物和有助于恢复精力的饮品从中国出口到英国时，受到了英国贵族的热烈欢迎。随着饮茶人数增多，英国的财富也在迅速积累。第一个跨国公司——东印度公司，就利用了茶贸易的机会。东印度公司由伊丽莎白一世创立，目标是“致力于国家的荣耀，人民的富足，企业的动力，航海事业的发展，以及合法交通方式的进步”。由于茶叶是东印度公司最重要的货物，对茶叶的需求影响了东印度公司的整体经营策略。事实上，东印度公司攫取的巨大财富，也帮助大英帝国奠定了其强盛的基础。

随着茶的进一步普及，人们对茶的需求也上升到艺术与行业的层面。这种需求不仅仅局限于美观的茶具、家具和饮茶环境，还包括通过视觉艺术来记录从茶叶采摘到饮茶仪式的整个过程。茶从顶级的奢侈品演变为可供大众享用的重要的社会平衡器。在这个过程中，茶迫使陶瓷、银器、家具等产业紧跟不断变化的时尚潮流，并推出创新产品。

英国的陶瓷制造商们看准了巨大的市场潜力，开始努力与中国的进口陶瓷开展竞争。虽然中国的制瓷技术一直严格保密，但到了18世纪中叶，欧洲人终于发现了制瓷配方的奥秘。从此以后，英国人设计的茶具就逐渐代替了中国的进口茶具。后来，英国又制造出精美的骨瓷和电镀银器，极大降低了生产成本，提高了产量。自此，无论哪个阶层的人，都能买得起一套像样的茶具了。因此，英国陶瓷业和银器制造业的发展也要部分归功于茶的普及。

几个世纪以来，茶推动了社会风俗和行为的演变；而饮茶仪式的不同则反映了社会地位和阶级的差异。通过检视不同类型的艺术作品，从雕塑、静物画、根据中国早期对制茶的描述而绘制的插画，到霍加斯（Hogarth）的讽刺画、乔治王朝的风俗画、维多利亚时期饱含情感的叙事画，我们才能意识到、定义并更好地理解这一片小小的茶叶如何影响了一个国家的历史进程。简而言之，茶是战争和税收的煽动者，是商业、产业和审美的驱动器。直到今天，茶依然广泛地存在于社会的方方面面，其卓著贡献由此可见一斑。

一幅关于制茶的版画，中国画家创作于 1795 年左右，水粉颜料。图片由马丁·格雷戈里画廊（Martyn Gregory Gallery）提供。

Part I: Tea History

When I drink tea, I am conscious of peace.
The cool breath of heaven rises in my sleeves and blows my cares away.
— Chinese Poem

a

b

第一部分　茶的历史

五碗肌骨清，六碗通仙灵。
七碗吃不得也，唯觉两腋习习清风生。

神话和传说

中国的知识分子对茶青睐有加，因而连同茶叶出现的过程也受到了密切的关注。几千年来，中国人一直相信，茶叶对身体有好处。相传是神农氏在公元前 2737 年发现了茶。这个故事至今还流传着好几个版本。神农被认为是中草药之父，开创了草药治病的先河，被尊称为“医神”。故事的其中一个版本是，神农在尝百草的时候，有一天突然感到发热、恶心。这时，他注意到身边的灌木叶子，并将它们摘下来品尝。[1] 然后，他发觉这些叶子不仅使他恢复了精力，还减轻了病痛。[2]

在另一个故事中，神农在篝火上架着锅烧水，烧火用的柴是附近山茶树的树枝。当水快要烧开的时候，树枝上被烤干的叶子被火焰造成的上升气流带了起来，打着旋，落入了锅中，

1　K. C. Lam, *The Way of Tea: The Sublime Art of Oriental Tea Drinking* (New York: Barron's, 2002), 9.

2　译者注：传说源于《神农本草经》，“神农尝百草，一日遇七十二毒，得茶而解之”。

图 1—1　一棵茶树。图片由梅雷迪思·奇泽姆与大卫·奇泽姆（Meredith & David Chisholm）提供。茶树有可能长到 33 英尺那么高，但往往会被人为控制高度，长成低矮的扇形，以便于采摘。

被煮出了一股清香的气味。神农闻到这股味道，决定亲自尝一尝。茶水的味道十分清新，于是神农开始试着放入更多的茶叶。[1] 神农认为，“茶比酒好，因为喝茶不会醉，也不会使人胡言乱语，清醒之后后悔不已。茶比水好，因为其中不会携带病菌，而当水井被腐烂变质的东西污染时，水可能会变得有毒。”[2] 无论如何，不管是谁发明了茶，它起初一定是作为药用的。

在日本和印度，同样有关于茶起源的传说。生活在公元 6 世纪前后的禅宗创始人菩提达摩，曾经为了得道面壁七年。在印度的故事里，菩提达摩靠采摘茶叶而食来保持清醒。而在日本的版本里，菩提达摩有一天不小心在面壁的时候睡着了，醒来后他非常生气，割下了自己的眼睑，两片眼睑落在地上，所落之处后来长出了两棵茶树。[3]

茶在中国的早期传播

所有的茶都是用茶树（Camellia sinensis）的叶子浸泡而成。茶树是原产于中国的树种，野生茶树最早被发现于气候温暖、海拔较高的云南省。自公元 350 年起，四川开始大量种植茶树，并在长江流域迅速传播。“茶”成为长江沿岸百姓最喜欢的饮料。到了 5 世纪，茶开始用于贸易。9 世纪，茶叶的种植扩展到了安徽黄山余脉的松萝山和福建、江西交界处

8

1 J. M. Scott, *The Tea Story* (London: Heinemann, 1964), 3.
2 J. M. Scott, *The Tea Story*, 3.
3 K. C. Lam, *The Way of Tea: The Sublime Art of Oriental Tea Drinking*, 22–23.

图 1—2　一幅茶树的绘画。图片由伦敦奥谢美术馆提供（O'Shea Gallery）。

的武夷山区。

随着朝代更迭，茶的品鉴形式也在不断变化。三国时期，茶代替了酒，成为皇家宴席中的饮品。然而，一直到了唐朝，茶才成为中国的“国民饮料”。这应当归功于茶鉴赏家陆羽。陆羽是历史上第一位茶艺大师，他撰写了《茶经》一书。《茶经》成书于 780 年，分 3 卷 10 节，被称为“茶的圣经”，其中记载了茶的种植、制作和饮用方法。当时，陆羽获得了皇帝的支持，相当有影响力，茶商们都很尊重他对茶行业的示范和指导。书中的内容一部分是诗文，一部分是礼仪，还有一部分是具体的实践教学，详细地解释了饮茶的礼仪和茶具的选择。陆羽说，最好的茶叶“如胡人靴者蹙缩然，犎牛臆者廉襜然，浮云出山者轮囷然，轻飚拂水者涵澹然”[1]。这段描述不但清晰地指出了茶叶的特征，还赋予了茶叶以诗意。由于饮茶与中国人的生活方式完全吻合，也符合“节欲、中庸、宁静”的儒家理想，茶受到了中国人的广泛欢迎。陆羽奠定了中国成为“饮茶大国”的基础，并将饮茶上升到了艺术的高度。

历史上，饮茶最早用的是新鲜茶叶。后来，不同的朝代发展出不同的饮用方式。从唐、宋到明，每个朝代都给茶文化增添了新颖独特的内容。19 世纪的日本著名茶文化学者冈仓天心把这三个朝代分别比喻成茶艺术的古典主义时期、浪漫主义时期和自然主义时期。

唐代，即茶的古典主义时期，茶砖和茶饼兴起，它们由茶叶蒸干后压制而成，并在表面盖上印记。这种工艺使茶的储存时间变得更长，而且由于形制相仿，一些砖茶甚至在西藏被作为货币使用，直到 1956 年才废止。同时，饮茶的步骤也被详细地记载，甚至煮水都被分

1 Lu Yu, *Ch'a Ching* (Great Britain: Ecco Press, 1974).

图 1—3 喝茶的中国女人，由中国画家创作于 1820 年前后。布面油画，17.5 英寸 ×23 英寸。图片由马丁·格雷戈里画廊提供。

成了三个阶段。“一沸”如鱼目，在水中加入盐；“二沸”时“缘边如涌泉连珠”，此时加入茶叶；“三沸”茶水“腾波鼓浪”，加入一瓢凉水止沸，使壶中的水“恢复生机”。冈仓天心在其著作里重申煮茶的严苛步骤：“茶礼的严谨，如同圣事。”[1]

宋代，是茶的浪漫主义时期，盛行点茶，饮茶的仪式也围绕点茶的步骤展开。此时，茶的流行到达顶峰，因此宋代也被称为“茶的黄金时代”。匠人们精心制作出茶具及陶瓷的茶器，技艺登峰造极，以表达对点茶这种形式的尊敬。人们不再向茶水里加盐，茶的味道发生了彻底的改变。不幸的是，随着蒙古人的入侵，一部分宋朝的灿烂文化永远地遗失了。

冈仓天心对蒙古入侵后中国饮茶哲学的变化提出了一个有趣的论断：“对晚近的中国人来说，茶不过是一种美味的饮品，与人生理念并无关联。国家长久以来的深重苦难，已经夺走了他们探索生命意义的热情，他们慢慢变得像是现代人了，也就是说，变得暮气沉沉而又务实世故了。他们不再拥有崇高的境界，失去了诗人与古人永葆青春与活力的童真。他们采取中庸之道，恭顺接受传统的世界观与自然神游共生，却不愿全身投入，去征服或崇拜自然。他们手上的那杯茶依旧散发出花朵般美妙的香气，然而杯中再也不见唐时的浪漫，或宋时的仪礼了。”[2] 蒙古人首创了在茶中加奶的饮用方式，这种传统并未在中国流行，后来为英国人所采纳。

明代流行自然主义的泡饮法，即把处理过的茶叶泡着喝。此时，茶叶的出口达到了很大规模，这种泡茶方式也流传到了西方并一直延续至今。1560 年，被派到中国传教的多米尼

1 K. Okakura, *The Book of Tea* (New York: Dover Publications Inc., 1906 & 1964), 13. 译文参考：冈仓天心，《茶之书》，谷意译，山东画报出版社，2010 年版。（后同）

2 K. Okakura, *The Book of Tea*, 6.

加修士和耶稣会士记录了当时中国人喝茶的方法：“体面人家招待客人，无论客人是谁，都会给每个人奉上一个精美的瓷杯，杯中盛着名叫‘茶’的饮料。这种饮料味道微苦，呈红色，有药效，是草药的混合物。他们用这种方式对客人表示尊敬，无论亲疏。我去的时候，他们向我多次敬茶。”[1] 在中国，不论过去还是现在，茶都是待客之道。

明代以后，饮茶的风俗就基本固定下来了。婚礼上，新郎新娘会一起喝一杯泡着莲子和红枣的茶，象征着伉俪情深、和和美美、子孙满堂。根据以往的传统，婚后新娘每天早上都要向公公婆婆敬上一杯“媳妇茶”，但现在通常只需要在婚礼当天敬一次茶。在一些特殊场合，年轻的晚辈还会向长辈献上泡着红枣的茶，象征富足阔绰、家庭和睦。[2] 在中国文化中，茶一直是地位很高的饮料。

茶的哲学与艺术

9

冈仓天心在《茶之书》中准确地阐释了他的茶哲学：“茶的哲学……它所传达的是我们整套融合了伦理与宗教的天人观。它要求卫生，坚持洁净；它在简朴中见自在，无须讲究排场；它帮助我们感知，界定了万物彼此间的分际，在这个意义上，它也是一套修身养性的方圆规矩。它还代表东方民主的真谛，因为不论贵贱高低，只要你是茶道信徒，就是品位上的贵族。”[3]

1 P. Brown, *In Praise of Hot Liquors* (York: York Civic Trust, 1995), 6. 作者引用了多米尼加修士 Gaspar De Cruz 献给葡萄牙国王塞巴斯蒂安的 *Samuel Purchas*, *Purchas His Pilgrims: Treatise of China and the Adjoining Regions*, c.1560、1625。天主教修士对茶这种无酒精饮料十分重视和推崇，就像佛教徒对茶的态度一样。

2 K. C. Lam, *The Way of Tea: The Sublime Art of Oriental Tea Drinking*, 15.

3 K. Okakura, *The Book of Tea*, 1.

图 1—4、图 1—5 制茶业版画，画上的内容分别是锄地和浇水。图片由茶叶协会公司（The Tea Council Ltd.）提供。

图 1—6、图 1—7　制茶业版画，画中内容分别为分拣茶叶、炒茶。图片由茶叶协会公司提供。

图 1—8、图 1—9　制茶业版画，画中内容分别为舶运，和在广东的仓库里重新打包、称量。图片由茶叶协会公司提供。

他认为，茶没有葡萄酒的傲慢，也不似咖啡自我，更不像可可那般天真浅薄。茶饮中蕴含着人性，人人可以品味。

陆羽之后的几个世纪，茶艺大师不断涌现。“茶本身就是一件艺术品，需要大师的手去激发出它最高贵的本性……像艺术一样，茶也有时期和流派的区分。”[1]在亚洲文化中，茶艺师被看作艺术家。日本茶道历史悠久，茶道仪式都是由茶艺大师主持的。日本茶道源于中国，却保留了宋朝的传统，这在很大程度上是因为日本在1281年成功抵挡了蒙古的侵略。茶道仪式中处处包含着匠心：茶室被巧妙布置，茶器精心选择，茶艺师服饰的剪裁与颜色也都经过了仔细考量；操作时，要控制身体姿势，清除心中杂念，保持内心的平静，整个过程无比精细、计划周密，且十分优雅。冈仓天心认为，日本的茶艺师们掀起了建筑学和室内设计的革命，创立了他们自己偏好的简洁与谦卑的风格。他说：“所以，茶师们不是要努力成为艺术家，而是要成为艺术本身”；而且，“茶不仅仅是一种理想的饮料，也是生活的艺术”。[2]

中国茶的生产

18世纪、19世纪的中国外销画中详细记录了茶的生产过程。这些画经常以12幅为一组，记载茶从种植到加工的过程。画的内容包括锄地、播种、给种子和幼苗浇水、采茶、分拣茶叶、

1 K. Okakura, *The Book of Tea*, 10.

2 K. Okakura, *The Book of Tea*, 61. 作者阐释了道教其实是“茶道”的一种表现形式，道的意义是“道路”，茶达到了某种宗教层面，成为寻求“道”的辅助工具。人们普遍认为“茶道”对日本艺术、装饰和建筑的简单纯净风格造成了深远的影响。

图1—10　一位中国茶商。图片由茶叶协会公司提供。

将收获的茶叶放入篮子和托盘等容器、晒茶、炒茶、制作容器、舶运，以及最后在货仓里重新包装和称重。

11

茶叶一年采摘四次，两批出口，两批供给国内销售。春茶中的第一批称为“早春茶”，4 月中旬开始采摘[1]，产量小，但品质最高，是市场上最贵的茶。第二次采茶开始于 6 月初，之后的两批茶采摘于盛夏，供给大众消费市场。在北半球，茶的生长期是 3 月到 11 月或 12 月。潮湿温暖的气候下长出的茶叶产量高但质量一般；而茶树经过一段时间的休眠滋养，茶叶的口感和质量都会更胜一筹。[2]

鲜茶叶通常要经过杀青、揉捻，有时候还要经过发酵，才能饮用。这些工序几个世纪以来都没有发生过本质上的变化。另外，海拔、气候、土壤这些生长环境因素，以及采摘时茶叶所处的生长阶段，都会影响茶叶的品质。嫩叶和黎明前采摘的茶叶被认为是最好的。采摘工人不能用力太大，否则会把叶子擦伤。从茶树枝干尖端采摘的嫩芽被视为茶叶中的极品。茶就像酒一样，受海拔和土壤影响，幻化出无数种不同的味道和香气。

中国茶叶主要分为以下几种[3]：

红茶是干燥处理前发酵过的茶，因此颜色最深，刺激性最强。每年采摘的首批白毫和武夷岩茶是红茶中最贵者。另外，红茶以福建产的品质最佳。

绿茶是没有发酵过的茶，非常解渴。最贵的绿茶是第一批采摘的珠茶，其次是第二批采摘的熙春茶，广受西方人欢迎。17 世纪、18 世纪，绿茶比红茶更流行，也更贵。后来，到

1 译者注：另一种说法是从立春到清明节前 10 天之间。

2 S. Twining, *My Cup of Tea* (London: James & James Publishers Ltd., 2002), 42. S. 川宁解释了茶如何保留其中国的名字：“白毫”（Pekoe）代表了茶叶嫩芽上的白色绒毛，“小种”（Souchong）指幼小的植物，“工夫茶”（Congou）代表了手卷茶叶制作过程所耗费的大量工夫，而“武夷茶”（Bohea）来自武夷山，“雨前茶”（Hyson）代表了春雨之前采摘的茶。

3 K. C. Lam, *The Way of Tea: The Sublime Art of Oriental Tea Drinking*, 38–71.

了维多利亚女王时代，英国人几乎都只喝红茶，而美国人则更爱绿茶。

浅绿茶（light green tea）的味道被形容为“浓而润”。汤色浅绿加一点点红色，有谷物的香气。

黄茶和绿茶一样没有经过发酵，它得名于汤色金黄。这是因为，其生产过程中有闷黄的工序。这种茶非常稀少。

乌龙茶是部分发酵的茶。虽然原产于中国，却被人错误地与印度和斯里兰卡联系到了一起。饮用乌龙茶一般要配牛奶和砂糖。

白茶是轻微发酵的茶，茶叶采摘于早春，都是嫩芽和嫩叶，在中国之外很少有生产和销售。宋徽宗写过一本关于 20 种茶叶的小册子，他认为其中白茶最珍稀，是最顶级的茶。

花茶一般由香气浓郁的花制成。

猴茶来自于野生茶树，由受过训练的猴子，爬到人类够不到的树顶采摘。

虽然几个世纪以来，中国一直是世界最大的产茶国，但现在，它已经被印度取代了。

英国东印度公司

英国东印度公司可以说是全球第一家跨国公司，其创立为大英帝国的形成打下了基础。[12]

它的重要性，怎么强调都不过分。伊丽莎白一世执政期间意识到了国际贸易的重要性，于1600年创立了东印度公司。该公司创立之初的目标是：“致力于国家的荣耀，人民的富足，企业的动力，航海事业的发展，以及合法交通方式的进步。”女王给了公司从好望角到麦哲伦海峡之间的贸易垄断权。这一垄断权扩张到了亚洲。直到1834年，公司一直垄断着亚洲的贸易活动。东印度公司改变了很多国家的历史，也塑造了国际贸易框架的雏形。

1601年2月13日，东印度公司最早的四艘船从伦敦起航，船上载着500个人和110把枪。过了16个月，他们才首次登陆亚洲的港口——苏门答腊岛北部的亚齐（今印度尼西亚）。此后，一直到1615年，每年出航一次。这十几年间，该公司在北大年（Patani）、暹罗（今泰国）、爪哇的万丹（Bantam）和雅加达、婆罗洲（Borneo）的两个地方、香料群岛（Spice Islands，今印度尼西亚）的望加锡（Makassar）和班达（Banda），以及日本的平户（Hirado）建立了工厂，还在印度建立了6个工厂。那时，英国和荷兰正在跟疆域辽阔的葡萄牙帝国竞争，后者在16世纪早期就到达了中国，开拓了殖民地，与中国建立了重要的贸易往来。

为了进一步打开亚洲的贸易市场，1617年，英国国王詹姆斯给中国皇帝写了一封信。遗憾的是，这封信没有被翻译出来，因此欧洲人依然被禁止入境中国。当时的中国人并不想让天主教或其他西方风俗传入并影响中国，把西方人称为“洋鬼子”。20年后，英国船长约翰·韦德尔（John Weddell）再次尝试与中国开展贸易。他为了更好地与中国人沟通，在广州附近的珠江上停泊了三艘船，但这次尝试也失败了。从1517年到16世纪中叶，葡萄牙是唯一与中国贸易的国家，葡萄牙人在澳门建立了殖民地，以便密切监视和组织贸易活动。其他欧洲人都被禁止入港。

1685 年，清朝皇帝开放了所有口岸；而 1715 年却又全部关闭了，只留下广州允许通商。在东印度公司首次出航近一个世纪以后，英国终于成了第一个被允许从广州进入中国的国家。在广州，欧洲商人们建造宅邸和工厂，但依然受到当时的“八条禁令”的限制，这是一项商业活动必须严格遵守的法律条例。在《南京条约》签订之前，每一个工厂都是一个独立的“领馆”，有自己的仓库和办公室，船长、代理人和商人在这里进行交易，还设有提供给东印度公司员工的住所。虽然东印度公司及其在华贸易逐渐壮大，但中国人还是很轻视外国人。

13

1699 年后，英国每年都会来华贸易，还在中国建立了据点。[1] 广州的沿海地区迅速建起外国人的工厂、办公室，以及手握大权的海关，当时被称为公行（Hong Merchants Guildhall）。尽管商贸快速发展，但依然严重受限，因为政府严密监视着贸易活动，试图让贸易远离普通中国百姓。欧洲人不被允许单独进入广州，只能在官方规定的贸易季，即 6—12 月，待在外国工厂的商馆里，贸易结束后随商船离开。作为进一步的保护措施，外国船只统一停泊在黄埔港外，而且外国人居留期间必须交出所有枪支，由中国人保管。[2] 对贸易的限制也很多，出口的茶、丝绸、瓷器都只能由公行经手，而且任何商人的货物不得超过自己船只装载量的一半。而漆器、艺术品等其他商品，则可以经由本地商家购买。

1 A. Farrington, *Trading Places: The East India Company and Asia 1600–1834* (London: The British Library, 2002), 84.

2 A. Farrington, *Trading Places*, 85.

东印度公司的主要贸易对象是那些对他们而言具有异国情调的商品，比如印度尼西亚的胡椒。后来，印度成了公司的主要货源地。在 17 世纪 70 年代，每年都会有 3000 吨的货物从印度运往伦敦。英国从远东带回去的，不仅有丝绸、瓷器、茶叶，还包括思想和风俗。英国人知道了糖可以补充能量、莲藕对心脏有好处，中医在英国流行了起来。然而，只有饮茶受到了英国全国上下的追捧。

14

1664 年，东印度公司首次从远东的贸易点运来茶叶，作为礼物献给查理二世。查理二世给了公司垄断亚洲贸易的权力。1669 年，茶第一次作为货物被运回英国（那批货包含 143 升茶叶）。此后，查理和凯瑟琳在英国执政期间，随着茶叶越来越受欢迎，其贸易量也同步上升。对茶叶种类的选择由东印度公司全权负责。在深入观察之后，公司发现绿茶比红茶更受欢迎，于是决定多进绿茶，少进红茶。18 世纪早期，公司开始直接向公众售卖茶叶，而不只是通过咖啡馆或者中间商。

随着亚洲大部分地区沦为欧洲国家的殖民地，贸易逐渐被卷入了政治纷争。殖民地迅速扩大，东西方之间的交流方式也逐渐发生了改变。为了巩固东印度公司的垄断地位，1773 年，诺斯勋爵（Lord North）通过了《茶叶法案》（Tea Act），这使得公司在美国卖的茶能比其他竞争对手更便宜。[1] 事实上，整个大英帝国就建立在贸易的基础之上，而奠基者就是东印度公司。[2]

后来，东印度公司成为伦敦城里最大的雇主，这充分显示了其财富和权力。1700 年，

1　美国人开始憎恨茶叶税和来自英国的影响，这种情绪最终引发了同年的波士顿倾茶事件。10 年后，美国人开始直接与中国开展茶叶贸易。

2　A. Farrington, *Trading Places*, 98–108.

图 1—11

图 1—12

图 1—11　装载茶叶，准备通过河流运往东印度公司。图片由茶叶协会公司提供。

图 1—12　《广州的西方商馆》（*The Western "Factories" at Canton*），布面油画，16 英寸 ×23.33 英寸。中国画家创作于 1807 年前后，图中岸边的 6 面国旗分别属于丹麦、西班牙、美国、瑞典、英国、荷兰，飘扬在各自的总部上空。图片由马丁 · 格雷戈里画廊提供。

图 1—13

图 1—14

图 1—13　东印度公司总部。画家施奈贝利（Schnebbelie）于 1805 年创作，后由沃尔诺斯（Wolnoth）刻版印制，作为《休森医生对伦敦的描述》（*Dr. Hughson's Description of London*）的插图。图片由作者提供。

图 1—14　东印度公司的官员在品茶。图片由茶叶协会公司提供。

伦敦成为欧洲第一大城市，财富不断累积，城市的面貌也因此逐渐改变：从科芬园（Covent Garden）、苏活区（Soho）、圣詹姆斯（St. James's）、梅菲尔区（Mayfair）、马里波恩（Marylebone），到布鲁姆斯伯里（Bloombury），都建起了漂亮的广场。亚洲货成了富裕中产阶级的象征，没有哪个家庭不消费茶、中国瓷器、香料和丝绸。1786 年到 1799 年间，公司雇用了理查德 · 贾普（Richard Jupp）和亨利 · 荷兰（Henry Holland，摄政王的皇家建筑师）重建了东印度公司在利德贺街（Leadenhall Street）的总部。

但是，随着特许经营权于 1834 年失效，东印度公司的统治地位没有持续太久，这很大程度上是迫于其他商家的压力。一份 1834 年 2 月 4 日来自广州的文献记录：1 月 27 日，来了一艘叫“伊丽莎白”（Elizabeth）的东印度公司商船，通知他们垄断结束了。10 月 28 日之后，货物可以从好望角以东的任何地方运到英国。从前的垄断造成茶价格居高不下，垄断结束后，随着新公司加入竞争，印度的新品种茶叶变得热销。从 19 世纪 30 年代开始，到维多利亚时代结束，由于茶园增多，印度茶产量提高，茶叶的价格大幅下降。曾经强大的东印度公司在1858年解体，终结了英国商业史上辉煌的一页，导致了大英帝国最终走向衰落。

运茶快船时代与蒸汽机的崛起

15

19 世纪，人们对快速、小型运输船的需要与日俱增。因为这种船可以驶入中国北方的狭小港口，还能不被战船和海盗发现。[1]“运茶快船”（tea clipper）由此应运而生。19 世纪 30 年代，美国、英国和其他几个欧洲国家，纷纷开始生产这种船只。随着运茶快船的崛起，对华贸易也迈进了一个新的阶段：船与船之间的竞争更加激烈，谁都想抢在前面，把茶运走。

随着东印度公司失去垄断地位，中国的对外贸易规模迅速扩大，外国人急迫地想进入中国海岸线上的所有港口。在发生于 1840 年至 1842 年的第一次鸦片战争之后，1842 年《南京条约》签订，英国获得香港的管辖权，还被允许在广州、厦门、福州、宁波、上海 5 个通商港口进行自由贸易。这样一来，贸易不需要再和官方认证的行商打交道，催生了更多的茶叶供货商。两年后，美国和法国也与中国签订了类似的贸易协定。广州成了茶叶贸易最重要的港口，但后来，福州由于占有地理优势超过了广州。

英国失去了对中国港口的垄断权之后，于 1849 年废除了《航海条例》（*Navigation Laws*），这促进了船只设计水平的发展。美国立刻抓住机会，开始了这门有利可图的生意。[2]船舶设计者们摒弃了旧时的理论，在提升船只速度方面取得重大进展。船只承重量预估准确度的提升也意味着设计更精确了。1849 年在纽约建造的东方号（Oriental）快船首次出航，目的地是香港，往返只用了 81 天。这次航行引起了一位在纽约的英国商人的兴趣，于是他

1　G. Campbell, *China Tea Clippers* (London: Adlard Coles Limited, 1974), 33.

2　G. Campbell, *China Tea Clippers*, 33.

图 1—15　在伦敦的码头卸茶。图片由伦敦奥谢美术馆提供。

直接租下了这艘船。1850 年 12 月 3 日，东方号成功航行到了伦敦的西印度港（West India Dock），受到了茶商、买家、茶叶品鉴家们的关注。他们都意识到了这样的速度对茶贸易而言意味着什么。

运茶快船一到中国就要寻找货物。季节不同，装载茶叶的过程也有所区别。一年有四次采茶季，前两次专供出口，分别在 4 月和 6 月。第一批采摘的茶叶价格最高，大概会在五六月运走。对头批茶而言，最受欢迎的贸易港口是沿闽江而上数英里外福建的福州港。在其他港口，运茶快船最多的时段是 6 月到 8 月，剩下的月份也有零零散散的船前来。有些船还会在下半年再来一趟，运些次等的茶，这些船通常停泊在上海。

西蒙森（F. W. H. Symondson）的著作《航海两年》（*Two Years Abaft the Mast*）中有关于 1873 年 9 月和 10 月运茶快船因弗尼斯号（Inverness）在福州装载茶叶的第一手记述：

> 我们已经靠岸一周了，从上海运来的所有本地货都卸下了。我们的船舱已经搬空，压舱物已经装好，还偷偷藏了 200 箱半箱装的乌龙茶。我被迫当起了点货员。随着箱子离开驳船，一根小竹棍会被楔入绳索之间。点货员要趁竹棍还没滑进船舱之前，把竹棍抽出来。当他集满一百根竹棍，要在点货本上记录一下，然后把竹棍放回去。茶装载得很慢，每天约有 200—250 箱的半箱装茶叶被藏在船舱里，后两天就不会再有驳船前来了。在福州，靠岸装货的时间从两周到两个月不等，有时甚至更长。好在我

们并不赶时间，因为我们出发晚一些，纽约的天气就不会那么糟糕。[1]

为了使一艘船上装尽可能多的茶，茶叶箱的装载方式也需要慎重考虑。小种茶和工夫茶用的箱子最大（23 英寸 ×17 英寸 ×21 英寸）。在黄埔港，茶叶大多装在锡罐或者四分之一大小的茶箱中。在福州是半箱装或者满箱，而在上海，大部分的茶箱都是满箱的。运茶船一般到达伦敦之后立即称重。因为四分之一大小的箱子运用空间更加合理，所以在黄埔港装载的船，运货量远远高于上海。[2]

16

装茶的箱子由本地的木材制成，在远离港口的内地制造，木箱里内衬一个铅制的盒子和一些纸。木箱的外部也需要用纸张和防水的覆盖物保护起来。不同规格的木箱放在一起，才能使载货量达到最大。为了使茶叶保持干燥，船员费尽了心机。一旦装载完毕，船就要以疯狂的速度争先恐后地赶回英国。即使靠了岸，还要比赛谁卸货卸得更快。1864 年 9 月 20 日，运茶船血十字号（Fiery Cross）凌晨 4 点在圣凯瑟琳港（St. Katherine Dock）靠岸。第二天早上 10 点，全船装载的 14000 个箱子就都被卸完了。[3]

运茶快船之间的竞赛在 1859—1872 年达到了高潮，而 19 世纪 60 年代是英国运茶快船发展的顶峰。1869 年，苏伊士运河开通，蒸汽机船开始逐渐取代运茶快船。在此之前，蒸汽机船因为需要频繁地靠岸补充燃料，不适合进行前往中国这样的远航，所以并未对运茶快船构成威胁。[4]1866 年，一位名叫阿尔弗雷德·霍特（Alfred Holt）的利物浦船舶商预见

1 D. MacGregor, *The Tea Clippers: Their History & Development 1833–1875* (London: Conway Maritime Press, 1952), 99.

2 B. Lubbock, *The China Clippers* (Glasgow: James Brown & Son Publishers, 1914), 189.

3 D. MacGregor, *The Tea Clippers: Their History & Development 1833–1875*, 100.

4 B. Lubbock, *The China Clippers*, 190.

图 1—16　一艘满帆行驶的 19 世纪运茶快船。图片由茶叶协会公司提供。

了蒸汽机船的商机，成立了被当地人称为“一排蓝烟囱”（Blue Funnel line）的大洋蒸汽机船公司（Ocean Steam Ship Company）。他的第一条船阿伽门农号（Agamemnon）在80天内航遍了毛里求斯、槟城、中国香港和上海，在福州买入茶，回到利物浦。直到1977年，这家公司都一直在提供一流的远东航行服务（1977年，公司名字改成了“老邓普斯特线”[Elder Dempster Lines]）。公司的运营只在二战期间中断过。蒸汽机船的速度，加上苏伊士运河的便捷，把去亚洲的航行时间缩短了一半。

目前停泊在格林威治港的卡蒂萨克号（Cutty Sark）造于1869年，属于运茶快船最后的辉煌时期。它航行的年限很短，但后来作为那个时代的象征符号，被保存下来。运茶快船在规模、运输成本和保险费用上，都无法与蒸汽机船相比。当时，运茶快船在汉口的装载费用是每吨5英镑，在上海、福州是每吨3英镑10先令；而蒸汽机船的费用分别是3英镑和2英镑10先令。另外，包括东方号在内的几艘运茶快船还遇到了别的危险：在进出海峡的时候失事；很容易被海流卷走，失去稳定，几分钟时间就被巨浪吞没了。为了争分夺秒，运茶快船不得不冒巨大的风险。由于中国海域的航海图绘制非常不完善，运茶快船频频触礁。直到现在，很多浅滩和礁石都是以当年在此地沉没的运茶快船命名。所以，后来运茶快船被更坚固的蒸汽机船取代是不可避免的。

图1—17 卡蒂萨克号是历史上速度最快的运茶快船之一，它刚被造好，运茶快船的地位就被蒸汽机船取代了。船的设计师叫赫拉克勒斯·林顿（Hercules Linton）。这艘船的加速度比其他运茶船更快。1954年12月，它永久地停泊在了格林威治港。照片由卡蒂萨克基金会（Cutty sark Trust）提供。

茶与税收

说起对茶消费的影响，没有什么能比英国政府征收的高昂茶叶税更大了。17 世纪中叶，在英国东印度公司第一次进口了茶叶之后，英国政府通过了两项议会法案（Acts of Parliament，1660），规定："每制造和出售 1 加仑咖啡，制造商应缴税 4 便士"；"每制造和出售 1 加仑的巧克力、果汁冻或茶，制造商应缴税 8 便士"。1670 年，在这个本来就很高的税率之上，每加仑茶的税收又增加了 2 先令。以今天的概念来看，如果一名女佣一年的收入是 3—4 英镑，每磅茶就要 10 英镑，还不算各种附加税。所以在当年，茶是极为贵重的饮料，即使富人家也要省着喝。

17

1698 年，茶叶税的征收改成了每磅干茶叶 5 先令，比起早前每加仑茶水征税 8 便士，税负降低了。因为如果要针对茶水征税，政府必须派专人每天到咖啡馆里巡视才能统计出来总共卖了多少茶。伦敦茶馆数量众多，征税的成本太高。18 世纪前 30 年里，东印度公司进口茶叶的税率是 14%，另外还有每磅 5 先令左右的消费税。1723 年，消费税降到了每磅 4 先令；1745 年降到了 1 先令。

茶叶的消费量稳步上涨。到了 18 世纪中叶，茶叶的价格急剧下降。1760 年，低至每磅 10 先令。与此同时，茶叶进口量从 1706 年的 54600 磅，猛增至 1750 年的 2325000 磅。茶叶税居高不下，进口税加上消费税，高达 119%。这个局面一直持续到 1784 年，也成为

图 1—18　英国海岸边的茶叶走私场景。1670 年后，英国政府发现收取茶叶税是一种增加财政收入的有效途径，于是开始以多种形式征收茶叶税。很快，茶叶走私泛滥，走私行为被人们普遍接受，并持续了一个世纪。图片由茶叶协会公司提供。

后来茶叶非法贸易的诱因。

很多人开始从走私商那里买茶。这些商人把茶叶包裹在特制的衣服里，穿在身上。有人认为，当时英国市面上卖的茶叶一半都是荷兰人以不正当途径供应的。随着茶叶贸易的式微，有些茶商离开了这个行业，还有些人在茶叶里混入山楂叶、白蜡树叶、甘草，甚至羊的粪便。这种“茶叶”有一个外号叫作“smouch”，它是茶叶价格居高不下和市场需求不断扩大之间的矛盾的直接产物。毫无悬念，饮用了这种“茶”的人大多得病了。人们发现绿茶更易于掺假，于是红茶流行了起来。1725 年，议会开始对茶走私者处以 100 镑的罚款。1766 年，对走私者的处罚改成入狱。那段时间，英国走私的茶叶量几乎赶上了正常进口的茶叶量。茶叶走私一直泛滥到 1784 年茶叶税减轻以后。1777 年 3 月，帕森 · 伍德福德（Parson Woodforde）在日记中写道：“今天晚上 11 点左右，走私贩子安德鲁斯（Andrews）给我拿来了一包 6 磅重的熙春茶。当时我们正准备睡觉，他在客厅窗下吹了一声哨子，吓了我们一跳。我给他喝了荷兰金酒（Genever[Gin]），付了钱，每磅 10 先令 6 便士。”[1]

理查德·川宁（Richard Twining）在他 1785 年的著述《对茶、〈窗口法案〉和茶贸易的观察》（*Observations on the Tea and Window Act, and on the Tea Trade*）一书中称，走私茶占茶叶总贸易量的三分之二左右，价格为每磅 5—7 先令；东印度公司贩卖的正当贸易茶叶占剩下的三分之一，价格为每磅 10—16 先令。

18 世纪，美国饮茶风气之盛不亚于英国。美国人也厌恶高昂的茶叶税，因而展开了一

1 R. Emmerson, *One for the Pot* (London: HMSO, 1992), 2.

场辩论。艾德蒙·波克（Edmund Burke）认为：

> 美国应该自己决定茶的税率。美国进口的茶叶，每磅会适度收取3便士的税，这是外部强加的唯一税款，直到1770年仍然存在。这项税收的保留仅仅是因为某些原则问题，但仍遭到了美国人的一致反对……在1773年12月波士顿倾茶事件后，英国对美国采取了一系列愚蠢的报复行为，事态逐渐演变成了武装暴乱。

茶叶税成了美国人民受压迫的象征，并引发了独立战争，这可以算得上是历史上最具有讽刺性的事件之一了。1773年，诺斯勋爵（Lord North）主张实行《茶税法》（Tea Act），认为英国对进口到美国的茶叶有绝对的控制权。作为反抗，波士顿的殖民者拒绝让运茶船上岸，把300多箱茶叶扔进了海里。从此，1773年12月16日的“波士顿茶党”（Boston Tea Party）就变成了英国人挥之不去的记忆。

1783年，小威廉·皮特（William Pitt the Younger）成为英国首相，他任命理查德·川宁（Richard Twining，托马斯·川宁的孙子）为伦敦茶叶交易会（London Tea Dealers）的主席。川宁一直致力于呼吁彻底废除茶税。但事实是，他只说服了首相降低税率，理由是这样反而能增加税收的总金额。1784年，《折抵法案》（Commutation Act）通过，茶叶税率下降了12%。这直接导致茶叶消费量从1768年的5892014磅，猛增到1785年的10856578磅。

到了 1787 年，更是高达 16000000 磅。[1] 政府为了追回降低茶叶税造成的财政收入损失，开始征收窗户税，不过这种税只对富人有影响。

之后几个世纪，茶叶税进一步降低。1852 年，首相本杰明·迪斯雷利（Benjamin Disraeli）提出，要把茶叶税降至每磅 1 先令。这一提议遭到威廉·格莱斯顿（William Gladstone）的反对，所以茶税一直保持在 2 先令 2¼ 便士。1853 年，当威廉·格莱斯顿就任首相时，他终于同意将茶叶税降到每磅 1 先令。1865 年，从 1 先令降到 6 便士。一系列的降税措施改变了茶叶贸易。从此，英国成了全民饮茶的国度，走私消失了，茶叶行业蒸蒸日上。

伟大的茶叶贸易

早在唐朝，茶文化就传播到了中国的周边国度，东至日本，西至中东地区。外国人最早关于茶的记录出现于 879 年，一位阿拉伯旅行者的日记里记载道，广州的主要财政收入来自茶税和盐税。1498 年，瓦斯科·达·伽马（Vasco da Gama）成功航行经过好望角，抵达亚洲。从此之后，茶真正开始在世界范围内流转。早期的葡萄牙开拓者们常常在他们的旅行日志里提到茶，包括 1576 年的阿尔梅达（Almeida）、1588 年的马菲（Maffei）和 1610 年的塔克西亚（Taxeira）。1610 年，荷兰的东印度公司首次从日本的平户港把茶运

1 S. Twining, *The House of Twining* (London: R. Twining and Co. Ltd., 1956), 47.

回欧洲。1610 年到 1630 年间，日本与荷兰、英国、葡萄牙、西班牙有贸易往来；但德川幕府在 1630 年到 1850 年间，实行了闭关锁国政策，导致这段时间欧洲主要从中国进口茶叶。茶传播到俄罗斯是 1618 年，是由骆驼商队载过去的（骆驼商队的传统一直延续到 1900 年跨西伯利亚铁路建成）。1648 年，巴黎也有了茶；17 世纪中叶，茶陆续出现在英国和美国。

当时，最先激发欧洲与远东国家展开商品贸易兴趣的人，很可能是荷兰探险家林斯霍滕（Linschoten）。他的著作《航行到东印度》（*Voyage to the East Indies*）记载了欧洲人闻所未闻的东亚风物，还附上了对开展贸易至关重要的详细地图。这本书在 1598 年被翻译成英文。[1] 毫无疑问，英国东印度公司将其作为了贸易指南使用。英国对茶的记载，最早可以追溯到 1615 年东印度公司一名代理的信件。1669 年，东印度公司首次买入了 143 磅茶叶，最早在伦敦的咖啡馆里推广销售。[2] 托马斯・加尔威（Thomas Garway）等商人把茶形容成一种能治百病的饮料："完美的，让人健健康康一直到老……有助于恢复视力，消除呼吸系统的疾病，增强肠胃功能，治疗多梦，提高记忆力。"[3] 从 1679 年 3 月 11 日茶叶第一次拍卖到 1998 年 6 月 29 日拍卖行关张大吉，茶叶在长达 319 年的时间里是通过伦敦茶叶拍卖行（London Tea Auction）集散的。

一份 1705 年 9 月 12 日的记录显示了当时进口茶叶贸易在英国对外贸易总额中所占的比重。东印度公司商船奥利号（Oley）运输了一批价值 25000 英镑的进口货物，包括：

1 P. Brown, *In Praise of Hot Liquors*, 67.

2 大概 10 年后，东印度公司进口了 4713 磅茶叶。

3 T. Garway, *The Exact Description of the Growth, Quality and Virtues of Tea*, 1664.

图 1—19 伦敦茶叶拍卖行。17 世纪初，英国东印度公司每 6 个月就会进口一批茶叶进行拍卖。随着茶叶贸易的发展，拍卖量也稳步增长。图片由茶叶协会公司提供。

60 吨松萝茶

20 吨澳门皇茶

20 吨武夷茶

20 吨黄铜

15 吨水银和朱砂

15 吨丝织品

15 吨生丝

10 吨瓷器

3 吨中国服饰

2 吨大黄和土茯苓[1]

茶占据了船上货物总量的一半以上，加起来将近 100 吨。而且，茶的质地很轻，这就意味着，茶叶箱占据了船舱里绝大部分的空间。

19

1729 年，河边设有无数仓库的广州是中国唯一一个对外开放的港口，船只必须在下游的黄埔港抛锚停靠。很多欧洲国家在这里设立了商馆，并将各自的国旗插在商馆优雅的建筑前，其中包括英国、荷兰、法国、奥地利、丹麦、瑞典。与中国的外交关系也保持着专业水准，他们会经常举行盛大的晚宴，进行奢侈的玩乐，由中国人买单。[2] 由于利润丰厚，所有

1 B. Lubbock, *The China Clippers*, 27.

2 G. Campbell, *China Tea Clippers*, 67.

参与贸易的国家都可从中受益。

18 世纪茶叶的进口量急剧增加，但还是供不应求。18 世纪的头十年，英国共进口了 2 万磅茶叶；第二个十年，茶叶的进口量增长了十倍多，变成 21.4 万磅；第三个十年，增长到 100 万磅。虽然茶一直比咖啡和巧克力价格要高，但到了 18 世纪 30 年代，茶的消费量却超过了这两者的总和。[1] 虽然需求扩大了，但茶叶的运输在 17 世纪、18 世纪仍然很缓慢。从茶叶被生产出来到运输至伦敦，通常至少需要一年半到两年的时间。东印度公司商船莱瑟姆号（Latham）的航行日志里记载了它从黄埔港经历两年回到英国的旅程。当时，不管是货物还是船只，安全均无法保证，海上经常有大风，掀起的巨浪会打湿很多茶箱。在这次的旅程中，就有一千多箱武夷茶和工夫茶被毁了。[2]

几个世纪中，茶叶贸易的增长和茶叶消费市场的急剧扩张主要受到以下几个因素的影响：1784 年英国政府降低茶叶税；1834 年东印度公司结束垄断，真正的自由贸易开始；印度茶市场的发展；以及 19 世纪 60 年代苏伊士运河的开通。

虽然包括英国在内的欧洲国家对中国的产品，尤其是茶的需求量越来越大，但中国对西方的产品却并没有什么兴趣，除了东印度公司从印度进口的鸦片。鸦片在中国获得了稳定的市场，成为西方国家向中国出口的主要商品。为了平衡逆差，西方国家孤注一掷，大力推广鸦片。很快，鸦片输入的速度超过了银的输出速度，降低了茶贸易造成的逆差。

中国政府意识到吸食鸦片成瘾的人越来越多，于是开始实施禁烟法案。但是，腐败的各

1 I. Day, *Eat, Drink & Be Merry* (London: Philip Wilson Publishers, 2000), 112.

2 G. Campbell, *China Tea Clippers*, 65.

图 1—20 《兴塔克斯医生在巴斯的咖啡馆里吵架》（*Doctor Syntax Present at a Coffee house Quarrel at Bath*），托马斯 · 罗兰德森（Thomas Rowlandson）于 1812 年发表。图片由伦敦奥谢美术馆提供。

级官员们依然默许鸦片的泛滥。1821 年，澳门也开始禁烟，鸦片贸易转移到了珠江口的内伶仃岛上秘密进行。东印度公司虽然不允许自己的船只装载鸦片，但从印度驶向中国的船却是例外。1838 年，英国不得不向努力阻止鸦片流入广州工厂的中国官员交出 20000 箱鸦片。此类事件逐渐发展为 1840 年至 1842 年的鸦片战争，结果是 1842 年签订了《南京条约》。14 年后，由于中国没有满足他们提出的要求，法国和英国结盟，发起了第二次鸦片战争。[1] 战争的结果是 1858 年《天津条约》签订，战胜国有效地取得了中国的贸易权。对英国来说，这意味着他们进口茶叶有了稳定的货源。

19 世纪初开始，茶就一直是英国的国民饮料。19 世纪上半叶，茶叶的消费稳定增长：1819 年消费量为 2400 万磅，1834 年为 3360 万磅，1849 年为 4430 万磅。19 世纪下半叶，随着自由贸易的蓬勃发展，茶叶的消费量迅速增长，下午茶成为一种固定的习俗。大英帝国版图扩张，英国国民由于工业革命而富有起来。1850 年到 1875 年左右，茶叶的消费量翻了两番，1871 年达到了 13500 万磅。

1842 年签订的《南京条约》使英国独占了香港，还开放了广州、福州、宁波、上海、厦门五处通商港口。每个港口都设有领事馆，在这里买卖不受中国官员的管制。下面是一段关于当时贸易动态的描述：

> 一开始，中国政府并不愿意开放通商口岸。他们声称，外国人并不能提供什么有

1 R. R. Palmer & J. Colton, *A History of the Modern World* (New York: Alfred A. Knopf, 1984, sixth edition), 642.

价值的商品，因为中国什么都不缺。他们认为，光是允许贸易，就已经是对外国人施恩了——但当地的洋行商人不会这么想，他们急于加入这场有利可图的生意。其中有一位名叫伍秉鉴的商人，品格正直，待人有礼，在商人中很受欢迎。1844 年，美国的第一批运茶船中，就有一艘船是以他的名字命名的。中国和外国的商人之间已经达成了很多共识，但会频繁地与官员发生摩擦。[1]

每年茶叶季开始时，商人们都会商定茶价，然后装船。自由贸易开始之后，广州成了唯一能稳定供应茶叶的港口，装船费用也稳定在每吨（每 50 立方英尺）5 英镑左右，波动幅度在 3—12 英镑之间。[2] 在英国销量很高的工夫茶，每年第二批收茶后，也在广州装船。

19 世纪 60 年代，中国出现了若干信誉良好的银行，通过一些现代的金融手段促进了贸易的发展，资本主义市场初步成型。随着交通的便捷、国际交往的加强，各个商业领域都开始迅速发展。运茶船如果在 11 月到来年 3 月之间从中国出发，受季风的影响，能在 4—6 个月内抵达英国。船一靠岸，商人们会立即把茶运到仓库，因为储藏能使茶的味道更浓郁。后来，大众口味转变，每年第一批采摘的新鲜茶叶受到追捧。运送这种茶叶的快船通常是名气最大、最好的船。因此，之后运茶船一靠岸，买卖双方立刻讨价还价，茶叶就直接卖出去了。运茶船之间的竞赛使茶贸易更加刺激，商人甚至会给最早抵达伦敦的运茶船发奖金。

1 G. Campbell, *China Tea Clippers*, 73.

2 D. MacGregor, *The Tea Clippers: Their History & Development 1833–1875*, 120.

印度的新贸易

虽然茶最早源于中国，但 1823 年罗伯特·布鲁斯少校（Major Robert Bruce）和他的兄弟查尔斯（Charles）在印度东北部阿萨姆（Assam）的朗布尔（Rangpur）附近发现了土生土长的茶树。这一发现为印度种植本土茶叶打下了基础，永久地改变了英国茶贸易的格局，中国茶有了竞争对手。17 世纪之前是中国向印度和锡兰（现在的斯里兰卡）出口茶叶。后来，这些地方的人学会了种植茶树，但不知道如何加工茶叶。再后来，人们发现印度东北部的大吉岭（Darjeeling）最适合中国茶树生长。于是，东印度公司派中国劳工去那里协助茶叶生产。东印度公司在中国的贸易垄断结束之后，印度的茶树种植依然继续。1839 年，伦敦已经有人开始售卖阿萨姆红茶（Assam Tea）。1840 年至 1860 年间，印度的茶产业飞速发展，借助机器，印度的茶叶加工效率远远超过了手工制茶的中国。

20

工业革命期间，英国人通过引进新技术提高生产效率。爱德华·马内（Edward Money）1872 年出版的《关于茶叶种植和生产的论文》（*Essay on thc Cultivation and Manufacture of Tea*）中提道：“幸运的是，对茶企业来说，越深入地学习茶叶的加工过程，就越会明白做好茶其实是一个非常简单的过程。”[1] 维多利亚时代的英国在殖民地生产物美价廉的茶。短短几十年之内，最大的茶叶出口国就从中国变成了印度。19 世纪 60 年代，斯里兰卡的茶产业高速发展；1878 年，第一批产于斯里兰卡的茶叶被运到伦敦拍卖。来自中

1 K. C. Lam, *The Way of Tea: The Sublime Art of Oriental Tea Drinking*, 32.

图 1—21 立顿最早的茶店。19 世纪，立顿的广告语是“从茶园直达茶杯”。图片由茶叶协会公司提供。

图 1—22、图 1—23、图 1—24、图 1—25、图 1—26　斯里兰卡和印度的采茶工人。
图片由茶叶协会公司提供。

国的茶树种子在斯里兰卡当地的水土和气候条件下，生长出一种汤色浅黄的茶叶。到了 19 世纪 80 年代，当地的庄园纷纷开始种茶。[1] 当时，像托马斯·立顿（Thomas Lipton）这样精明的商人，已经在苏格兰的格拉斯哥（Glasgow）开了自己的门店。他于 1890 年在斯里兰卡购入土地，开始自己种植茶树，这样就避免了中间商赚差价，也省去了在伦敦民辛巷（Mincing Lane）参与拍卖的步骤。[2]

20 世纪，茶的种植技术传到了非洲和南美洲。20 世纪 30 年代，CTC 技术（cut, tear and curl 的首字母缩写，即切割、撕碎、揉卷）产生并沿用至今。利用这项技术，能生产出密度更低的茶粉。当时，英国政府鼓励印度和斯里兰卡的生产商们都采用这一技术。被粉碎的茶叶呈颗粒状，冲泡更快。[3] 20 世纪后半叶，市面上出现了提前加工好的茶饮料。同时，在 20 世纪的最后十年，有机茶开始流行。2004 年，全球年均产茶量约为 330 万吨。今天，印度是世界最大的茶生产国，产茶量占全世界的 28%；中国紧随其后，占 23%；斯里兰卡占 10%；肯尼亚占 8%；剩余部分来自土耳其、日本、伊朗、阿根廷等其他国家。虽然第三世界国家也喝茶，但总体来说，西方国家消费的茶品质更好。[4]

21

很多人认为，茶能帮助人们预防癌症和心脏病，因为茶中含有类黄酮这类强力的抗氧化物质。另外，茶还可以提供钙、锌、叶酸、核黄素（维生素 B2）、维生素 B1 和 B6 等营养物质，并含有防止蛀牙的氟化物。

现在，世界上最大的茶消费国是英国和爱尔兰，紧随其后的是科威特、土耳其、卡塔尔、

1 J. Pettigrew, *The Social History of Tea* (London: National Trust, 2001). 作者制作了图表，演示了茶产量的变化：1866 年，中国茶产量为 9760 万磅，印度为 450 万磅；1896 年，中国茶产量为 2450 万磅，而印度和锡兰的产量猛增到 8124 万磅。

2 S. Twining, *My Cup of Tea*, 52.

3 S. Twining, *My Cup of Tea*, 60.

4 上述关于茶的史实，由英国茶叶协会提供。

斯里兰卡、叙利亚、摩洛哥。英国每个成年人平均每天喝 3 杯茶，每年全国的茶消费量是 620 亿杯。英国茶叶市场的价值约为每年 66900 万英镑；如果以重量计，茶的销量是咖啡的两倍。根据英国茶叶协会的统计数据：98% 的英国人喝茶要加奶，93% 的茶叶是以茶包的形式销售的，86% 的茶叶是在家里喝掉的，茶占全国日常饮品消耗量的 42%；另外，平均每杯茶含 50 毫克的咖啡因，这个量是过滤后的咖啡的一半。目前世界各地生产的茶种类惊人，已经达到了 3000 种。

茶叶零售行业和大不列颠的零售商

22

最初，茶只会出现在上层阶级的家中，茶商那里和咖啡店里。[1] 伦敦的咖啡馆开始出售茶饮，意味着茶更加普及，并且将要和咖啡、巧克力、酒类饮料同场竞争。[2]1658 年 9 月 2 日到 9 日发行的《政治报》（*The Gazette*，第 432 期）上刊载的苏丹王妃咖啡馆（Sultaness Head Coffee House）的广告是英国历史上最早的广告之一，曾和奥利弗·克伦威尔（Oliver Cromwell）的讣告出现在同一期。广告中写道："那个所有医生都推荐的绝佳饮料，来自中国。中国人叫它茶，也有些国家称它为 Tay 或者 Tee，它在伦敦皇家交易所（Royal Exchange）附近司威丁·伦茨街（Sweetings Rents）的苏丹王妃咖啡馆有售。"

1 给小费的习惯源于咖啡店。当客人想要侍者更迅速地为他服务时，就会将小费放在写着"TIP"字样的盒子里面。当时茶商卖茶的单位一般以四分之一磅、半磅或一磅论。

2 一般认为咖啡源自阿拉伯，巧克力源自美洲。

当时，咖啡馆只向男性开放，其功能相当于绅士俱乐部。1660年，咖啡馆常客萨缪尔·佩皮斯（Samuel Pepys）在日记中写道："然后我与穆迪曼（Muddiman）一起去了咖啡馆，付了18便士，进了俱乐部。"[1]1663年12月11日，佩皮斯"去了咖啡馆，与一位贩铁的商人进行了愉快的交谈"[2]。在咖啡馆，人们做成了一笔笔重大的生意，进行了一次次谈判，制定了无数的政治策略。咖啡馆与政治和商业之间的关系如此密切，以至于一些咖啡馆逐渐演变成了其他的商业形式，影响着英国的经济发展。比如，伦敦的劳埃德咖啡馆（Lloyd's Coffee House）就成长为世界最大的保险公司。在咖啡馆里，人们会谈正事。川宁公司1785年的档案里有记载："茶商们愿意在纽约咖啡馆（New York Coffee-houfe）会面……因为那里能听到东印度公司经理们带来的消息。董事长，理查德·川宁。"[3]这些咖啡馆往往因风格、趣味和政治倾向不同，有各自的顾客群体。咖啡馆影响力的加强进一步推动了茶的普及。后来，专属于男性的咖啡馆渐渐被饮茶花园（tea gardens）代替，它们成为女性可以受邀前往饮茶的公共场合。

布莱恩特·莉莉怀特（Bryant Lillywhite）的著作《伦敦的咖啡馆》（*London Coffee Houses*）是一本极其详尽的咖啡与茶售卖地指南，时间范围涵盖了17世纪、18世纪和19世纪。比如，下面是两家咖啡馆分别在1705年和1712年的广告语：

乔治·亨肖咖啡馆（George Henshaw Coffee Tea and Chocolate）位于

1 R. Latham, ed., *The Diary of Samuel Pepys: Volume I* (London: Folio Society, 1996), 5. 佩皮斯在此处提到的咖啡馆是Rota俱乐部，最初是作为政治辩论场所创立的。

2 R. Latham, ed., *The Diary of Samuel Pepys: Volume I*, 330.

3 B. Lillywhite, *London Coffee Houses* (London: George Alen and Unwin Ltd., 1963).

伦敦桥附近的路德门山街（Ludgate Hill）的“国王的武器酒馆”（King's Arms Tavern）旁边，经营咖啡、茶和热巧克力，批发兼零售。这里最好的武夷茶仅售每升18先令，次一些的14先令。最好的绿茶14先令，稍次一些的10先令。最好的咖啡每升5先令8便士。

交易巷（Exchange Alley）的莫拉特咖啡馆（Morat's Coffee House），人称“伟大的莫拉特”（MORAT Ye GREAT's）。它的宣传语很有名：在这里，我征服了交易巷所有的咖啡、烟草、巧克力、茶和冰冻果子露。

下面是另一家咖啡馆1745年5月6日在《每日广告》（*Daily Advertiser*）上登的广告：

斯宾塞的早餐店（Spencer's Breakfasting House）！先生们、女士们，注意了：斯宾塞位于休·米德尔顿的尽头（Sir Hugh Myddelton's Head）和圣约翰路（St. John-street-road）之间，临近新河（New River），在莎德勒威尔斯剧院（Sadler's Wells）对面。我们星期天休息，其余时间每天早上都供应高品质的茶、砂糖、面包、黄油、牛奶，人均消费4便士；喝咖啡的话一餐3.5便士。下午茶供应茶、砂糖和牛奶，人均3便士，人气很高。车可以开到花园门口，停靠在圣约翰路的桥边，莎德勒威尔斯剧院的后门附近。

托马斯·加尔威（Thomas Garway）是最早被提及的“烟草商和咖啡商”（tobacconist & coffeeman）之一。1666 年伦敦大火前，他在康希尔街（Cornhill）的交易巷经营生意。17 世纪 70 年代初，加尔威刊登了一则广告：

> 在英国，茶叶的售价是每磅 6 英镑，有时候是 10 英镑。由于茶叶的稀少和昂贵，曾经只用于高档的招待和社交活动。1657 年之前，只有王公贵族们消费得起。据说，托马斯·加尔威确实囤了一些茶，也是第一个公开售卖茶叶和茶饮的人……正如传言所说，加尔威将一如既往地投身于这个行业，卖最好的茶叶、最好的茶饮。很多知名的贵族、医生、商人、绅士都曾在他这里购买茶叶，而且几乎每天都光顾他位于交易街的小店……

加尔威后来成了茶贸易界颇有影响力的人物。他卖的茶，价格从每磅 16 先令到 50 先令不等。他还写了一本书，名为《对茶叶生长、品质和优点的详细介绍》（*An Exact Description of the Growth, Quality & Virtues of Leaf Tea*）。[1]

18 世纪末，饮茶花园开始取代传统咖啡馆的地位。位于伊斯林顿（Islington）的新滕布里奇·韦尔斯咖啡馆（New Tunbridge Wells Coffee House）1685 年开业时是咖啡馆，亨利·荷兰先生（Mr. Henry Holland）接管后，1777 年改成了饮茶花园。[2] 当饮茶变成一项

1 B. Lillywhite, *London Coffee Houses*. 本书列举的咖啡馆按字母表顺序排列，是非常有价值的参考资料。

2 B. Lillywhite, *London Coffee Houses*.

重要的活动后，人们便开始注重饮茶的环境，于是出现了不同风格的饮茶空间，从安静的小茶室，到像沃克斯豪尔（Vauxhall）、拉内拉赫（Ranelagh）这样的大型豪华饮茶花园。拉内拉赫是当时消费最高的饮茶花园之一，人均 2 先令 6 便士。这些饮茶花园也被称为“娱乐花园”（pleasure gardens），里面设有观光长廊，饮茶的时候通常伴有娱乐节目，比如烟火表演、音乐会、马术表演和马戏。被咖啡馆拒之门外的女性们可以经常来这里饮茶、品尝点心，享受社交生活。饮茶花园的出现意味着在家庭之外男性和女性都拥有了饮茶的场合，这也大大促进了茶的普及。

19 世纪中叶，或许是由于禁酒运动，对不提供酒精类饮品的饮茶场所的需求日益强烈。1865 年茶叶附加税降到每磅 6 便士，加上印度茶叶市场蓬勃发展，茶叶贸易量不断增长，茶商数量也明显增加，而且其中很多人因为贩茶而成功致富。下午茶的流行导致许多商家开始为这新的“一餐”提供服务。最早经营下午茶的是阿瑞泰德面包公司（Aerated Bread Company）。1865 年，公司把一个闲置的房间改造成了茶室。还有 J. 里昂公司（J. Lyons & Co.），简称里昂茶店，1886 年开业，提供整洁、富有吸引力的饮茶环境。这些茶室因和蔼可亲的女服务员而出名，她们被亲切地称为“nippies”，意思是服务及时。另一个要介绍的商家是“家乡与殖民地商店”（Home & Colonial Stores），靠售卖柳树纹样品牌标识的茶叶（Willow Pattern Tea）从利物浦发家。到 19 世纪 90 年代，它已经在全英开了 43 家分店。同一时期，托马斯·立顿正在其 300 多家连锁商店售卖和普及了锡兰茶。川宁、皮卡迪利的杰克逊（Jacksons of Piccadilly）、福特南与梅森（Fortnum & Mason）这些品牌也在继续扩大规模。

23

广告成为茶叶进口商人和批发商们经营生意的重要组成部分。之前，散装茶是用纸简单包裹售卖。到了 19 世纪，随着商业的发展，人们逐渐意识到漂亮的包装和广告宣传的重要性，商家也开发了许多巧妙的市场策略。1826 年，一个叫约翰·霍米曼（John Horniman）的商人首次尝试把茶密封在内衬金属箔的包装袋里销售；但是直到 19 世纪后半叶，这种包装才逐渐被顾客和茶商所接受。

19 世纪，现代茶室崛起，对客户来说，茶室的装修设计和气氛与茶本身一样具有吸引力。所有茶室中，影响力最持久的要数格拉斯哥的克兰斯顿小姐茶室（Miss Cranston Tearooms）。它因设计师查尔斯·伦尼·麦金托什（Charles Rennie Mackintosh，1868—1928）在设计中将艺术与茶元素完美融合而闻名天下。这间茶室的老板是凯特·克兰斯顿（Kate Cranston）。1878 年，凯特在其兄长的引导下，在亚皆老街（Argyle Street）114 号开了皇冠茶室（Crown Tea Room）；1886 年又在英格拉姆街（Ingram Street）205 号开了另一间茶室。克兰斯顿精准的商业嗅觉使她逐渐拥有了大批忠实的客人，而她的茶室成了格拉斯哥风尚的聚集地。她聘请了设计师麦金托什及其夫人玛格丽特·麦克唐纳（Margaret MacDonald）为其位于布坎南大街（Buchanan Street）的店面设计墙面装饰，还请他们为上文提到的亚皆老街和英格拉姆街的店铺创作家具，并进行室内设计。1899 年，她在格拉斯哥的萨奇

图 1—27 查尔斯·麦金托什设计的杨柳茶室，1899 年。图片来自《装饰艺术》（*Decorative Kunst*）杂志 1905 年第 13 期。图片由维多利亚与阿尔伯特图片库（Victoria & Albert Picture Library）提供。

堂街（Sauchiehall Street）开了杨柳茶室（Willow Tea Room），成就了麦金托什职业生涯的顶峰。他为这间茶室设计了典型的麦金托什风格的桌椅、瓷器和餐具。1904 年，这里增加了一间以银色和淡紫色为主色调的豪华茶室（Room de Luxe），其中亮点是彩色玻璃和一扇铅门。这个时代，饮茶被提升到了一个新高度。1903 年，建造者的日志和建筑记录（Builder's Journal & Architectual Record）中写道："格拉斯哥的茶室普及程度，简直像是东京。要说茶的流行和喝茶的频率，没有哪个地方能比得上这里。"[1]1919 年，凯特卖掉了她的产业，只有杨柳茶室保留至今，作为格拉斯哥在现代主义运动中留下的文化遗产。

20 世纪虽然经历了两次世界大战，但茶产业的竞争依然非常激烈。当时，茶叶实行定量配给，这使人们可以买到的茶叶量更少了。为了节省茶叶，阿莱克斯·亚当森（Alex Adamson）倡议："如果你在泡茶的时候捏一点小苏打放入茶壶，每次都能节省几乎满满一勺茶叶。"[2] 在当时的茶品牌中，里昂（Lyons Tea）能撑过两次世界大战依然流行，就是因为他们泡的茶偏淡。第二次世界大战后，茶产业经历了大洗牌，留下来的只有几个大品牌，包括布鲁克邦德（Brooke Bond）、Co-op、泰普（Typhoo）、立顿（Liptons）、里昂与泰特莱（Lyons Tetley）。

今天仍在经营的茶叶品牌

川宁：在茶的历史上，川宁是最富影响力的品牌。它开设了世界上第一家售卖干茶叶

1 P. Kinchin, *Mackintosh and Miss Cranston* (Edinburgh: NMS Publications, 1999), 69.

2 A. Adamson, *1001 Household Hints* (London: Bear Hudson Ltd., c.1950), n.p.

图 1—28　川宁茶叶帝国的缔造者托马斯·川宁的画像。图片由 R. 川宁有限公司（R. Twining and Company Ltd.）提供。

的商店。几个世纪以来，川宁凭借优良的品质和信誉驰名天下。1706 年，托马斯·川宁（Thomas Twining，1675—1741）买下了位于德弗罗庭院（Devereux Court）的汤姆咖啡馆（Tom's Coffee House），这家咖啡馆地理位置极佳，位于伦敦城区（City of London）和威斯敏斯特（Westminster）之间，斯特兰德（The Strand）大街附近。当时，伦敦已经有两千多家咖啡馆，人们已经养成了喝咖啡的习惯。但托马斯还是凭借自己对茶叶的专家级知识储备，不断增加茶的品种，改进茶叶拼配方式，并向顾客提供一些附加服务，将生意慢慢做大。1706 年，川宁卖了一些中国珠茶，当时，这种茶的市价在今天相当于每 100 克 160 英镑。川宁拥有精英阶层的顾客，去店里购买茶叶的比购买茶饮的多，这使他远远胜出其他竞争对手。1717 年，川宁的茶叶店改名为“金色里昂”（The Golden Lyon），吞并了斯特兰德大街相邻的另外三家店面。1734 年，托马斯放弃了之前所有的咖啡馆生意，专注于经营茶叶。1837 年，维多利亚女王向川宁授予了它的第一个英国王室茶叶供货特许状（Royal Warrant for Tea），赐名“女王的日常承办商”（Purveyor in Ordinary to Her Majesty），公司的宣传语也改成了“贵族和上流社会的供货商”。今天，川宁依然是伊丽莎白二世（Her Majesty Queen Elizabeth II）和威尔士亲王查尔斯王子（H. R. H. The Prince of Wales）的御用品牌。

福特南与梅森（Fortnum & Mason）：1707 年，原本从事二手蜡烛生意的威廉·福特南（William Fortnum）说服了他的房东胡戈·梅森（Hugh Mason）入伙，在皮卡迪利大 [24]

图 1—29　早期售卖食品杂货和茶叶的哈罗德店铺外观，摄于 1902 年。图片由伦敦哈罗德有限公司档案馆（The Archive Company, Harrods Limited）提供。

街（Piccadilly）开了一家杂货店。福特南做过王室内侍，人脉很广，能建立起层次较高的顾客群。基于东印度公司的成功，福特南与梅森的茶叶销售从开店之初一直延续至今。另外，福特南与梅森是维多利亚时代最早售卖罐装食品和即食食品的商家之一。到了 20 世纪 20 年代，福特南与梅森的杂货店扩张为百货商店。当时店里的茶叶部门可以提供非常专业的服务，只要提供水的样品，他们就可以从来自世界各地的茶叶中选出一种适合它冲泡的。

皮卡迪利的杰克逊（Jacksons of Piccadilly）：19 世纪早期，罗伯特·杰克逊（Robert Jackson）在他位于皮卡迪利大街的仓库售卖预先拼配好的茶，这种做法在英国为首创。杰克逊为自己确立了一个广受欢迎的茶叶拼配专家的形象，他当时拼配茶叶的方子一直沿用至今。1840 年，他创立了罗伯特·杰克逊公司（Robert Jackson & Co.），在 19 世纪也获得了多张英国王室供货特许状。20 世纪，公司在英国境内扩张，二战后扩展到其他国家，享誉国际。今天，这个品牌依然保持着其销售高品质茶叶的传统与声誉。

哈罗德（Harrods）：这是伦敦最著名的百货公司之一。它从一家小食品店起家，以品质上乘和风格独特闻名世界。查尔斯·亨利·哈罗德（Charles Henry Harrods）在 1834 年开始了他的食品批发和贩茶生意。1849 年，哈罗德开始涉足零售业，收购了位于骑士桥（Knightsbridge）的一家濒临倒闭的食品店。他的儿子查尔斯·迪格比·哈罗德（Charles Digby Harrods）把食品店转型为百货商店。这个品牌生存至今，现在依然在经营优质的拼配茶。

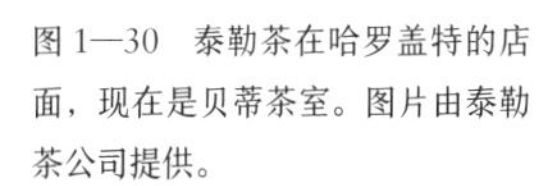
图 1—30　泰勒茶在哈罗盖特的店面，现在是贝蒂茶室。图片由泰勒茶公司提供。

图 1—31

图 1—32

图 1—33

图 1—34

图 1—31 伦敦斯特兰德大街 216 号的川宁茶店，入口上方有著名的“金狮”（Golden Lyon）标识。图片由 R. 川宁有限公司提供。

图 1—32 川宁茶店内景。这是世界上最古老的茶叶品牌。图片由 R. 川宁有限公司提供。

图 1—33 皮卡迪利的杰克逊茶叶商店外观。图片由皮卡迪利的杰克逊有限公司（Jacksons of Piccadilly Ltd.）提供。

图 1—34 皮卡迪利的杰克逊茶叶商店室内，墙上有中国风的图案装饰。图片由皮卡迪利的杰克逊有限公司提供。

泰勒茶（Taylors of Harrogate）：1886 年，查尔斯 · 泰勒（Charles Taylor）在利兹起家，最初售卖茶和咖啡。公司最早的名字是 C. E. 泰勒公司（C. E. Taylor & Co.）。他“茶摊”风格的店铺向路过的顾客售卖刚烘焙好的新鲜咖啡豆和风味独特的拼配茶饮。泰勒的味觉灵敏，擅长制作适合当地水质的拼配茶。今天，泰勒茶依然根据水的不同软硬程度（硬水、软水、中度硬水）售卖相应的茶叶。1919 年，公司在哈罗盖特（Harrogate）开设了“贝蒂茶室”（Betty's tearooms），营业至今，并在当地增开了 4 家分店。

茶包

今天的茶叶跟以前比较起来尺寸大大减小了，这是为了满足对更短冲泡时间的需求，但还有一个更重要的原因是茶包使用量的增加。关于“谁最早发明了茶包”这个问题，至今仍然存在争议。一种说法是约翰 · 霍尼曼（John Horniman）1826 年发明了茶包（Tea Packet）并首先在怀特岛（Isle of Wight）测试市场反应。而另一种被更多人接受的说法是，纽约商人约翰 · 沙利文（John Sullivan）在 1904 年发明了真正的茶包（Teabags）。他在准备给顾客派送茶叶样品做推广的时候想到了这个点子。他将样品装在手工缝制的丝质小袋子（sachets）里，袋子顶端有绳子用来封口。这个主意受到了顾客的欢迎，因为这样就可以避免茶叶弄得到处都是，也不需要清洗茶壶了。在制作茶包时，沙利文也留出了足够的空间，以便茶叶在水中能够充分舒展开来。但并不是所有茶包都是这样的，有些茶包里的茶叶会被磨成粉末，这样茶叶的味道就流失了。20 世纪 20 年代，北美的大部分茶叶消费者饮茶都是使用茶包；但直到 20 世纪 60 年代茶包才在英国流行起来。茶包的使用大大简化了泡茶的工序，它可以直接放在茶杯或马克杯里冲泡，不再需要那么多茶具了。

品茶师

在中英贸易的早期，品茶师这一职业就已经出现了。特别值得一提的是一位名叫约翰·里夫斯（John Reeves）的品茶师。他因为在与茶相关的领域学识渊博而被东印度公司雇用，1829 年时年收入已达到了 2000 英镑，在当时是很高的薪水。作为茶的品鉴家，里夫斯需要掌握很多技能。1848 年，有一个品茶师就曾经抱怨：“我一直在喝茶，比较茶和茶之间的区别，喝得我都要病了！”[1]

当代西方品茶师的工作方式与亚洲的同行们完全不同，他们的工作更类似于品酒师。品茶和茶叶拼配是一种艺术形式，要从事这一行业，至少需要 5 年的专业训练。学徒要师从名家，而且要到产茶国去学习第一手的拼配技术。现代的拼配茶包含 35 种以上的不同茶叶，因此，品茶师需要不断训练自己的味觉。和品酒师一样，品茶师也会用“浓郁”和“顺滑”这种行话来描述他们的感觉。他们试图帮助茶叶生产商保持茶的口味一致，但由于茶叶生产过程中

1 P. Connor, *George Chinnery* (Suffolk: Antique Collector's Club, 1993), 226.

图 1—35 品茶师在尝试不同的拼配茶。图片由茶叶协会公司提供。

的众多变量，这项工作十分不易。

26

品茶师品茶时有专业的方式。茶叶会在一个有专利的量奶匙中量好，然后用吊称精确称量。烧水的时间按秒计算，从而精确地控制水中的氧气含量。茶叶冲泡的时间也被严格监测。这样做的结果就是泡好的茶比普通的茶要浓六倍。品茶师会喝下一勺茶，含在喉咙里一会儿，再吐出来。品茶时，根据品茶师的个人喜好，有些人喝热的，有些人喝凉的，有些人加奶，有些人不加。有经验的品茶师和品酒师一样，能够根据口味推断出茶的产地。

擅长茶叶拼配、对香味敏感的专家会创造出一些特制的茶。为了确保同一品牌的茶味道一致，不同产地的茶叶会被混合在一起。特制的茶里面也可以加入水果、花朵、香料或者草药。最早流行的特制茶之一，是由一位外交官从中国带回英国献给当时的首相厄尔・格雷二世（the 2nd Earl Grey）的。这种茶混合了 6 种中国茶叶，还带有佛手柑油的香气。首相将配方送给了理查德・川宁，而在当时，川宁是推广拼配茶最为成功的品牌。[1] 19 世纪，茶叶拼配和特制茶的创制极其普遍，茶商还发明了给茶叶分“等级”和形容茶叶大小的一套术语。

如今，富裕的中国人会委托品茶师根据自己的喜好拼配昂贵的茶叶。[2] 拼配茶叶的习俗最近似乎正在复苏，这或许标志着我们正在走向茶的文艺复兴。

1 S. Twining, *My Cup of Tea* (London: James & James Publishers Ltd., 2002), 44.

2 K. C. Lam, *The Way of Tea: The Sublime Art of Oriental Tea Drinking*, 21.

饮茶作为一种社会现象

英国社会中饮茶方式的演变是一个非常有趣的现象，每个阶级都在其中扮演着重要角色。由于饮茶，整个社会的饮食习惯都向前发展了。伊丽莎白一世统治时期，富人的早餐包括冷肉、鱼、奶酪、面包和麦芽酒。相比之下，维多利亚时代中产阶级的早餐更加丰盛，包括茶、热巧克力或咖啡，以及肉、鱼、鸡蛋、松饼、吐司、黄油和果酱。当时人们很喜欢茶，因为茶冲泡方便，适当地喝茶对健康有好处；而且茶本身有一种天然的异域气息，引人注目。总体来看，茶被认为是一种性质温和的健康饮料。早在1671年，就有一位牧师把茶用在食谱中推荐给了迪格比爵士（Sir Digby）。这份食谱里写到，要把茶水与打碎的蛋液混合，认为："这种食物最适合你刚刚下班回到家，非常饿，但是不能立刻吃上饭的时候。"[1]

英国饮茶之风的兴起要归功于凯瑟琳王后，她在1662年5月13日作为查理二世的未婚妻来到英国。在凯瑟琳的家乡葡萄牙，茶是每天必喝的饮品。因此，她刚刚抵达英国，就要求喝一杯茶，但当时的英国并不流行饮茶。好在从里斯本动身的时候，她随身带了一箱茶叶。在凯瑟琳的影响下，很快，英国王室就开始流行每天饮茶。此后，饮茶的习惯从引领风潮的王室传播到整个英国社会。同时，东印度公司也在大力推动茶叶贸易，提供茶水的咖啡店和茶商悄悄涌现。看到英国巨大的酒精消费量，凯瑟琳王后开始将茶作为酒的替代品大力推广。17世纪初，英国各个阶级的人都在早上6点到7点左右的早餐时间喝麦芽酒；中产阶级会

1 P. Brown, *In Praise of Hot Liquors*, 52.

图 1—36　凯瑟琳王后的雕像，蒂姆·法格（Tim Fargher）创作于 2002 年。青铜材质，表面有绿锈，该作品有两个版本，这是其中之一，尺寸为 20.5 英寸 ×19.5 英寸 ×14.5 英寸。图片由帕特里奇美术公司（Partridge Fine Art Plc.）提供。1662 年，查理二世时期的宫廷诗人艾德蒙·沃勒（Edmund Waller）为王后写了一首颂诗：

Venus her Myrtle; Phoebus has his bays;
维纳斯戴桃金娘花冠，阿波罗戴着月桂

Tea both excels, which she vouchsafes to praise.
皇后赞美的茶，胜过两位神祇

The best of Queens, and best of herbs, we owe
我们有最贤德的王后，最高雅的茶

To that bold nation, which the way did show
大不列颠的历史表明，她是一个雄壮的国度

To the fair region where the sun doth rise,
献给太阳升起的这片土地

Whose rich productions we so justly prize.
赞美这片土地上丰厚的物产

The Muse's friend, tea does our fancy aid,
茶是缪斯的伙伴，它给了我们幻想

Repress those vapours which the head invade,
茶的清冽，一扫脑中的谜团

And keep the palace of the soul serene,
使得灵魂的圣殿宁静圣洁

Fit on her birthday to salute the Queen.
在王后的生日，我们向她致敬

图 1—37 《饮茶的花园》(*The Tea Garden*)，布面油画，16 英寸 ×20 英寸，作者乔治·莫兰德(George Morland)，1790 年制版印制版画。图片由泰特美术馆(Tate Gallery)提供。

配以面包和一杯糖浆（sack），而穷人只能喝浓粥（pottage）配麦芽酒。[1]晚餐，也就是每天的第二顿饭在下午三点，也会有啤酒或者麦芽酒。很明显，当时麦芽酒是英国的主要饮品。

1685年,饮茶的习惯已经深深扎根于英国上流社会。人们早餐时会饮茶,配上面包、黄油、咖啡或热巧克力。威廉三世（William Ⅲ）的牧师约翰·奥维顿（John Ovington）的《关于茶的基本特征和品质的论文》（*An Essay Upon the Nature and Qualities of Tea*），向英国人解释了不同种类的茶及其生长环境，以及保存茶叶的方法和茶的"几种美德"。[2]茶作为健康饮料被广泛推广，人们对茶的好处的认识得到了提高。社会风俗也在改变——晚饭后，女人们前往会客厅饮茶，或者是去收藏茶的储藏室，而男人们则抽烟、喝酒。由于茶价格昂贵，每次只在从中国进口的茶器中冲泡一点点。那时的富人比较偏好名贵的绿茶，比如熙春茶或皇家贡茶。不过，到了18世纪20年代，红茶的销量就和绿茶不相上下了。

1717年，托马斯·川宁在他位于斯特兰德大街的咖啡馆旁边开了一间茶店，采取了很多革命性的新做法，其中之一就是接受女性自己来买茶。而早些时候，女人都是派男仆来替自己买茶。作为一个精明的商人，川宁深知女性才是时尚的引领者，才能促使各种各样的饮茶方式出现。家具、银器、瓷器（茶具）的生产商也追随这股潮流，生产出各种风格、式样、材质的装饰品，以满足男性和女性顾客的不同需求。饮茶成了当时人们展示自己的财富、地位和时尚品位的方式。

麦斯威尔·莱特（Maxwell Lyte）在他的著作《伊顿历史》（*History of Eton*）中记载

1 J. Pettigrew, *A Social History of Tea*. 作者解释"sack"是一种用草药和香料自制的糖浆，而"pottage"是一种用手边的粮食做成的浓粥。

2 J. Ovington, *An Essay Upon the Nature and Qualities of Tea* (London: 1699), 扉页。

了一位小学生1766年写给他父亲的信："我希望您能让我在这里买得起下午喝的茶和砂糖。要是没有它们，简直没办法和其他男孩相处了。"18世纪30年代，茶已经取代了酒，成为上流社会社交场合的饮料。无论是音乐会、舞会还是派对，到处都少不了茶的身影，全天分时段供应。这一潮流甚至使"早餐派对"流行开来。从18世纪中叶开始，人们会在吃早餐时穿上得体的服装，然后9点用餐完毕后脱掉。早餐成了早晨的仪式：茶、热巧克力和咖啡，配上热面包、黄油、果酱、奶油，还有报纸。18世纪起，人们在重新布置住宅时，大多会专门留出饮茶的空间，有的是新增一个房间，有的是空出房间的一角，并重新装修。夏天，住在乡村的人家会在花园里设一间茶房或一个帐篷。所有茶室的装饰风格往往都是被西化了的中式风格，被称为"中国风"。茶强烈地影响着英国人的生活方式，正如托马斯·德·昆西（Thomas de Quincey）所说："茶，尽管被那些天生神经不够敏感、细腻的人所嘲笑……却一直是知识分子的最爱。"

在英国当代文学中，茶也被屡屡提及。小说《女士的更衣室》（*The Ladies Dressing Room*）曾提到，一位男士为了追求他心仪的女子，需要为她准备：

> 享用早餐的：
>
> 一个饮茶和热巧克力的壶，
>
> 一只粥杯，

陶瓷茶盘，金勺子，

里面放着精细砂糖的碟子。[1]

亨利·菲尔丁（Henry Fielding）在他 1728 年出版的著作《爱是几场化装舞会》（*Love is Several Masques*）中也写道："爱情和风流韵事是佐茶最好的甜味剂。"

当时，精细的砂糖是只有富人才能消费得起的奢侈品，被社会上的有识之士抵制，成为反奴隶运动的一部分。从很早开始，英国人就在茶里加糖，后来，越来越多的传统饮品都开始加糖。18 世纪的时候，女性甚至把茶和酒混合起来，发明出了一种新的饮品。18 世纪早期，茶碗被茶杯代替，从此，以茶壶为中心的整套茶器开始兴起。18 世纪 70 年代，配以面包、蛋糕等点心的下午茶已经演变成每天固定的一餐。茶在英国的流行于 18 世纪到达顶峰，一度成为主要的社交活动。到了 1775 年，茶的地位甚至超过了咖啡和热巧克力。著名诗人萨缪尔·约翰逊（Samuel Johnson）把自己形容成一个"典型的冥顽不化的茶鬼，20 年来仅靠这种迷人的植物度日，与茶为伴欢娱黄昏，与茶为伴抚慰良宵，与茶为伴迎接晨曦"。英格兰变成了一个对茶痴迷的国度。

简·奥斯汀（Jane Austen）所有写作于 18 世纪末和 19 世纪初的作品都常常提到当时的社交礼仪，描述了当时上流社会饮茶的场景。在《傲慢与偏见》中，女主人伊丽莎白喝完茶后，去了书房。书中的其他部分也时不时会提到一些特殊的习俗，比如："当绅士们加入，

1　P. Brown, *In Praise of Hot Liquors*, 74.

图 1—38　一群人围坐在茶桌旁边。在这幅版画中，银色的茶瓮成了早餐桌的焦点。图片由茶叶协会公司提供。

饮茶结束，茶桌换成了牌桌。”[1] 奥斯汀的另一部作品《爱玛》（*Emma*），也描述了饮茶的场景：“茶在楼下泡好了，还有饼干和烤苹果……一群人围着茶桌坐下，和往常同样的一群人，他们都聚了多少次了！又有多少次，她的目光落在草坪上的同一簇灌木丛上，望着同样美丽的夕阳！”[2]《理智与情感》（*Sense and Sensibility*），也提到了一群人娱乐的场景：“餐厅容纳 18 对夫妇都不成问题；牌桌可能放在了休息室；书房里可以饮茶，吃点心；晚饭就在大厅里吃。”[3] 奥斯汀小说中的人物会谈论饮茶空间。《沃森一家》（*The Watsons*）写道：“茶室是棋牌室里更小的一间，人们穿过棋牌室的时候，会被茶桌挡住。”[4] 在《爱玛》中，马丁夫人（Mrs. Martin）这样形容新茶室：“这是他们花园中很气派的一间凉亭，足够装下十多个人，明年的某些时候，他们都会去那里喝茶。”[5]

28

茶渐渐渗透到较低的社会阶层中，甚至作为一种酬劳被包含在了佣人每周的薪水里。当时的家庭佣人每天能喝两到三杯茶，饮茶在工人阶级中普及开来。1751 年，查尔斯・迪林（Charles Deering）在诺丁汉（Nottingham）记录道：“这里的人们离不开茶、咖啡和热巧克力，尤其是茶。茶如此普及，以至于不仅仅是贵族和富商们经常喝，甚至缝纫工、分拣工和绕线工们早上也会喝茶，享受她们的早餐时光。”[6] 穷人和工人阶级喝的茶叶质量不高，每次泡的也少，而且会用红糖和糖浆代替精制白砂糖，但这并不影响他们享受茶。正如乔纳斯・汉威（Jonas Hanway）在他 1757 年的著作《关于茶的论文》（*Essay on Tea*）中写道：“在里士满（Richmond）附近有一条小巷，夏天的时候，里面有很多饮着茶的乞丐。

1 J. Austen, *Pride & Prejudice* (Oxford: Oxford University Press, 1970), chapter 29.

2 J. Austen, *Emma* (Oxford: Oxford University Press, 1970), chapter 10.

3 J. Austen, *Sense & Sensibility*, chapter 26.

4 J. Austen, *The Watsons* (Oxford: Oxford University Press, 1970).

5 J. Austen, *Emma*, chapter 4.

6 P. Brown, *In Praise of Hot Liquors*, 63.

你还可以看到修路工人在饮茶；有人在装煤渣的车里饮茶；甚至更夸张的，晒干草的工人也会买杯茶喝。”[1]斯宾塞的早餐小店为工人阶级提供早餐，每人4便士，包括茶、砂糖、面包、黄油和牛奶。[2]威廉·萨尔曼（William Salmon）也向买不起茶叶的穷人介绍了一种替代品：“我推荐用英国本土黑刺李的叶子代替印度产的茶叶。把黑刺李叶子加水煮沸后，再聪明的人也分辨不出来。”[3]无疑，1784年的《折抵法案》延续了茶叶的消费，降低税率使得更多的人能消费得起茶叶。同时，由于粮食短缺，18世纪80年代啤酒的价格急剧上升，茶成了啤酒的替代品。18世纪末，茶成了工人阶级的主要饮品。

有人爱茶，当然也有人讨厌茶。很多人抨击作为商品的茶，并试图说明茶对英国社会构成了威胁。神职人员认为，茶是异教徒的饮料，因为它起源于异教徒的国家。酿酒商们担心茶会取代英国人早餐中的麦芽酒。亚瑟·杨（Arthur Young）在他1771年描写农业改革的著作《农民的信》（*Farmer's Letters*）中写道：“虚掷在买茶和糖上面的钱，足够多生产四百万个面包了。”很多人认为，穷人和工人阶级错误地把钱花在了买茶上，而且这已经发展成了一种上瘾的行为，而茶对他们而言，并没有任何营养价值。[4]弗雷德里克·伊顿爵士（Sir Frederick Eden）也在他1797年的著作《对穷人现状的调查》（*Survey on the State of the Poor*）中写道：“任何人如果愿意费力气在吃饭的时间来米德尔塞克斯（Middlesex）或者萨里（Surrey）的人家看看，就会发现，穷人不但早上和晚上会喝茶，而且正餐时间也会大量饮茶。”乔纳森·汉威的《关于茶的论文》中也有相似的观点：

29

1 J. Hanway, *Essay on Tea* (London: 1757).

2 J. Pettigrew, *A Social History of Tea*, 61. 咖啡更便宜，人均消费仅3便士，茶和咖啡每天都有，周日除外。

3 I. Day, *Eat, Drink & Be Merry*, 114.

4 W. Cobbett, *Cottage Economy* (London: 1822). 作者提出，比起“卫生的自酿麦芽酒”，茶没有什么更多的营养价值。

> 茶的大量消费以及茶的有害影响对这个国家的危害和杜松子酒一样严重……看看伦敦的地下室吧，那里的男人和女人们从早到晚都在喝茶，连买不起面包的人都要喝茶。我曾在英格兰深度漫游了几个月，只有一名仆人跟随。骑马骑累了，我就走路，还经常尽可能保持体面地走进一间间小屋，观察人们的生活状态。我发现他们过着相同的生活，经历着一样的痛苦。他们对茶的迷恋近乎痴狂。茶兴起于对上流社会的效仿，受到上流社会的支持，因此也只有上流社会才能终止茶的流行。整个茶产业都依赖于这个国家上流社会的淑女们。想想如果女主人们不再喝茶了，她们的女仆又怎么会喝呢？这个幸福岛国的后代子孙们，这个以理智和自由著称的国度，会永远被这种专制的习俗束缚住吗？不论老的、少的，体弱的、强壮的，还是天热、天冷，晴天、雾天，大家有必要为了喝茶这样低级的享乐投入这么多宝贵的时间，牺牲自己的健康吗？……我已经不年轻了，而且我觉得，这个国家的美人也不如以前多了。那些女仆喝着茶就把大好青春浪费掉了……

汉威提出，上流社会的淑女引入了喝茶的习惯，使得仆人们纷纷效仿，而这是一种危险的、不道德的风俗。相似地，威廉・巴肯（William Buchan）也在其著作《对普通大众食谱的观察》（*Observations Concerning the Diet of the Common People*，1797）中陈述：

……茶引发了面包消费量的增长。据说，大不列颠的茶叶消费量比全球其余国家加起来还要大。在英格兰，即使地位最低的女性都一定要喝茶，一般会和孩子分着喝。由于茶本身没有营养，所以无论年轻人还是老人，喝茶时都要配上面包和黄油。那种切成四份的面包，能够喂饱穷人家饥饿的孩子们，但如果我们加上茶、糖、黄油和奶的价钱，一餐的花费其实远比只吃有益健康的食品填饱肚子要多……我们有理由相信，英国一半以上的面包都是配着茶吃的，但是没有一顿丰盛的饭菜是由茶做出来的。上层阶级的人把茶当作奢侈品，而下层阶级的人也把茶当成一种日常饮食。我最近遇到了一个惊人的案例：有一家人，连面包都吃不饱。我给他们寄了一点点钱，后来得知，他们拿到钱就跑去茶店了。

下一位是威廉·科贝特（William Cobbet），他不喜欢茶的理由如下：

公共场所充满了饮茶的人，使得饮茶成为一种普遍的习惯。男孩们一离开家独立，就受到茶的腐化；对于女孩而言，茶桌边的八卦除了能使她们为今后的堕落做好准备以外，没什么用处。最终，茶教会他们的是懒惰。没完没了地在泼洒污水的茶具边上消磨时光，让他们爱上了这种不需要任何力量和活力的运动。我调查过，整日久坐的

> 女性的黄油摄入量惊人地高。她们配茶吃的面包，像海绵一样吸满了油。她们早上会吃很多满是黄油的松脆饼和小松饼，然后抱怨自己的消化系统有问题——其实她们吃下去的东西，都超过一个壮汉的胃能吸收的量了。

穷人和工人阶级也喝茶喝得非常起劲，有些时候，茶就是他们一天中唯一的一顿饭。虽然 18 世纪末发生了食物短缺，但茶依然十分流行。穷人家甚至会几家人合用一套茶具，带上各自的杯子聚在一起饮茶。18 世纪的时候，大多数人还是在中午吃正餐，但到了 19 世纪早期，这顿饭就推迟到接近晚上 8 点了。摄政王（Prince Regent，后来的乔治四世）提倡精美豪华的饮食，开一代风气之先，演化出了一种新的娱乐方式：晚饭后，女人们离开饭桌去饮茶，男人们则抽烟喝酒。摄政时期，晚餐的时间推后了，早餐和晚餐之间增加了一顿饭，也就是午餐。[1]19 世纪晚些时候，开始变成午餐和晚餐之间饮茶。起初，晚餐前饮茶只是富人的习惯。到了 19 世纪 40 年代，下午茶开始普及，成为一种与他人共度休闲时光的、纯粹的社交活动。

30

19 世纪中期，在工厂里工作的男人、女人和小孩下班回家后吃的一天中的主餐，被称为“高茶”（high tea）。之所以这么叫，是因为这顿饭可以吃肉。随着技术的发展，穷人家庭也可以自己烘焙面包，吃上热食了。[2] 无论在农村还是城市，高茶满足了各个阶级和各种生活方式的需求。伊凡·戴（Ivan Day）认为，高茶的传统形成于英格兰的工人阶级之中，

1　J. Pettigrew, *A Social History of Tea*, 101. 作者在书中说，自那时起“to lunch”这个动词短语开始被广泛接受。

2　I. Day, *Eat, Drink & Be Merry*, 120. 作者提出，在这个时期，下午茶食谱中加入了罐装肉、发面馅饼和火腿。

后来自下而上，影响了中产阶级。[1]

英国国力的壮大使得各个阶层的人都能享用更加多元的食物。茶价持续下跌，茶叶在印度的生产规模不断扩大，茶的消费量也有了显著增长。安娜·玛利亚·斯坦诺普（Anna Maria Stanhope）被公认为是下午茶的创始人，她是维多利亚女王的侍女，后来成为贝德福德七世公爵（the seventh Duke of Bedford）夫人。女王在晚餐前会非常饿，于是安娜建议女王在下午饮茶，并同时享用一些糕点。之后，女王开始在自己的房间喝下午茶，吃些精致的小点心。后来，维多利亚女王会邀请不同的人来参与王室的茶会，下午茶普及开来。19世纪末，大家都开始喝下午茶，而富人们晚饭后也会喝茶。

下午茶逐渐成为每个家庭的主要活动，还发展出了新的习俗，比如每周或每个月定期举办家庭茶会，受邀者才能参加。人们普遍认为茶要在下午4点至7点之间饮用，客人不能逗留一个小时以上。茶会的重点是聚会本身，而不是食物。伊莎贝拉·比顿（Isabella Beeton）在1892年的著作《家政管理之书》（*Book of Household Management*）中说："没有什么比一杯茶、切成薄片的黄油面包和小蛋糕更令人期待了。"但她接着又解释了此类家庭活动的另一个版本："除了以上的东西，我们还有冰块、红葡萄酒、香槟酒杯（如果是当季的话）、三明治。按照规矩，要准备的都是小巧精致的东西，比如鹅肝酱或黄瓜，各种各样的小甜食，以及那些在舞会上经常出现的点心。"比顿是一位家政咨询师，为维多利亚时代求知若渴的人们提供家政上的建议和食谱。比顿这样描述高茶："在有些家庭里，它已经

1 I. Day, *Eat, Drink & Be Merry*, 121.

图1—39 20世纪20年代到30年代贝蒂茶屋的广告。图片由泰勒茶公司提供。

成了每天必需的活动，几乎取代了晚餐；对很多人来说，它是一天中最令人愉快的一餐。年轻人喜欢它多过晚餐，因为它很灵活，时间上可以不和网球、划船等娱乐项目相冲突，而且也没有那么正式。”

英国首相威廉·格莱斯顿（William Gladstone）或许对茶为何会成为英国的国民饮料做了一个最好的总结。这首诗写于1865年：

> 感到寒冷的时候，茶会给你温暖；
> 感到暴躁的时候，茶会使你镇定；
> 感到沮丧的时候，茶会给你鼓舞；
> 感到亢奋的时候，茶会令你冷静。

茶作为一种可以使生活更健康的饮品被推广开来。弗洛伦斯·南丁格尔（Florence Nightingale）认为，饮茶应该适量。因为她观察到，患者喝一到两杯茶有助于康复，但喝多了却会有负面影响。她说：“就（对患者的）治愈作用而言，茶或咖啡（尤其是咖啡）多喝一点还是少喝一点并没有太大差别，但喝太多了反而会损害患者的消化功能。”[1]19世纪20年代禁酒运动期间流行一种不喝酒的聚会，被称作“滴酒不沾”（Teetotal）。社会完全接纳滴酒不沾的人，甚至给予他们肯定。维多利亚时代人们推崇的是一种前所未有的朴素的、

1 I. Beeton, *Book of Household Management* (London: Cox & Wyman, 1861), 899.

图 1—40　20 世纪早期川宁茶和咖啡的广告。图片由 R. 川宁有限公司提供。

自我约束的生活方式。

19 世纪末饮茶的风俗进一步发展，比如喝下午茶时会穿专门的茶会礼服，这使得女性可以脱掉紧身衣，获得暂时的放松。高档的茶会礼服非常舒适，飘逸的裙摆十分凸显女性魅力。这些衣服通常由丝绸、缎子、雪纺、蕾丝、天鹅绒等奢侈的布料制成，是当时最时尚的服饰。生活方式奢靡的爱德华时代，茶在英国上层人士的生活中仍然居于中心地位。人们吃丰盛的早餐，组织茶会，还举办大型的饮茶舞会，这种舞会在当时饱受诟病。1906 年，皮卡迪利大街上的丽兹酒店（The Ritz hotel）盛大开业，顾客们可以在优雅、光彩夺目的棕榈厅享用下午茶。丽兹酒店是第一批允许年轻女性单独前往喝茶的公共场合。[1] 爱德华时代，下午茶形式繁复奢靡，有乐手演奏轻柔的背景音乐，客人大多在下午 5 点到达。1910 年，探戈舞从阿根廷传入伦敦后立刻流行开来。1913 年，奥德维奇（Aldwych）的华尔道夫酒店（Waldorf Hotel）开始举办“茶探戈”（tea tango）舞会，在跳探戈舞的间隙供应茶水。这一传统在两次世界大战期间一度中断。1982 年，酒店恢复了探戈舞会，直到 2002 年才终止。

在战争期间，通过茶可以更透彻地了解英国人。第一次世界大战时，茶叶还没有限制供应，第二次世界大战期间才开始限制。1940 年 7 月起，茶的消费被严格限制在每人每周不超过 2 盎司；后来这个数额有过变化，但限制一直持续到了 1952 年。战时，茶被视为一种鼓舞斗志的饮品，人们喝茶一滴也不会浪费，喝剩的茶和茶叶被用来清洁其他物品。茶商们也结成联盟，为战争做贡献。为了持续地满足顾客需求，里昂茶店平时每磅茶可以

1 H. Simpson, *The London Ritz Book of Afternoon Tea* (London: Thames & Hudson, 1986), 7.

图 1—41 《军官起居室 2》，平版印刷，11 英寸 ×12.5 英寸。艾瑞克·瑞威利尔斯（Eric Ravilious）创作于 1941 年。瑞威利尔斯被指派作为战时画家代表英国奔赴第二次世界大战前线，于 1942 年牺牲在了战场上。这幅画描绘了休息时间喝茶的水手。图片由伦敦美术协会提供。

泡 85 杯，战时却增加到 100 杯。川宁公司为红十字会提供战俘救护包里的茶叶，也向妇女志愿服务队（Women's Voluntary Service）和许多基督教青年会（Young Men's Christian Association, 简称 YMCA）的战时餐厅提供茶叶。虽然伦敦大部分地区都遭到了轰炸，但茶依然没有停止供应。位于斯特兰德大街的川宁茶店被轰炸后，茶店的工作人员在几个小时内就重新支起桌子卖茶了。

32

茶参与人类社会的历史源远流长，几个世纪以来，茶主导着人们的审美和生活方式，连 BBC 电视台都专门围绕喝茶制作了节目。茶为各个阶级所享用，成了社会平等的标志，打破了工人阶级和贵族阶级之间的鸿沟，同时还很好地保留了传统。随着英国人对茶的兴趣与日俱增，围绕茶的艺术也欣欣向荣。

饮茶礼仪

17 世纪到 19 世纪之间，英国贵族阶级的饮茶礼仪发生了一系列细微的变化。比如，把热茶倒在茶碟里让它变凉最初是被允许的，这种喝法叫“一碟茶”（a dish of tea）。后来，随着饮茶的步骤变得越发复杂，这种行为被认为是不礼貌的了。茶碟的用途就仅为容纳不小心泼洒出来的水滴和保护精美的茶家具了。这一时期，拒绝饮茶也被认为是粗鲁的，其他的

33

图 1—42 《台灯下饮茶》（*Tea by Lamplight*），布面油画，23.5 英寸 ×28.75 英寸，作者戴芬·恩霍拉斯。图片由百老汇海恩斯画廊（Haynes Fine Art of Broadway）提供。

图 1—43　《饮茶》（*Taking Tea*），布面油画，19 英寸 ×16 英寸，作者安德里亚·兰迪尼（Andrea Landini）。画中人优雅地端着杯子，小指微微翘起，茶碟和茶杯的距离也刚刚好。图片由百老汇海恩斯画廊提供。

失礼行为还包括饮茶时啜着喝而发出声音和用茶匙敲打杯子。简·奥斯汀的小说《爱玛》中还提到，连喝茶完毕后离开得太早，也是不礼貌的："爱玛刚喝完茶就要走，这可能会冒犯别人。"[1]

早期从中国进口的陶瓷茶杯并没有把手，但人们希望能够优雅地握住杯子。因此，设计师为杯子增加了把手并不断改进，延续至今。乔赛亚·韦奇伍德（Josiah Wedgwood）强调，18 世纪的英国女性，急于在端起茶杯的时候炫耀自己优美的骨架和雪白的皮肤。人们认为，端茶杯时小指应该舒展开来。这个传统能追溯到中世纪，当时贵族只用三根手指拿食物，而穷人用整只手。自此以后，翘起小指端茶杯成了精英阶层的标志之一。

随着茶具的细分化，人们开始用带孔的小勺将浮上水面的茶叶移到废水盘里。这种小勺也用来清理茶壶的嘴或过滤器，以便茶水可以顺利倒出。在 18 世纪，要是有人把茶杯倒扣过来，或是把茶匙放在杯子里、横放在杯口，就表示这个人不想再喝茶了。到了 19 世纪，这些都变成了不礼貌的行为。取而代之的是，女主人如果拿起餐布，不叠起来就放在茶桌上，再把茶匙轻轻地放在茶杯把手后方的小碟子里，就是在示意茶会结束了。

当时，人们被严格约束的社交行为常常在书中有清晰表述。比如，1875 年出版的《上流社会淑女的礼仪》（*The Manners of Polite Society or Etiquette for Ladies*）记载：

> 如果你的朋友在下午来访，你想让她坐下喝一会儿茶，那等她坐下就立刻发出邀

1 J. Austen, *Emma*, chapter 8.

请，不要等到她站起来要离开的时候才邀请。如果有不速之客在一家人喝茶之前来访，那就邀请他们加入用茶。如果他们已经喝过茶的话，当然会婉言拒绝。在一个殷实的家里，添些东西多招待几个人一起喝茶并不会造成困扰，也不是什么丢脸寒酸的事情。如果家庭成员一个个悄悄溜出客厅，进入旁边的房间，只是为了避免邀请客人加入他们一起饮茶，这行为也太过吝啬。但如果不怕麻烦地把客人邀请到桌子上的话，就会礼貌很多。除非客人说她已经喝过茶了，在大家喝茶的时候，她只要坐在一边静静看书就够了。[1]

另一位礼仪专家伊莎贝拉·比顿在她 1880 年出版的著作《家庭主妇珍藏的家政知识》（*Housewife's Treasury of Domestic Information*）中提道："当你邀请一位朋友喝茶的时候，要尽可能地表达出她的来访令人愉快，务必使对方感到舒心。"[2] 为了达到这个要求，必须遵守很多礼仪规则。但比顿也强调，家里的日常饮茶和下午 5 点的时髦茶会，以及正式和非正式的下午茶，会据此做出不同的安排。对于非正式的下午茶，比顿建议来访的朋友帮主人备茶。[3] 相似地，爱德华时代的礼仪书籍也针对上流社会的各种场合提出了建议，并且提醒"那些在茶里加糖的人，应该在搅拌的时候使茶匙的旋转幅度降到最小，在端起杯子之前务必把茶匙拿出来"[4]。

19 世纪和 20 世纪，饮茶变得没有那么正式了，饮茶的场合也愈加多样，社交礼仪有了

1 Ward, Lock, and Taylor, *The Manners of Polite Society or Etiquette for Ladies, Gentlemen and Families* (London: Ward, Lock, and Taylor, 1875), 202–205.

2 I. Beeton, *Housewife's Treasury of Domestic Information* (London: Ward, Lock & Co., 1880), 638.

3 I. Beeton, *Housewife's Treasury of Domestic Information*, 679.

4 H. Simpson, *The London Ritz Book of Afternoon Tea*, 17. 其中一个例子是 Mrs. Humphrey 写的"日常礼节"（Etiquette for Everyday，1902）。

新的变化。比如，当你坐在离桌子较远的地方或者站立时，茶杯和茶碟之间的距离不应该超过 12 英尺。倒茶的时候，不能倒得超过杯子容量的 3/4，以便再加入奶、糖或者柠檬。但因为柠檬中的酸会使奶固化，所以柠檬和奶是不能同时加的。如果加柠檬，不能用手指或茶匙挤柠檬汁。对于到底该加奶还是奶油，加热的还是冷的，先放奶还是先放茶这些问题，曾有过很长时间的争论，但从未有结果。今天，这些争论都变成了个人喜好的问题。

有趣的是，中国人的喝茶习惯与英国有很多不同。中国人认为茶应该趁热喝，所以他们不认为发出声音啜着喝是不礼貌的行为，反而觉得这是茶好喝或食物好吃的一种表现。另外，他们认为茶壶或茶杯里剩下的茶叶，只要没有完全冷却，就可以再利用。

小结

茶，推动了英国经济、审美和社会行为的发展。随着茶贸易的繁荣，英国也越来越富有。对茶的渴求，引发了战争，影响了英国的政治、外交和税收。随着茶的社会地位不断提升，烦琐的礼仪、昂贵的茶器也使饮茶这一行为变得复杂和正式。茶主导了人们的日常生活，导致新的饮食习惯形成，成为人们每餐的必需品。茶，成了英国历史中错综复杂的一部分。

Part II: The Decorative Art of Tea

Under certain circumstances there are few hours in life more agreeable than the hour dedicated to the ceremony known as afternoon tea.

— Henry James, Portrait of a Lady (1881)

第二部分 茶的装饰艺术

有时候，生活中没有什么能比得上下午茶的时光了。

——亨利·詹姆斯，《一位女士的肖像》，1881 年[1]

饮茶用具

34

对茶的追捧给英国社会带来了极大影响，它激发了设计和工业领域的创新。饮茶的流行导致了与此相关的器具（陶瓷、银器和茶家具）市场的繁荣：制造最适合的器具，以便人们能够更好地享用茶。英国的手工业者和商人纷纷创立陶瓷公司，还把产品线扩张到家具和银器领域，来满足大众对饮茶器具的需求，行业因此而繁荣。一大批装饰品和茶具涌现，其中有些是用来储存茶这种贵重商品的，有些则是为了展示之用。

茶源自远东地区，欧洲人起初是模仿中国人的方法泡茶的，因此东印度公司也从中国进口茶具。在《茶经》中，陆羽记录了唐朝一套完整的茶具包含 24 件：从第一件三脚的风炉，到最后一件竹子制的都篮。唐朝之后的几个世纪，陆羽书中描述的制茶方法和工具一直被沿

1 H. James, *Portrait of a Lady* (London: Penguin Popular Classics, 1997), chapter 1.

图 2—1 一套伍斯特（Worcester）生产的软质瓷茶碗和茶碟，上面画的是一对坐在茶桌边饮茶的夫妻，大约生产于 1760—1765 年间，底部有“RH”的落款，是工匠罗伯特·汉库克（Robert Hancock）的名字首字母缩写。图片由多伦多加德纳陶瓷艺术博物馆（Gardiner Museum of Ceramic Art）提供。

用。出于一种高傲的心理，中国出口到外国的器具，从价格到品质都低于国内销售的茶具。后来，欧洲人对茶具设计风格的偏好传到了远东地区，于是中国的工匠们开始改变传统工艺和设计，以适应外国市场。英国的工匠拿到从中国进口的瓷器，根据西方人的审美对其加以改造，风格混杂的设计就出现了。这种做法被用于各种不同的媒介上。[1] 欧洲人开始仿造亚洲的装饰艺术品，英国人对中国风物的热衷催生了“中国风”这一设计风格。

在所谓“瓷器的黄金时代”，英国的陶瓷工匠试图仿造中国瓷器，却没有意识到他们缺少制瓷最基础的原材料——高岭土。但制瓷这一巨大的商机一旦被英国人发现，就断然不会被轻易放弃。于是，英国人开始着手制造自己的茶具。陶瓷、家具、银器等领域的顶尖设计师为英国的茶仪式创造出新的造型和便于使用的设计，甚至《观察家》（*Spectator*）都致力于把自己打造成适合边喝茶边看的报纸。1711 年，报纸宣传说：“我向所有生活规律的家庭强烈建议，每天早上花一小时喝茶，吃面包和黄油；我还要真诚地建议这些家庭订阅本报纸。《观察家》每天准时送到，陪伴你的早茶时光。”[2]

毫无疑问，1784 年英国政府出台《折抵法案》，大大降低针对茶叶的税收之后，茶的消费量增加，带动了茶具的大量生产。1839 年东印度公司失去从中国进口茶叶的垄断权后，英国开始从印度进口茶叶。技术的发展使得许多新的茶品种能够大批量生产，价格也越来越低。这些变化也影响了茶具的制作：茶壶和茶杯越来越大，茶叶盒不再只是用来保存茶叶，器具的设计越来越注重其功能性。

1　Vollmer, Keall & Nagai-Berthrong, *Silk Roads, China Ships* (Toronto: Royal Ontario Museum, 1983), 222.

2　K. Okakura, *The Book of Tea*, 7.

陶瓷艺术

35

与茶相关的陶瓷艺术史博大精深，跨越地域和文化，创造出了一种世界共通的语言。虽然数个世纪之前中国就已经开始生产陶瓷，但在欧洲，尤其是在英国，本土陶瓷艺术的历史仍相对较短。在进口茶杯和茶壶数量最大的时期，英国的商人们甚至会在中国本地开设商店，以满足国内顾客对瓷质茶器日渐增长的需求。当时，欧洲人还没有完全掌握制作陶瓷的陶土配方。在由奥古斯都大帝（Augustus the Strong）资助的梅森（Meissen）的陶瓷厂里，有一位名叫约翰·弗里德里希·伯特格尔（Johann Friedrich Böttger，1682—1719）的设计师于 1708 年发明了一种软质瓷。他的发明也促进了英国对陶瓷的研发，英国的工厂不断探索如何造出高温下不会碎裂的茶器。这些探索成就了一批因生产高档手工茶具而久负盛名的陶瓷企业，其中有些至今仍在运营中。

中国陶瓷

中国人发明了真正的硬质陶瓷。数个世纪以来，陶瓷的制造工艺一直秘而不宣。中国陶瓷在西方甚是难得，这使得西方人更加渴望得到它。于是，东印度公司开始大量进口陶瓷。

图 2—2　球形的粉彩瓷茶壶，上面绘有英式茶会场景，图案呈椭圆形。该壶制作于乾隆年间，约 1760 年。图片由科恩与科恩（Cohen & Cohen）画廊提供。

陶瓷，质地坚硬、密实，敲击声音清脆，不渗水，呈半透明状，在中国最早见于晚唐。[1] 硬坯，或者说真正的陶瓷，烧制原料是白瓷土或高岭土，以及一种被称为瓷石的长石岩或白墩子（从化学成分上看是一种含有钾和铝的硅酸盐）。这种瓷坯被加热到1250—1350℃的时候，就会熔化，变成玻璃状的结晶。[2] 17世纪，中国造出了一种精美的蛋壳陶，陶胎薄如纸，极易破碎。而且，中国人并不严格地区分“瓷器”与“瓷质的石器”（即炻器）。后者从初唐开始生产，但跟瓷器比起来，它不透明，而且敲起来声音也不够清脆。中国人把这两种工艺品统称为“瓷”，两者都耐高温，因此都可以用于泡茶。由于制作方式和运输条件的限制，瓷器的生产和茶一样随季节变化。每年早春或初夏，人们会开采黏土，然后把黏土砸碎成块，再卖给工匠进一步处理。

中国在陶瓷工艺上登峰造极。瓷器在欧洲有“白色黄金”之称，中国人自己也把它当作艺术的最高形式之一。瓷器的价值，取决于其所使用的釉料的品质和种类，以及装饰手法。在中国，瓷器和茶具的风格和器型会随朝代更迭而变化。虽然中国瓷器史可以根据朝代来断代，但要更细分的话，应该以皇帝的年号来断代。唐朝的瓷器制造受到了玉器的启发，这使得北方出现了白瓷而南方烧制出了青瓷。在《茶经》中，陆羽认为，茶杯的理想颜色是青色，因为青色的茶杯可以使茶水看起来颜色更绿；而白色茶杯会使茶水显得偏红，影响食欲。到了宋朝，人们开始喝抹茶，茶碗的形制偏向于沉重，颜色偏向于蓝黑色和深棕色。宋代抹茶的泡茶工艺在蒙古人入侵之后失传了。明朝，人们以更加自然主义的直接浸泡茶叶的方式饮

1 也有一些专家认为瓷器起源于汉朝。

2 J. Fleming & H. Honour, *The Penquin Dictionary of Decorative Arts* (London: Viking, 1989), 645.

图2—3 公元8世纪唐代的大理石纹茶碗，直径4.5英寸。碗底宽而坚实，碗边缘圆润外翻。两种颜色深浅不同的黏土糅合在一起，形成了不规则的大理石花纹。琥珀色釉，碗底有圈足，圈足无釉。图片由伯沃尔德东方艺术公司（Berwald Oriental Art Ltd.）提供。

茶。明朝人认为，茶叶在青花瓷器具里浸泡、舒展，观赏效果最佳。[1]

宋代出现了一些中国历史上最历久弥新、经典优雅的瓷器品类，这一时期也被认为是“经典的时代”。欧洲人将当时中国各地出产的青瓷粗略分为“北方青瓷”和“南方青瓷”（或龙泉青瓷）。青瓷的釉色有的呈灰绿色，有的呈褐绿色。北方青瓷只供国内销售，而龙泉青瓷被大量出口，成为外国人模仿的对象。青瓷表面通常装饰有向内凹的雕刻花纹，或者向外凸的浮雕花纹。

36

德化窑位于福建省，生产广受欢迎的白瓷。宋代以后，德化白瓷在西方被称作“中国白”（blanc de chine）。这种白瓷以其白色到奶油色的瓷胎、纯净的釉色和良好的透光度著称。和大多数中国早期的陶瓷一样，德化白瓷底部很少有落款——这是当时行业内部的规矩，一直持续到 17 世纪。虽然德化窑生产的大多是些普通家用器具，比如杯子、碟子、水瓶等，但使其闻名于世的却是小塑像。

宋代，江西省的景德镇变成了陶瓷生产的中心。1369 年，明朝在景德镇建立官窑，1675 年被毁，1683 年重建，继续经营。除了宜兴瓷和德化瓷，明朝大部分的优质瓷器都产于景德镇。18 世纪初，这里就开始采用大批量生产方式，定制瓷器和专供皇家的瓷器除外。明朝，青花瓷发展到顶峰并出口到欧洲，影响了欧洲的陶瓷设计。另外，斗彩和五彩等釉上彩工艺也获得了长足的发展。斗彩是将釉下青花与釉上各种颜色的彩绘相结合；而五彩也是在青花的基础上，加入铁锈红、绿色、黄色、玳瑁色和黑色五种颜色的彩绘。两者的区别在

1 K. Okakura, *The Book of Tea*, 13.

图 2—4、图 2—5 金代磁州窑黑釉油滴碗，直径 4.5 英寸。灰色黏土烧制，碗底很低，碗的轮廓从碗底向上弯曲、伸展。黑色的釉很厚，上面有很多油滴状的小点，一直延伸到茶碗的边缘；边缘较薄，呈褐色。茶碗底部稍稍向内收缩，没有上釉，只有底部的中心有一点点釉。图片由伯沃尔德东方艺术公司提供。

于斗彩是以青花勾勒图案轮廓，而五彩不是。通过长期的创新和高标准的实践，景德镇成了世界瓷都。

37

明代，人们发现江苏宜兴的紫砂壶泡出的茶风味更加醇厚，香味更加浓郁。紫砂壶的原料是颗粒很小的黏土，颜色深浅不一，从砖红到近乎黑色都有。紫砂壶质感较粗糙，很大程度上是因为它没有上釉。但随着时间的流逝，经过长期使用，有些紫砂壶也会变得非常光滑。宜兴出产的部分产品被认为是当时最精美的茶具，这使得宜兴这个地名几乎与饮茶等同起来了。茶壶的盖子与壶的口沿完美贴合，茶具自身也呈现出一种独特的风格。紫砂壶的一大特色是，制壶的黏土有多种深浅不一的颜色可供选择。时大彬和陈鸣远是当时最有名的两位制壶工匠。他们对制陶技术进行了革新，而且他们大师级的设计也被当时的知识分子和有钱人疯狂追捧。人们纷纷找他们定做独一无二的茶具。他们的作品极其精美，表现出高超的技术和精益求精的工匠精神。19 世纪末，宜兴紫砂发展得高度商业化，茶碗底部的落款通常会留有作坊的名字。20 世纪，紫砂在国际市场上出现，得到了很好的宣传。[1] 宜兴至今仍然出产紫砂，这种茶器在中国和亚洲其他地区流行依旧。

虽然清代一般被认为是中国文明衰落的一个时期，但 19 世纪前的陶瓷产业却蒸蒸日上。康雍乾三朝，中国与欧洲的贸易呈指数增长，这个时期的瓷器在欧洲也最为流行。当时，青花瓷是主流，也有粉彩工艺的彩绘瓷。粉彩瓷大多产于景德镇，销往国内。后来，欧洲人发现粉彩瓷的装饰风格符合他们的审美，于是开始疯狂追捧粉彩。粉彩瓷釉色丰富，早期的绿

1 L. Tam, *Yixing Pottery* (Hong Kong: HK Museum of Art, 1981), 25.

图 2—6、图 2—7

图 2—8

图 2—9

图 2—6、图 2—7　南宋吉州窑黑釉木叶盏，直径 4.5 英寸，米色陶土烧制，呈圆锥形，碗底浅足，碗足以上上黑釉。釉面呈现出隐约的迷人肌理，上面有褐色斑点。碗底正中有叶子形状的装饰，褐色的叶脉清晰可见，而碗足却没有上釉。图片由伯沃尔德东方艺术公司提供。

图 2—8　南宋吉州窑玳瑁釉瓷碗，直径 4.5 英寸。图片由埃斯凯纳齐有限公司（Eskenazi Limited）提供。

图 2—9　皇家五彩酒杯，直径 2.5 英寸。黄、绿、铁锈红和黑色彩绘，图案是一簇菊花和三只飞虫。杯足有一圈釉下青花勾边，杯口外缘则是两圈。底部是康熙年间的 6 字落款。图片由伦敦的马钱特父子公司（S. Marchant & Son）提供。

图 2—10　雍正时期的青瓷茶碗，上有铜红色蝙蝠纹样。在中国文化中，蝙蝠是“福气”的象征。图片由伯沃尔德东方艺术公司提供。

图 2—10

地粉彩使用到了苹果绿、黄、铁锈红、紫红和紫罗兰色。它后来取代了明代的斗彩和五彩的地位。粉彩之后发展出了更多的品类，如黄地粉彩、粉红地粉彩、黑地粉彩等。这一时期，中国内销瓷器的品质远高于出口瓷器。优质的瓷器一般会有 6 个字的落款，其中包含当时的年号；而大师制造的瓷器，会落有大师的私人印章。比如，陈鸣远的落款就是一个浮雕的四方印章。收藏家们非常喜欢带落款的瓷器，因为这种瓷器非常稀少，而且工艺精巧。

中国的陶瓷产业非常受尊重，被认为是传统艺术的巅峰之一。虽然一开始，中国瓷器并不能完全为西方人所理解，但通过贸易，中国陶瓷确实给西方的装饰艺术造成了深远的影响。瓷器展现的异国风情，它的形状和纹样都使欧洲人深深着迷，欧洲刮起了一股“中国风”。陶瓷成了传播中国视觉意象的一个媒介。陶瓷上的纹样组合成的优美图案，满足了西方人的好奇心和他们对中国的想象。

中国外销陶瓷

38

中国外销瓷一般不带落款，作者不明。通常，外销瓷与供国内市场消费的瓷器相比，质量要差一些。中国人认为，外国人不能真正理解他们的艺术，因此没必要出售最好的瓷器。英国开展对华贸易的初期就已经开始进口瓷器了，运到英国的瓷器包括宜兴紫砂、德化白瓷、青花瓷和景德镇的彩瓷。

43

葡萄牙人最先将瓷器带到欧洲，荷兰人紧随其后。1600 年，为了夺取葡萄牙的殖民地，荷兰人袭击并截获了装载着明朝瓷器的葡萄牙克拉克帆船（carracks, 一种商用帆船）。[1] 荷兰人将船上的瓷器称作“克拉克瓷”（kraak porcelain），当装载较轻货物的时候，这些瓷器作为压舱物置于船底，将其他货物垫高；船底漏了的话，可以避免别的货物被海水浸透。瓷器和茶叶、香料一道成为大受欢迎的亚洲进口货。为了满足市场需求，荷兰东印度公司订购了大量的瓷器，比如曾经在仅仅看过两只茶杯之后就确定了 25000 只茶杯的订单。[2] 另外，从运输的角度看，没有把手的茶杯更节省空间，经济划算。17 世纪，荷兰东印度公司是进口中国瓷器最多的欧洲公司。

在得到伊丽莎白一世的许可之后，英国东印度公司开始仿效荷兰，与中国建立贸易合作关系。然而，早期的中英贸易比较分散。17 世纪，英国第一次进口青花瓷，器物上有大量的金属装饰，这既是为了彰显其华贵，也是为了保护瓷器不碎裂。能在瓷器上镶金属的银匠，都是当时的行业翘楚。后来证明，在瓷器上镶嵌金属还有助于断代，因为银匠通常会在瓷器的金银饰上留下自己的落款。中国瓷器因其生动的釉下青花图案、纯净的白色、半透明的质感，以及坚固耐用而广受赞誉。但为了迎合西方人的审美，很快就有人开始对其进行调整。17 世纪中叶，英国开始大批量进口瓷器。18 世纪，进口量持续增长，英国东印度公司超越了对手，成了瓷器贸易量世界第一的公司。

1 J. Emerson, *Coffee, Tea, and Chocolate Wares* (Seattle: Seattle Art Museum, 1991), 6.

2 T. Volker, *Porcelain and the Dutch East India Company, 1602–1682* (Leiden: E. J. Brill, 1971).

图 2—11 至图 2—20 是一系列描绘瓷器生产、装饰和包装场景的水粉画。中国画家绘于 1800 年前后。图片由伦敦马丁 · 格雷戈里画廊提供。这幅图（图 2—11）描绘的是开采高岭土并运到山下，以及利用水力传动的槌子，将高岭土打碎。

图 2—12 炼泥

图 2—13 给瓷胎塑形，把瓷胎摆在木头架子上并上釉。

图 2—14 给茶碗加圈足，给盘子上釉。

图 2—15　磨碎颜料，给瓷器上钴蓝装饰。

图 2—16　在蜂巢一样的窑里烧制瓷器，扔掉残次品。

图 2—17 小一些的瓷器，在长方形的窑里烧。

图 2—18 擦拭瓷器，装入木制鼓桶中。

图 2—19　在大山中运送鼓桶，目的地是广州。

图 2—20　在广州的仓库里重新包装瓷器，加入防撞的谷壳，准备出口到欧洲。

玛丽二世（Queen Mary Ⅱ，1689—1694 在位）格外偏好青花，由此，中国青花开始成为一种流行风尚。1700 年，对华瓷器贸易额英、荷两国平分秋色；1730 年，英国超过荷兰。[1] 这一时期，通过广州的公行和东印度公司进口的瓷器，主要是餐具和茶具。1730 年，英国从中国进口的青花瓷超过了 517000 件。到了 18 世纪 70 年代，成套的茶具开始增多。对东印度公司而言，瓷器贸易意味着稳定的利润和极低的投资风险。[2]18 世纪后，青花瓷逐渐过气，彩绘瓷成为新的潮流，但青花瓷的贸易量仍然很大。

44

为了迎合顾客的喜好，技艺高超的工匠和精明的商人通力合作，改造中国瓷器上的纹样，制作定制瓷。虽然与原汁原味的中国审美相去甚远，却很符合欧洲人的审美趣味。比如，被称作“广州”（Canton）的图案源于中国，在英国被改造后非常流行。而更受欢迎的则是定制带有徽章、家族纹章图案的瓷器。甚至有人说，1736 年到 1795 年间几乎所有定制瓷器都是纹章瓷。[3] 在东印度公司的生意中，这种纹章瓷一般都通过船员私下贸易。

后来，欧洲人开始直接在中国下订单，中国人根据欧洲的印刷品和平版印刷画描绘欧洲的风景、社会事件、船只、人物。瑞典和荷兰的东印度公司都雇用了专职艺术家来满足订单需求。阿姆斯特丹画师科内利斯·普龙克（Cornelis Pronk）1734 年被荷兰东印度公司雇佣。在他与荷兰东印度公司签订的合同里，他同意“把所有的设计和模型做到让公司满意。在东印度群岛（The Indies），这种瓷器的订单时不时就会来。不管是青花、镀金或者其他，色彩都要恰当，样式也要多变”[4]。标准化的边缘纹饰，加上欧洲成熟的雕刻技术，使成品打开

1 C. Clunas, ed. *Chinese Export Art & Design* (London: Victoria & Albert Museum, 1987), 44.

2 Vollmer, Keall & Nagai-Berthrong, *Silk Roads, China Ships*, 222.

3 D. S. Howard, *A Tale of Three Cities Canton, Shanghai & Hong Kong: Three Centuries of Sino-British Trade in the Decorative Arts* (London: Sotheby's, 1997), 108.

4 E. Gordon, ed., *Treasures from the East: Chinese Export Porcelain* (New York: Main Street/Universe Books, 1977), 83. 1736 年，Christian Precht 为瑞典公司画的一张草图得到了认可。

5 译者注：此落款很可能属于姓氏款，按照拼音推断，可能是“尹”“殷”或者“英”。

图 2—21 八角白瓷茶碗，高 2.5 英寸，约 1690 年。由碗足向上，装饰有一圈三角形的纹样。该碗被运到荷兰上釉，碗身上是赤绘风格的图案，内容包括两只在吃谷物的鹌鹑，上面是一只飞翔的凤凰（可能在照片所示背面），以及两个围着一盆盛开的杏花玩耍的男孩。碗内底部同样绘有一朵盛开的杏花，碗底有双足，中间印有字样为“yin”[5]的落款。图片由伦敦马钱特父子公司提供。

了欧洲的市场。[1] 显然，这些边缘纹饰后来逐渐被简化了。

同一时期，对从中国进口的瓷器进行设计加工也是惯常的做法。这种瓷器装船的时候未经任何装饰，被称作“空白瓷”。运到英国以后，本土艺术家会用釉上彩装饰它们，然后再出售。只是有些艺术家会用油彩上色，所以图案很快就脱落了。1768 年，伦敦著名画匠詹姆斯·吉尔斯（James Giles，1718—1780）给自己打广告说，他有“大量各种各样的优质白瓷胎，绅士和淑女们可以直接下单定制，想要什么图案都能画出来”[2]。

对华贸易高速增长的同时，陶瓷、茶叶和其他各种中国商品也迅速普及。18 世纪，欧洲的“中国风”发展到顶峰，欧洲人十分迷恋中国的精美瓷器。这种对中国风的追捧，与茶、咖啡和热巧克力这些饮料的盛行，一起促成了陶瓷市场的迅速增长。萨克森选帝侯和波兰国王奥古斯都大帝（Augustus the Strong, Elector of Saxony and King of Poland）是这样描述陶瓷的：“你有没有发现，陶瓷和橙子有相似之处？一旦迷恋上，就想要更多，永不满足。”[3]1710年，在国王的支持下，德国德累斯顿附近的梅森成立了皇家撒克逊陶瓷工厂（Royal Saxon Porcelain Manufacture）。梅森的顶尖工匠约翰·弗里德里希·伯特格尔是欧洲第一个发现硬胎陶瓷秘密的人，他研制、生产仿中国的瓷器，其中包括宜兴紫砂。

英国的陶瓷业虽然没有得到王室的资助，但依然在短期内获得了长足的进步。18 世纪中叶，英国的陶瓷作坊提高了效率，开始和中国出口陶瓷打价格战，慢慢将中国陶瓷逐出市场。不过，英国依然在不断进口中国陶瓷。1775 年，东印度公司定制了 80 套茶具，1200

1 D. S. Howard, *A Tale of Three Cities Canton, Shanghai & Hong Kong: Three Centuries of Sino-British Trade in the Decorative Arts*, 108.

2 E. Gordon, ed., *Treasures from the East*, 103.

3 J. Emerson, *Coffee, Tea, and Chocolate Wares*, 7.

图 2—22

图 2—23

图 2—22 清代康熙年间的景德镇青花茶壶，高 4.25 英寸，约 1680—1720 年。1869 年，荷兰人在壶嘴、颈部和壶盖上镶了银。图片由多伦多加德纳陶瓷艺术博物馆提供。

图 2—23 清代宜兴紫砂壶，约 1720—1760 年。壶嘴、壶盖和把手设计成了类似树枝的形状，壶身有梅花图案的装饰。在 1752 年失事的哥德马尔森号（Geldermalsen）的遗骸中，发现了大量的类似陶器。图片由维多利亚与阿尔伯特图片库提供。

图 2—24

图 2—25

图 2—26

图 2—24 乾隆年间的花鸟粉彩茶具，边缘有蓝绿色绳形纹饰，约 1730 年。图片由科恩与科恩画廊提供。

图 2—25 乾隆年间的薄胎瓷粉彩茶碗与茶碟，茶碟直径 4 英寸，约 1740 年。装饰图案描绘的是希腊神话中“丽达与天鹅”的故事，原画作者是柯勒乔（Correggio，1488—1534），由 G. 杜尚（G. Duchange）印刷。图案是左右翻转的，体现了中国的工匠如何在出口瓷器中运用西方图案。图片由科恩与科恩画廊提供。

图 2—26 乾隆年间的粉彩茶壶，主体为圆球形，表面装饰有醒目的花卉图案，约 1760 年。图片由科恩与科恩画廊提供。

图 2—27

图 2—28

图 2—27　乾隆年间的粉彩茶碗和茶碟，上面绘有欧洲某个家族的族徽，边缘的紫红色装饰纹样是洛可可风格，约 1750 年。图片由科恩与科恩画廊提供。

图 2—28　乾隆年间的中国茶壶，高 5.2 英寸，由英国人上色，约 1760 年。图案用黑色勾勒，绿色填色，画的是包含教堂和房屋的乡村景色。壶嘴和把手上绘有金色的花瓣装饰。这个茶壶的装饰很可能是上文提到的詹姆斯·吉尔斯完成的。詹姆斯是一位生活在伦敦的上釉师，曾在伦敦西北的巴特西（Battersea）和北部的肯迪什镇（Kentish）工作。他的工作就是按照当时流行的审美，装饰半成品瓷器。图片由伦敦的马钱特父子公司提供。

个茶壶，2000个带盖子的砂糖碗，4000个奶罐，48000个杯子和茶碟。[1] 贸易船刚刚靠岸，瓷器被直接运出来整箱拍卖——这就意味着，每箱货物里面的茶壶并不一定都有一个刚好能与之匹配的壶盖，茶杯也不一定都有相配套的茶碟。这也许能解释，为什么现存的茶壶和壶盖常常不是一套。瓷器商人们筹集资金，大量囤货，然后把它们配成套，以便后续销售。即使破碎的瓷器也会被加以利用：他们能把破损的壶嘴和把手用金属补好。

近些年，在中国南海发现了多艘载有古瓷的沉船，这鼓励人们重新燃起了研究中国出口瓷器的兴趣。这对于研究中英贸易史十分关键，因为它能帮助今人更加准确地判断陶瓷的生产年代。1983年至1986年间，单是从海切尔号（Hatcher Junk，沉没于1643年至1646年之间）和南京号（Nanking Cargo，沉没于1752年）中，就打捞上来了19万件残片。海切尔号上运载了品类丰富的瓷器，包括克拉克瓷、转变期瓷器（transilational wares）、德化白瓷、青瓷和青花瓷。其中有大量尺寸不同、造型各异的茶杯和茶壶，对于理解中欧之间的贸易关系有不可估量的价值。学界曾经认为，克拉克瓷在万历年间就消亡了，但海切尔号沉船的文物发掘表明，这种瓷器的大规模生产一直持续到了明末。[2]

1 J. Pettigrew, *A Social History of Tea*, 81.

2 C. Sheaf & R. Kilburn, *The Hatcher Porcelain Cargoes* (Oxford: Phaidon, 1988), 108.

形状的进化：茶壶

47　随着茶作为中国最重要的饮料进一步传播，新的泡茶方式出现，茶器也不断革新。早期，人们把敞口锅架在火上煮砖茶；后来，随着茶文化的发展，中国人意识到用热水泡出的茶味道更佳。这样一来，就需要给茶壶加盖子保温。最早茶壶的设计出现在唐代，借鉴了中国传统酒壶的形状。当时的中国人用酒壶温酒，所以酒壶自然也可以用来泡茶。唐代用来烧水的釜或者茶瓶也会被用来泡茶，这些器具很有可能也影响了茶壶的设计。早期的茶壶，形状模仿祭祀用的青铜祭器。但经过几个世纪的发展，随着茶传播到全世界，茶壶的设计启发了世界各地的工匠，数以千计的器型被创造出来。有些器型被投入大规模生产，有些则是富人定制的独一无二的艺术品。无论如何，这些茶壶背后都有自己的故事，也折射出其所处时代的审美。

宋代，中国的酒壶小巧圆润，主体形状像甜瓜，壶嘴稍微弯曲，把手呈圆环状，位置较高。而三狮足造型的灵感则来自于金属器件。酒壶上一般会有花卉纹样的浅浮雕装饰纹路，用来强调其圆润的外形。[1] 有些壶的壶嘴会被做成龙头的形状。

多那利（Donnelly）认为，最早出口到欧洲的瓷器很可能是酒壶，而不是茶壶，因为玛丽二世就收藏了一把酒壶。在此情况下，茶壶的功能对设计产生了影响——茶壶的把手不应该位于上方，因为这样不方便清洗壶里的茶叶。不久后，英国就出现了把手在侧面的标准茶

1　B. Gray, *Song Porcelain & Stoneware* (London: Faber & Faber, 1984), 42–47.

图 2—29　明万历年间的青花瓷，壶嘴与壶顶部有欧式风格镶金，工匠佚名，制作于 1560—1600 年前后。图片由维多利亚与阿尔伯特图片库提供。

壶。[1] 正如上文所提，瓷器最早在明代出口到欧洲，产地可能是宜兴、景德镇或德化，品相较差。宜兴紫砂以茶器见长，紫砂壶被认为是泡茶的最佳选择。由于当时茶价昂贵，早期的茶壶个头都很小。

顶级的宜兴紫砂壶一般都有名字，比如时大彬的“英雄美人”壶，陈鸣远在 1702 年制作的“岁寒三友”壶。对英国人而言，这些壶的设计颇为异想天开，同时也体现了中国装饰艺术的精妙。紫砂壶从 17 世纪一直流传至今，器型包括几何造型、自然造型、紫砂段泥壶和水平壶。[2] 水平壶一般用来喝高品质的茶，或者是广东和福建喝茶行家们青睐的高浓度的工夫茶。

16 世纪、17 世纪，宜兴紫砂壶通常模仿古代的祭祀青铜器，或者是几何造型，如球形、圆柱形、四棱柱、正方体，以及各种组合形状。宜兴紫砂壶中最受欢迎的就是几何形状的茶壶了。[3] 17 世纪晚期到 18 世纪，人们开始偏好自然主义风格的设计，石榴、竹子、梅花等形态的茶壶较常见，而几何形状的茶壶也被加上了繁复的装饰。自然主义的茶壶，创作灵感直接来源于自然界，是紫砂壶中最富创造力的种类，展现了工匠绝妙的想象力。

紫砂段泥壶的本质是极规则的，外观通常模仿花卉或者植物，制作这种茶壶最重要的是精确。19 世纪、20 世纪，出现了一侧雕刻着诗句或者书法作品，另一侧是风景和静物图案的壶，每一件都是手工绘制。这种壶器型简洁规整，回归了几何造型，通常呈鼓形、四方形或者球形。直到今天，还不断有新的器型出现。以上各种器型，出现于紫砂壶发展的各个阶

1 P. J. Donnelly, *Blanc de Chine* (London: Faber & Faber, 1969), 198–200.

2 L. Tam, *Yixing Pottery* (Hong Kong: HK Museum of Art, 1981), 13–33.

3 L. Tam, *Yixing Pottery*, 13.

图 2—30 明代晚期万历年间的青花瓷烧水壶，高 8 英寸，景德镇产，约 1600—1620 年，无落款。图片由多伦多加德纳陶瓷艺术博物馆提供。

段。在不同皇帝的统治时期，流行的器型也有所差异。

欧洲的茶壶生产会从中国出口的茶壶上汲取灵感，英国的制陶工人会仿制来自中国的茶壶样品。通过东印度公司的贸易，紫砂壶在 17 世纪首次抵达欧洲，有些人认为，紫砂壶是和茶一道运来的。不久以后，德化白瓷也从福建和广东运抵欧洲。另外，还有来自景德镇的青花瓷和在广州上釉的彩色珐琅瓷。随着对沉船海切尔号的打捞，人们发现，早在 17 世纪中叶，中国就出口过圆筒形和六角形的茶壶，高度从 3.5 英寸到 7 英寸不等，表面绘有中国山水和人物纹饰。而之前并没有关于此类茶壶的历史记载。[1] 这些早期的青花瓷，有些是真正的瓷器，有些是炻器。

欧洲本土生产茶壶后，中国出口的茶壶也开始在功能和设计上迎合欧洲市场。在中国茶壶的内部，壶身和壶嘴的连接处留有一个大洞，欧洲人认为这并不实用，于是在这里安装了金属滤网，通常是铁质的。出于对欧洲人使用习惯的考虑，茶壶里被加上了滤网。而现在，很多滤网是在茶壶外部使用的，它们大多是 18 世纪晚期的发明。[2]

虽然欧洲瓷器模仿了中国瓷器，但两者的差异依然清晰可辨。中国本土茶壶的内置过滤器上有一个或三个孔，而欧洲茶壶的过滤器有五个以上的孔。中国茶壶的壶盖底部凸缘和壶嘴边缘是不上釉的，把手中空。为了在烧制的时候使空气流通，中国茶壶把手的下部留有一个小孔，而欧洲茶壶的把手却没有这个细节。另外，中国茶壶的圈足也比英国的更低，有些被烧成了浅橙黄色。[3] 虽然也有人制作较大的茶壶，但总体而言，中国的茶壶至今仍以小

1 C. Sheaf & R. Kilburn, *The Hatcher Porcelain Cargoes*, 107–112.

2 P. J. Donnelly, *Blanc de Chine*, 198–200.

3 伦敦维多利亚与阿尔伯特博物馆的英国馆中提供了可供触摸的展品，展示了中国陶瓷与英国陶瓷的区别并比较了两国陶瓷品质上的差别。

图 2—31 斯塔福郡生产的用注浆成型法制成的紫砂壶，壶身有小树枝形状的装饰，壶嘴末端有镀金装饰。约翰·菲利普（John Philip）和大卫·埃莱尔斯（David Elers）制作于 17 世纪晚期。该壶明显仿效了中国紫砂壶的设计。图片由维多利亚与阿尔伯特图片库提供。

巧为主。相比之下，西方的茶壶最初和其模仿的中国茶壶一样小巧，但越到后期尺寸越大。17 世纪，有一些壶看起来跟中国茶壶类似，但尺寸较大，其实是用来装宾治（Punch）的，它也是一种社交场合流行的饮料。

17 世纪开始流行精美的银茶壶。银匠很受尊敬，他们制作的银器在当时是财富的象征。而当中国瓷器大量涌进欧洲时，金匠发现，这些舶来的奢侈品成了银器强劲的竞争对手。现存最早的银茶壶之一保存在牛津的阿什莫林博物馆（Ashmolean Museum），由当时最杰出的银匠本杰明·派恩（Benjamin Pyne）制作于 1680 年前后。1700 年到 1725 年间流行的是小于 6 英寸的梨形银茶壶。这种茶壶经常会搭配尖尖的壶盖，壶嘴也会有附有盖子。梨形茶壶的壶嘴一般装在壶身最宽的位置，上面还会有一条金属链，其观赏性大于实用性，使得银茶壶看上去更加优雅。银质茶具并不十分适合泡茶，银不是制作茶具最理想的材料，无法与实用性和功能性更强的陶瓷竞争。银的导热性强，为了避免烫手，银匠会在壶上加装简单雕刻的木头或者象牙材质的把手，或是以皮革包裹把手来隔热。另外，在 18 世纪，为了和当时市面上的银器竞争，瓷器的设计也做出了一些调整。

49

18 世纪，瓷质茶具的造型出现了较大变化，一开始是华丽的洛可可风格，世纪末变成了线条简洁的新古典主义风格。茶器的市场需求与日俱增，一套茶器的诞生通常始于一组茶壶和茶杯的设计，之后会有一些搭配它们的配件陆续出现。当时，茶壶的形状十分多样，而 18 世纪 20 年代出现的子弹造型最终占据了主流，成为现代茶壶设计的前身。这种茶壶上宽

图 2—32　斯特拉福德 - 勒 - 鲍（Stratford-le-Bow）茶壶，鲍陶瓷厂（Bow Porcelain）生产于 1758 年前后。该壶为软质瓷，詹姆斯·威尔士（James Welsh）对它做了洛可可风格的装饰，并留下“5”字样红色落款。图片由多伦多加德纳陶瓷艺术博物馆提供。

下窄，呈圆锥体，笔直的壶嘴和嵌入式的盖子与茶壶恰好吻合。它直接模仿了1715年前后出现的银茶壶，成为经典的茶壶样式。18世纪早期的茶壶普遍偏矮，线条直，壶嘴短粗且靠近壶盖。

18世纪30年代，法国的洛可可风格占据了主流，并且在法国以外也颇具影响力。“洛可可”这个词源于法语词“rocaille”，原意是“贝壳或石头装饰”。洛可可风格基于花朵枝蔓、C形和S形的卷曲纹路、扇形石头和贝壳图案的精致有机形态设计，为英国帕拉第奥（Palladian）风格的设计语言带来了可喜的改变。洛可可风格十分精美，通常呈现为不对称的曲线造型，色彩明亮并有镀金点缀。洛可可风格的茶壶壶嘴较长，形状类似龙或者菠萝；壶盖小巧且尖，不对称；壶身有花朵装饰。另外，那些加入了中国风元素、更具想象力的茶壶也是英式洛可可风格设计的一大主题。

50

当时，每一家工厂都有自己擅长的器型。例如，18世纪中期，鲍陶瓷工厂生产出了各种形状的茶壶，包括梨形（1747—1754）、小圆球形（1752—1754）、柱形（1746—1754）、圆筒形（1760）。[1]18世纪中叶到70年代，盛行被称为“缠枝纹”（crabstock）的纹饰，图案是缠绕的多节野苹果树枝，多用于装饰壶嘴和把手。

成立于1744年的切尔西（Chelsea）陶瓷工厂以梅森的陶瓷产品为原型。当时切尔西最受欢迎的茶壶产品之一，外形像石榴，通体雪白。那些没有图案的茶壶表面有时也会装点上一句话或几行诗。随着茶壶成为社交活动的中心，它也成了传递各种思想的媒介，例如当

1　M. Berthoud & P. Miller, *An Anthology of British Teapots* (Stropshire, England: Micawber, 1985). 鲍陶瓷工厂生产器型的日期来自于这部百科全书式的著作。

图2—33　伍斯特出产的软质瓷茶壶三件套，在沃尔博士（Dr. Wall）指导下完成，约1760年。图片由伍斯特陶瓷博物馆提供（Museum of Worcester Porcelain & Royal Worcester）。

时人们常说的“爱乐人生”（love and live happy）。[1]

18 世纪 50 年代，韦奇伍德发明了一种绿色釉，用于制作那些模仿花椰菜、梨子、甜瓜、卷心菜、苹果、菠萝等各种瓜果形状的茶壶，使它们看起来更加真实。还有一些壶的造型以房屋和动物为模仿对象。这些用模具制造出来的奇形怪状的茶壶最近变成了一股潮流，然而在 18 世纪末之前，最受欢迎的仍是基础的球形茶壶。英国制造商制作的茶壶逐渐形成了自己独特的风格，不再仅仅是模仿中国的外销壶。

随着茶越来越受欢迎，茶壶的产量也持续增加，直到 18 世纪末。1770 年，新古典主义时期开始，茶壶的形状也完全被改变了，多为圆形、卵形或多边形，平底，拱形壶盖，锥形壶嘴。总体来看，器型更加细长。新古典主义时期的茶具大都形状规则，装饰简约，比洛可可风格的茶具更容易制作。这个时期的银匠们发现，对金属材料来说，横平竖直的菱形或箱形茶壶，比球形茶壶更易于制作。后来，瓷器也开始模仿这些形状。这个时期的瓷器制作开始使用石膏模具，取代了从前在陶轮上手工拉坯的制作方式。慢慢地，使用模具制造的茶壶取代了手工塑形的茶壶，但茶壶表面的纹样依然需要手工绘制。壶盖仍然造型简洁，要么嵌在壶身里，要么凸起呈拱形，顶部有松果、洋葱造型或环状的壶钮。还有一种衣柜形状的茶壶，模仿了当时表面弯曲的家具，体现了装饰艺术中不同流派的互相影响。新古典主义时期的设计装饰通常比较简洁，以凹槽、回纹、小凸嵌线、叶形垂幔、棕叶饰、茛苕叶饰、圆盘饰、织带花饰、串珠状和桂冠状的花环纹样为主要的装饰语言。

1 R. Emmerson, *One for the Cup* (London: HMSO, 1992), 3.

图 2—34 新霍尔（New Hall）公司生产的一套模仿银茶壶造型的瓷茶壶和茶碟，中国风装饰，约 1795 年至 1805 年。图片由多伦多加德纳陶瓷艺术博物馆提供。

51 新古典主义时期的领军人物是乔治三世时代的建筑师罗伯特·亚当（Robert Adam）。亚当在18世纪50年代去意大利旅游时受到启发，借鉴了古典主义对于完美和平衡的推崇。这一时期，包括陶瓷在内的各种装饰艺术都变得优雅、精致，并且“有品位”（tasteful）。“有品位”是当时形容新古典主义风格作品时常用的一个词。18世纪90年代以后，为了迎合消费者们追逐潮流的心理，陶瓷厂商每隔几年都会推出新的器型。1820年的《斯波德器型大全》（*The Spode Shape Book*）清晰地记载了这一时期器型的发展轨迹。卵形茶壶起源于1795年，顶部和底部平坦，在这本书里被称作“老式卵形”（old oval）。后来，这种茶壶增加了很多新特征，包括一个覆盖了部分茶壶上方注水口的避免茶水倾洒的防护罩和一个拱形过滤器。卵形茶壶的表面有的光滑，有的布满凹槽纹路。

52 18世纪末，卵形茶壶常常将家族纹章或者家族名称的首字母刻绘在铭牌上作为装饰。茶壶的形状也继续演变，开始出现较窄、有足的卵形茶壶和八角形的茶壶。这些器型在《斯波德器型大全》中被称作“新式卵形”。跟老式卵形壶相比，它们的过滤器是平的，而且壶身偏矮。为了与斯波德（Spode）竞争，伍斯特推出了一种造型宽扁，带有“矮墙”（parapet）的卵形茶壶。这种茶壶的特点是壶腹较大，壶身与壶盖接触的一圈被翘起的“矮墙”包围。后来出现的长方形和八角形茶壶，壶身也很宽大，壶嘴向上延伸。19世纪10年代前后，它们取代了卵形茶壶。1812年，很多公司开始生产一种被称作“伦敦”（London）的器型。这种器型非常特殊，肩部有向外凸出的造型，器身是经过圆角处理的长方形，《斯波德器型

图2—35 王后御用瓷器（Queen's Ware）“沃尔夫将军之死”（Death of Wolfe）茶壶，约1775—1780年。壶嘴有卷心菜纹样，壶盖顶部有球形壶钮。表面的黑色转印图案由萨德勒与格林（Sadler & Green）公司制作，是工匠威廉·伍利特（William Woollett）根据画家本杰明·韦斯特（Benjamin West）的画作雕刻的。图片由英国斯塔福郡巴拉斯顿（Barlaston）的韦奇伍德博物馆（Wedgwood Museum Trust）提供。

图2—36 英国德比（Derby）产的硬质瓷茶壶，壶盖顶端有环形壶钮，约1795—1800年。壶上的图画描绘了骑师山（Jockey Hill）的景色，题刻为“德比郡特伦托河旁”（Near the Trent Derbyshire）。图片由皇冠德比博物馆（Royal Crown Derby Museum）提供。

图 2—37 《韦奇伍德的器型大全一》（*Wedgwood Shape Book Number One*）中的页面。这一页的器型编号是 59 号到 124 号，其中有一些上了色，年代为 1802—1820 年左右。这本书只是拿来给工厂作参考用的，因此书中并没有为这些器型命名。图片由斯塔福郡的韦奇伍德博物馆提供。

大全》里也提到过这类壶。“伦敦”器型也常见于茶杯和咖啡杯的设计，这些产品的造型高度一致，只是把手上有细微的差别。讽刺的是，这种器型没过几年就不再流行了，还被认为是“农民的审美”，直到 1878 年韦奇伍德才重新将其带回流行的舞台。

53

摄政时期流行的是瓮形茶壶，外观修长、优雅，底足稳重，完整的圆形把手，尖盖。另外，新古典主义早期出现的传统器型依然风头不减，但风格更加有力量、男性化了。新古典主义早期茶壶的平底设计其实并不实用，因为它会导致从茶壶表面流下来的茶水在桌子上留下污渍，使桌子褪色。于是，瓷器和银器的底座应运而生了。摄政时期，茶壶一般有四足支撑，或被置于一个底座上；有些底座还会仿照古希腊或古罗马时期的古董进行装饰——按照真品原样复制，而不是简单地模仿其风格。很多产品的装饰都运用了新古典主义时期风格硬朗的纹样，比如羊头和兽爪。当时顶尖的陶瓷工厂，如德比、斯波德、韦奇伍德，仍依靠手绘装饰简洁的器型，而不是大量使用浮雕。

55

19 世纪 20 年代，浪漫主义运动（Romantic Movement）的影响也蔓延到了茶壶设计领域。比起摄政时期的新古典主义风格，这个时期的器型轮廓更加自由。浪漫主义运动初期，茶壶造型大多比较低矮、简单。1820 年开始，圆形茶壶卷土重来，只不过这个时期是使用模具制作。此时出现了两种圆形器型：一种比较低矮，另一种带凸肩；还有些把手的两端做成叶子形状。另外，有一种造型独特的圆形茶壶，名为“卡多根茶壶”（cadogan teapot），它的设计灵感来源于一种无盖的中国酒壶，由卡多根夫人（Mrs. Cadogan）委托

图 2—38　早期有“矮墙”造型的骨瓷茶壶，配有带盖糖罐和奶罐，边缘镀金装饰，生产于 1815 年。图片由斯塔福郡的韦奇伍德博物馆提供。

制作，并以她的姓命名。这种壶是通过底部的一个小孔注水。卡多根茶壶由罗金汉郡的工厂制造，并在摄政王的推广下普及开来。浪漫主义时期的瓷器设计符合浪漫主义本身的特点，表现力与个性更加突出，甚至有洛可可风格复兴的迹象。[1]1830 年左右，茶壶大都增加了底足或底座，壶嘴和把手的造型卷曲，这一阶段的茶壶设计风格已经渐渐向维多利亚时代的华丽风格过渡了。[2]壶的高度更高了，把手、底足、壶嘴的部分有大量 C 形和 S 形的卷曲图案。壶盖顶端有花朵造型的壶钮，有些壶盖边缘与壶身相接的位置会有翘起的“矮墙”，还有些会有叶状图案装饰的壶嘴和一端与壶身分离的把手。与此相对的是，随着维多利亚时期的新古典主义风格复兴，那种低矮的圆形茶壶重新回到人们的视线，很多表面上有浅浮雕装饰，如回纹。此时，英国本土瓷器的价格已经比亚洲瓷器更加低廉，完全占领了市场。[3]

随着茶价下跌，茶叶产量增加，产地扩大至印度和锡兰，英国人的茶消费量更大了，茶壶的尺寸也更大了。维多利亚时期的茶壶更笨重，装饰也更华丽。伊莎贝拉·比顿在她的著作《家庭主妇珍藏的家政知识》中写道：“普通茶壶的容量大约是一夸脱，但实际上，茶壶的尺寸从 1 品脱到 3 品脱都有，每半品脱为一级。”[4]19 世纪，茶壶从器型、图案到原料都发展得极度多样化，出现了黄铜壶、铝壶、搪瓷壶、铸铁壶和铜铬合金壶。另外，已经生产了几百年的锡制壶终于在 19 世纪 30 年代到 50 年代受到了欢迎，复古的风潮影响了茶壶的设计，尤其是茶壶表面的装饰风格。

56

工业革命期间，陶瓷进入大批量生产阶段，人们却开始追求非大批量生产的产品。这一

1 R. Emmerson, *British Teapots & Tea Drinking: 1700–1850* (London: HMSO, 1992), 275.

2 R. Emmerson, *One for the Cup*, 4–11.

3 P. Miller & M. Berthoud, *An Anthology of British Teapots*.

4 I. Beeton, *Housewife's Treasury of Domestic Information*, 197.

图 2—39 “伦敦”器型的明顿骨瓷茶壶，装饰图样编号为 470，生产于 1813—1816 年左右。图片由多伦多加德纳陶瓷艺术博物馆提供。

图 2—40 斯塔福德郡产的卡多根茶壶，约 1870 年。这个茶壶模仿了一种中国酒壶，水通过壶底部的一个小孔注入，其造型也仿制了卡多根夫人购买并带回英国的一只中国进口酒壶。图片由收藏家格洛丽亚（Gloria）和桑尼·卡姆（Sonny Kamm）提供。

图 2—41 天鹅造型的黑色炻器茶壶，约克郡的索特公司（Sowter & Co.）制造于 1805 年。这种黑色炻器是由韦奇伍德工厂率先生产并推广流行开来的。图片由收藏家格洛丽亚和桑尼·卡姆提供。

图 2—42 至图 2—47 出自 1820 年制作的《斯波德器型大全》。这是一本技术参考书，其中呈现了各种器型的名称和图片，并为制坯工人提供了不同尺寸的参考数据。陶瓷坯经过烧制后，成品会有一定程度的收缩，收缩的情况也标注在了产品图片下方。书中的大部分设计用于骨瓷生产，小部分会被制成陶器。图片由斯波德博物馆（Spode Museum Trust）提供。

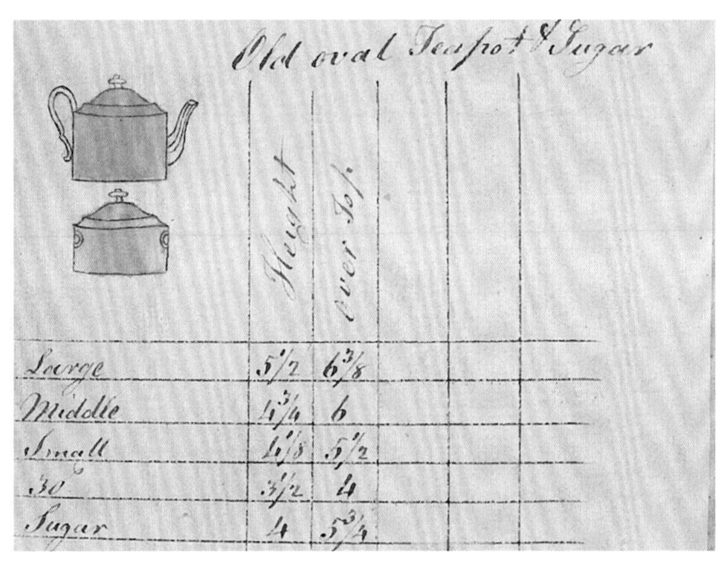

Old oval Teapot & Sugar

	Height	over Top
Large	5 1/2	6 3/8
Middle	4 3/4	6
Small	4 1/8	5 1/2
30s	3 1/2	4
Sugar	4	5 3/4

图 2—42 平底的“老式卵形”器型。

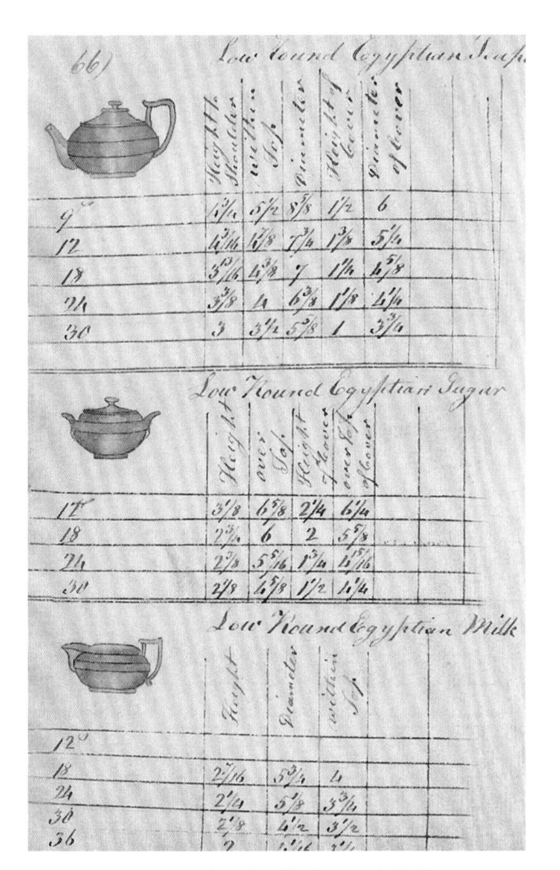

66) Low Round Egyptian Teapot

	Height of Shoulder	within Top	Diameter	Height of Cover	Diameter of Cover
9s	4 3/4	5 1/2	8 5/8	1 1/2	6
12	4 3/16	4 7/8	7 3/4	1 3/8	5 1/4
18	3 13/16	4 3/8	7	1 1/4	4 5/8
24	3 3/8	4	6 3/8	1 1/8	4 1/4
30	3	3 1/2	5 7/8	1	3 3/4

Low Round Egyptian Sugar

	Height	over Top	Height of Cover	over Top of Cover
12s	3 1/8	6 5/8	2 1/4	6 1/4
18	2 3/4	6	2	5 5/8
24	2 7/8	5 5/16	1 3/4	4 15/16
30	2 1/8	4 5/8	1 1/2	4 1/4

Low Round Egyptian Milk

	Height	Diameter	within Top
12s			
18	2 7/16	5 3/4	4
24	2 1/4	5 1/8	3 3/4
30	2 1/8	4 1/2	3 1/2
36	[illegible]	[illegible]	[illegible]

图 2—43 短粗的“埃及”（Egyptian）器型。

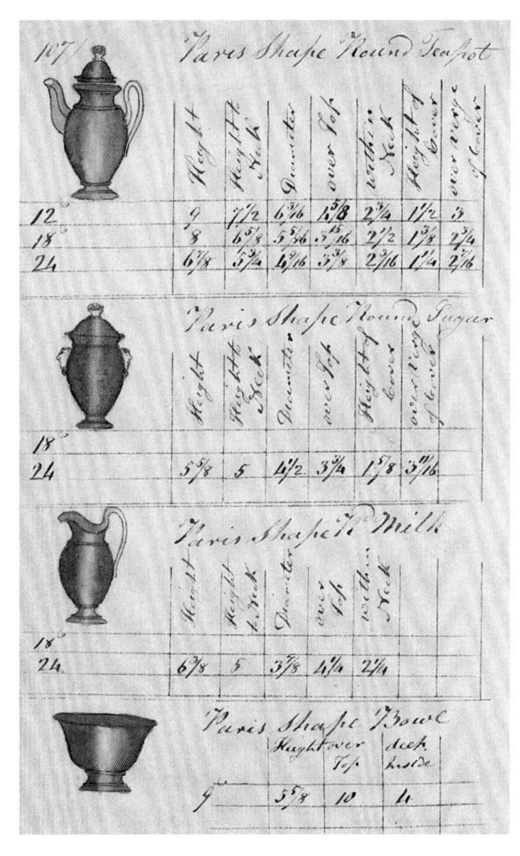

107) Paris Shape Round Teapot

	Height	Height to Neck	Diameter	over Top	within Neck	Height of Cover	over verge of Cover
12s	9	7 1/2	6 3/16	4 5/8	2 3/4	1 1/2	3
18s	8	6 5/8	5 5/16	3 15/16	2 1/2	1 3/8	2 3/4
24	6 7/8	5 3/4	4 9/16	3 3/8	2 3/16	1 1/4	2 7/16

Paris Shape Round Sugar

	Height	Height to Neck	Diameter	over Top	Height of Cover	over verge of Cover
18s						
24	5 5/8	5	4 1/2	3 3/4	1 7/8	3 11/16

Paris Shape Rd Milk

	Height	Height to Neck	Diameter	over Top	within Neck
18s					
24	6 7/8	5	3 7/8	4 1/4	2 1/4

Paris Shape Bowl

	Height	over Top	deep inside
9s	5 5/8	10	4

图 2—44 圆润有底足的“巴黎”（Paris）器型。

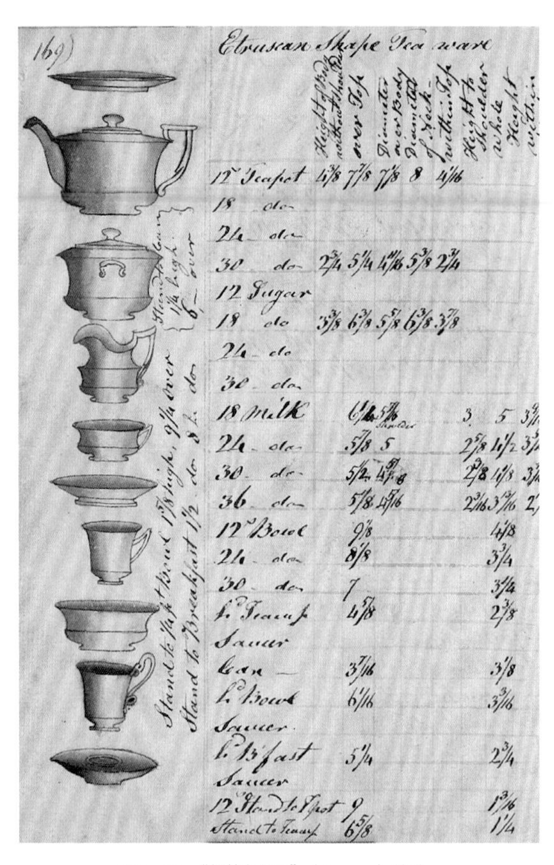

169) Etruscan Shape Tea ware

	Height of Body without the Neck	over Top	Diameter over Body	Diameter of Neck	within Top	Height to Shoulder	Whole Height	within
12s Teapot	4 3/8	7 7/8	7 7/8	8	4 1/16			
18 do								
24 do								
30 do	2 3/4	5 1/4	4 11/16	5 3/8	2 3/4			
12 Sugar								
18 do	3 3/8	6 3/8	5 5/8	6 3/8	3 7/8			
24 do								
30 do								
18 Milk		6 1/2	5 3/4 Shoulder			3	5	3 3/4
24 do		5 7/8	5			2 5/8	4 1/2	3 1/2
30 do		5 1/2	4 3/8			2 3/8	4 1/8	3 1/4
36 do		5 7/8	4 1/16			2 1/16	3 5/16	2
12s Bowl		9 1/8					4 1/8	
24 do		8 1/8					3 3/4	
30 do		7					3 1/4	
L. Teacup		4 5/8					2 7/8	
Saucer								
Can		3 7/16					3 1/8	
L. Bowl		6 1/16					3 3/16	
Saucer								
L. B'fast		5 1/4					2 3/4	
Saucer								
12 Stand to T.pot		9					1 3/16	
Stand to Teacup		6 5/8					1 1/4	

Stand to T.pot Bowl 1 7/8 high, 9 1/4 over
Stand to Breakfast 1 1/2 do 8 1/2 do
Handle even 1/4 high, 6 over

图 2—45 “伊特鲁里亚”（Etruscan）器型。

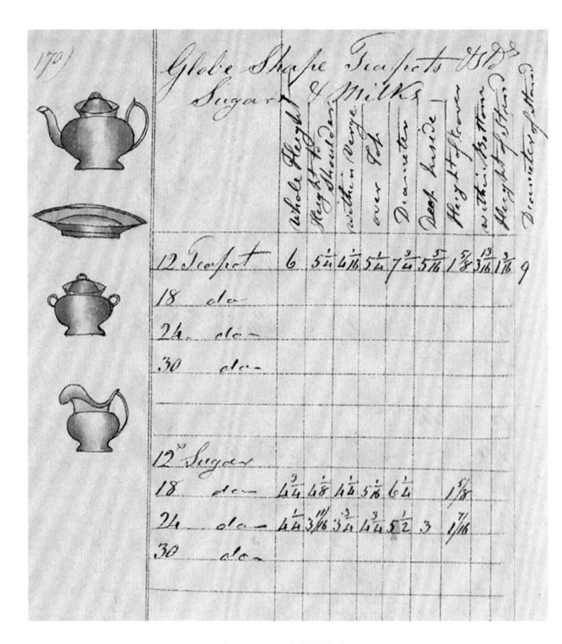

170) Globe Shape Teapots &c. Sugars & Milks

	Whole Height	Height to Shoulder	within Verge	over Top	Diameter	Deep Inside	Height to Cover	within Bottom	Height of Stand	Diameter of Stand
12 Teapot	6	5 1/4	4 1/16	5 1/4	7 3/4	5 5/16	1 5/8	3 13/16	1 3/16	9
18 do										
24 do										
30 do										
12s Sugar										
18 do	4 3/4	4 1/8	4 1/4	5 5/16	6 1/4		1 5/8			
24 do	4 1/4	3 11/16	3 3/4	4 3/4	5 1/2	3	1 7/16			
30 do										

图 2—46 球状器型。

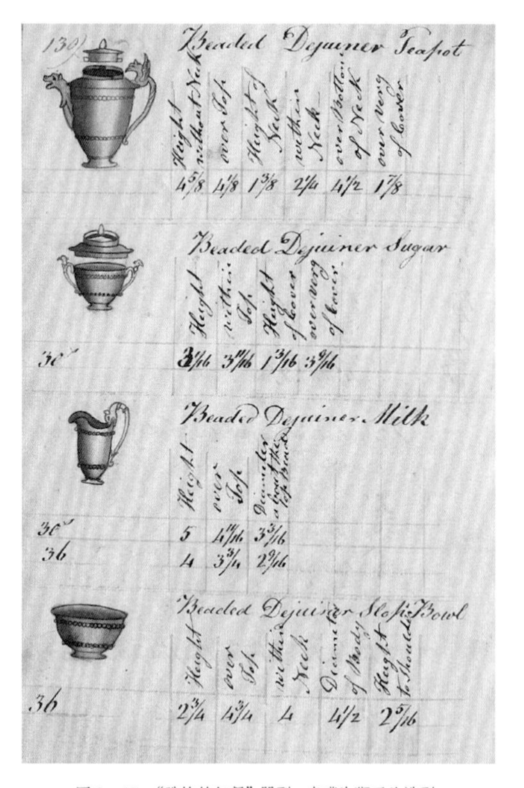

130) Beaded Dejuiner Teapot

Height without Neck	over Top	Height of Neck	within Neck	over Bottom of Neck	over Verge of Cover
4 5/8	4 1/8	1 3/8	2 1/4	4 1/2	1 7/8

Beaded Dejuiner Sugar

	Height	within Top	Height of Cover	over Verge of Cover
30s	3 1/16	3 11/16	1 3/16	3 9/16

Beaded Dejuiner Milk

	Height	over Top	Diameter at Top of the Body
30s	5	4 1/16	3 3/16
36	4	3 3/4	2 9/16

Beaded Dejuiner Slop Bowl

	Height	over Top	within Neck	Diameter of Body	Height to Shoulder
36	2 3/4	4 3/4	4	4 1/2	2 5/16

图 2—47 “珠饰的午餐”器型，壶嘴为狮子头造型，把手是凤凰造型。

时期，很多陶瓷产品上装饰着呆板的转印图案。在威廉·莫里斯（William Morris，1834—1896）领导的工艺美术运动（Arts & Crafts Movement）的影响下，艺术家们开始热衷于生产手工艺品。以高超工艺水准制作的家具、织物、书籍和陶瓷纷纷涌现。纯手工装饰的陶器被称为“艺术陶器”，一度大行其道。道尔顿公司（Doulton & Company）是当时最大的艺术陶器制造商之一，该公司为旗下的装饰艺术家单独成立了一个工作室。1873 年，该公司雇用了 6 位艺术家。到了 1890 年，这个数字增长到了 345。然而，工作室陶艺家的真正崛起出现在 20 世纪的 1914 年到 1960 年间。严格来说，工作室推出的陶器通常由一位艺术家，或者再加一位助手制作完成，这样做可以确保作品艺术上的整体性和特色。制作这类茶壶的时候，艺术家们不会用模具，而是手工拉坯和装饰，所有工序都由同一个人完成，充分代表其创作的理念。伯纳德·利奇（Bernard Leach，1897—1979）是当时的一位顶尖工作室陶艺家，他非常推崇本土制作的手工器物，还就这一话题写过文章、做过演讲，这些内容都收录在他 1943 年的著作《一位陶艺家的书》（*A Potter's Book*）里了。[1]

19 世纪后期出现的创意茶壶（novelty teapots）也一度小范围风靡：“令人意想不到的是这种茶壶居然也有市场需求。人们对它的兴趣，无疑来自维多利亚时代的人对创新本身的热爱。”[2] 罗金厄姆陶瓷工厂和斯塔福德郡的几家工厂从 19 世纪前期就开始生产这种茶壶。1886 年，J. 罗伊尔先生（Mr. J. Royle）发明了可以自动倒茶的“自斟”（Self Pourer）茶壶，并申请了专利。直到 1905 年，这种壶才被皇家道尔顿公司制造出来。它利用了气压原理，

1 C. Archer, *Teapotmania: The Story of the British Craft Teapot and Teacosy* (Norfolk: Breckland Print Limited & Norfolk Museum, 1995), 2–12.

2 E. Bramah, *Novelty Teapots: 500 Years of Art & Design* (London: Quiller Press, 1992), 59.

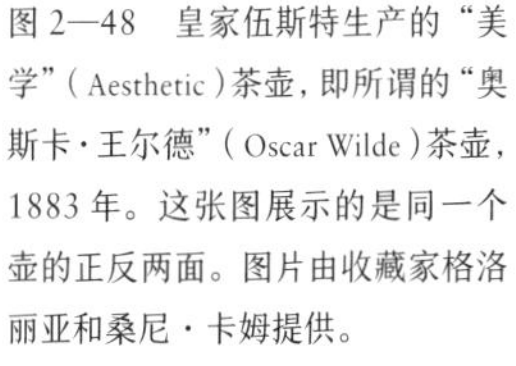

图 2—48　皇家伍斯特生产的“美学”（Aesthetic）茶壶，即所谓的“奥斯卡·王尔德”（Oscar Wilde）茶壶，1883 年。这张图展示的是同一个壶的正反两面。图片由收藏家格洛丽亚和桑尼·卡姆提供。

当人们按下金属盖，茶壶就会倒出一杯茶，不多不少。此外，1901 年，敦唐纳德勋爵（Lord Dundonald）设计出一种名为“SYP”（Simple Yet Perfect，简单却完美）的茶壶，并申请了专利。这种茶壶可以在茶泡好后，以把手为支点向后翻倒，使茶叶与水分离，避免茶叶一直泡在水中，导致茶水浓度过高。此类茶壶有多种不同材质和装饰风格，尺寸从 5.5 英寸到 8 英寸不等。在世纪之交，莱昂斯茶店（Lyons Tea Rooms）推广的一种双嘴茶壶可以使倒茶速度更快。这种茶壶的内部有时会被分隔为两个区域，可以同时泡两种茶。有双嘴茶壶就会有无嘴茶壶。布里斯托（Bristol）的庞特尼公司（Pountney & Co. Ltd.）就生产出了一种“舒适”(Cosy) 茶壶，没有壶嘴。虽然这种壶在 26 个国家都注册过专利，但它一直没有流行起来。这证明了对茶壶而言，壶嘴是不可或缺的部分。由于维多利亚时期对创新与进步的痴迷，留下了不计其数的茶壶种类，甚至出现了上下颠倒的茶壶、可堆叠的茶壶、自动茶壶等。

英国 20 世纪最天才的设计之一是富有装饰艺术风格的“立方体”（Cube）茶壶。这种[58]茶壶最早于 1916 年设计完成，供人们在远洋轮船上使用。专利所有人是 R. C. 约翰逊（R. C. Johnson），他的专利权有效期至 1963 年。这种茶壶非常稳固，即使在海浪颠簸中也不会倾倒，是全球销量最高的专利茶壶，一度成为卡纳德（Cunard）航运公司航线上的标配，也是卡纳德迷人的跨大西洋航线的标志。它的轮廓十分简洁硬朗，有现代感，至今还在使用，成了茶壶设计的经典。安妮·安德森（Anne Anderson）认为，“立方体”茶壶的发明反映了社会变革以及英国人对发明“倒茶时能够一滴不漏的完美茶壶”的追求。20 世纪 20 年代中期，

图 2—49　舒适茶壶，由布里斯托的庞特尼公司发明，壶身没有嘴，约 1923 年。图片由收藏家格洛丽亚和桑尼·卡姆提供。

图 2—50

图 2—51

图 2—50　1886 年前后，J. 罗伊尔先生发明了可以自动倒茶的“自斟”茶壶并申请了专利。直到 1905 年，这种壶才被皇家道尔顿公司制造出来（图中右边的茶壶）。左边的镀银茶壶样品是由谢菲尔德的詹姆斯·狄克逊父子公司（James Dixon & Sons）生产的。图片由收藏家格洛丽亚和桑尼·卡姆提供。

图 2—51　SYP 茶壶，约 1908 年。该器型 1901 年由敦唐纳德勋爵设计。这种茶壶注水后可以以把手为支点向后翻倒，使水与茶叶分离，避免茶泡得过浓。图片由收藏家格洛丽亚和桑尼·卡姆提供。

图 2—52

图 2—53

图 2—52 双嘴茶壶，由莱昂斯茶店推广开来。后来出现了很多衍生的器型，包括内部分区的茶壶，同时能泡两种茶。图片由收藏家格洛丽亚和桑尼·卡姆提供。

图 2—53 经典装饰艺术风格的“立方体”茶壶，于 1916 年设计完成。它的设计初衷是为了方便人们在远洋轮船上使用，船颠簸的时候能够避免茶水泼洒出来。专利所有人是 R.C. 约翰逊，他的专利权有效期至 1963 年。图片由收藏家格洛丽亚和桑尼·卡姆提供。

约翰逊在莱斯特郡创立了自己的公司——立方体茶壶有限公司（Cube Teapots Co., Ltd.）。这个公司的理念十分超前，重视广告，并鼓励零售商使用橱窗展示的营销手段突出他们的优势："要在橱窗里摆出大小不同的壶，营造出一种真实的怀旧感——可以利用壶嘴残破的壶，有污渍的茶巾等。与之对比，代表新时代的立方体茶壶要在干干净净的桌子上展示，旁边可以放上精干的女仆人偶和看上去心满意足的女主人人偶。"[1]

玻璃茶壶主要流行于20世纪，由美国的派热克斯–康宁公司（Pyrex-Corning）在20年代率先开始大规模生产。20世纪中叶的主流是来自意大利与斯堪的纳维亚的设计，而到了20世纪70年代，旧的器型再度复兴。[2] 今天，茶壶的流行趋势呈现出两个极端：要么是以玻璃等材料制作的简洁风格茶具，要么是手工制作的、独特的艺术陶瓷。英国茶叶协会与丹麦的波登公司（Bodum）合作，设计了一款玻璃茶壶，中间有单独的穿孔浸煮器。用这种壶泡茶，茶叶会被固定在中间的浸煮器中，可以随时与水分离，避免茶泡得过浓。随着花草茶等特殊茶品种的流行，这种设计的实用性和功能性得到了进一步发挥。

59

茶壶历经辉煌，发展出了种类繁多的器型、大小不一的尺寸和各式各样的材质。对我们，尤其是收藏家而言，这无疑是一场视觉的盛宴。位于英国诺威奇（Norwich）的城堡博物馆（Castle Museum）里，有一个川宁茶壶美术馆（Twinings Teapot Gallery），这里有世界上最丰富的英国陶瓷茶壶收藏。世界上收藏茶壶最多的收藏家是美国的格洛丽亚和桑尼·卡姆。这些藏品体现了茶壶这一简单器具的设计中其实蕴含着深刻的创造性。制作于19世纪、

1 A. Anderson, *The Cube Teapot* (Somerset: Richard Dennis, 1999), 29.

2 P. Miller & M. Berthoud, *An Anthology of British Teapots*.

图2—54 英国茶叶协与丹麦的波登公司合作设计的玻璃茶壶，2000年。图片由英国茶叶协会公司提供。

20 世纪的艺术陶瓷，每一件都是独立的艺术品。茶壶可以有这么多的主题和风格，难怪在中国人看来，挑选茶壶是一件要事，它一定要符合主人的审美，同时具有良好的功能。他们甚至认为，不同茶壶泡出来的茶，味道也会不同，因此常用不同茶壶泡不同种类的茶叶。

从茶碗到茶杯

和茶壶的演变一样，17 世纪英国茶杯的设计也从中国外销瓷器中获得灵感。当时，欧洲产的陶瓷强度不够，遇到热水就会开裂或碎掉，被戏称为“会飞走的瓷器”（flying porcelain）。这使得英国人对进口瓷器的需求量居高不下。而当欧洲人生产出了质量足以匹敌中国瓷器的产品之后，厂商们就可以自由地创作出完全符合欧洲人审美的茶器了。

17 世纪，欧洲最早使用的其实不是茶杯，而是茶碗，即东印度公司进口的不带把手的小杯子。同与其匹配的茶壶一样，这种茶碗的尺寸也很小，显示出了茶的奢侈品属性。唐朝时，人们饮茶的器具稍大一些，而且当时茶是直接在茶碗里泡，完全不需要茶壶。稍晚些时候，中国人渐渐开始用一种配有盖子和浅碟的盖碗饮茶。把手在中国的茶杯上并不常见，但茶碟却早在 7 世纪就出现了。当时，一位中国军官的女儿发现茶碗太烫手了，于是要求当地的陶匠做一个碟子解决这个问题。有了茶碟，人们就不用一直端着茶碗了。由于茶壶和茶碗的尺寸很小，客人在一席之间常会喝很多杯茶，其间是不需要更换茶叶的。

从海切尔号沉船打捞上来的瓷片显示，早在1643年，中国就开始大量出口茶碗了。船上共有8015件各种样式的茶碗，包括高足杯形的、上下垂直的、低浅的、半荔枝形的（half lychee）、圆锥形的。为了便于装船，最大限度利用空间，茶碗以4到6个为一组叠放，茶碗直径从2.5英寸到3.25英寸不等。另外，船上还发现了大量德化白瓷和釉色丰富的青花瓷。后来，人们还发现了东印度商船的遗骸，这一发现将中国大量出口茶碗的时间又提早了大约十年。通过研究遗骸，人们对当时的货运商品有了更清楚的认识，发现了史书上没有记载过的新器型。[1]

约一百年后，中国出口的茶杯数量急剧增加。1752年沉没的南京舰上发现了：

> 杯子和茶碟：
>
> 热巧克力杯1481只
>
> 茶杯和咖啡杯41268只，茶碟50815只[2]

在分析这些数据的时候，一个有趣的发现是，茶杯与茶碟的数目并不相等。这一事实使人们更加确信，当时的瓷器商人们确实需要在船靠岸以后，再尽量把茶杯和茶碟凑成套。这也解释了为什么很少能看到完全匹配的一套茶器。从中我们还可以了解到，茶杯、咖啡杯、

1 C. Sheaf & R. Kilburn, *The Hatcher Porcelain Cargoes*, 107–112.

2 C. Sheaf & R. Kilburn, *The Hatcher Porcelain Cargoes*, 107–112.

热巧克力杯的形状各不相同，这反映了当时欧洲人的嗜好已经开始影响中国出口瓷器的生产。尽管如此，当时装船的杯子还是偏向于没有把手的，因为带把手的杯子不够轻便，运输成本也更高。

60

当时有一艘来自荷兰的东印度商船哥德马尔森号，装载了茶壶 578 个，茶杯加茶碟共计 63623 个。这使人们感到奇怪，为什么茶壶数量比茶杯和茶碟少这么多？原因可能有两方面：第一，当时人们通常将中国进口的茶碗或茶杯和银茶壶一起使用，而不是瓷茶壶；第二，当时伦敦的咖啡馆和饮茶花园遍地开花，这些场合需要更多的茶杯，而非茶壶。[1]

18 世纪，人们用来喝茶、咖啡和热巧克力的杯子至少有五种不同的尺寸。茶碗或茶杯的标准高度为 2 英寸到 2.3 英寸，直径为 2.3 英寸到 2.75 英寸。大一些的茶碗是早餐时用的，小一点的则在下午茶时使用。双把手的茶杯通常用来喝热巧克力，也更方便老人和病人饮茶。当时，人们习惯一天喝好几次热饮，每次用不同的杯子。这样一来，经常是同一个茶碟搭配不同的茶杯使用，因此人们并不需要买那么多茶碟。早餐时使用的茶杯和咖啡杯通常会大一些，晚餐时用的小一些，而茶碟的差别并不大。另外，随着饮茶礼仪的演变，人们也不再需要使用那种较深的茶碟了。

62

18 世纪，茶器变得更精美了。值得注意的是，这个时期茶杯器型的变化与茶壶完全同步，上面装饰着相同的纹样。茶杯依然是最普通的圆形，但把手的设计更加富有创造性了。早期的茶杯多为钟形，把手是尾式闭环造型，没有底足（约 1760—1780）。梨形的茶杯也很常见。

1 C. Sheaf & R. Kilburn, *The Hatcher Porcelain Cargoes*, 107-112.

图 2—55　乾隆粉彩茶碗与茶碟，直径 4 英寸，制作于 1740 年左右。彩绘图案的主题是“火神”，显示了当时中国出口的瓷器已经开始使用西方的意象。图片由科恩与科恩画廊提供。

图 2—56　切尔西出产的软坯八角陶瓷茶碗与茶碟，制作于 1752—1755 年左右。彩绘装饰由 J. 哈梅特 · 奥' 尼尔（J. Hamett O' Neale，1734—1801）绘制。图片由多伦多加德纳陶瓷艺术博物馆提供。

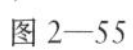

图 2—55

图 2—56

图 2—57

图 2—58

图 2—57　伍斯特出产的早期软质瓷茶杯与茶碟，上面有转印纹样，约1757—1760 年。图片由多伦多加德纳陶瓷艺术博物馆提供。

图 2—58　伍斯特出产的茶杯与茶碟，边缘有紫色鳞状装饰，中央是一簇花果纹样，制作于 1770—1772 年左右。纹样由詹姆斯·吉尔斯绘制。图片由多伦多加德纳陶瓷艺术博物馆提供。

图 2—59　布里斯托出产的茶碗与茶碟，制作于 1775 年左右。纹样由亨利·伯恩（Henry Bone，1755—1834）绘制。图片由多伦多加德纳陶瓷艺术博物馆提供。

图 2—59

图 2—60　一套新霍尔公司生产的茶碗和茶碟，混合硬质瓷，釉上彩，制作于 1782—1787 年。纹样由菲德尔·杜维威尔（Fidelle Duvivier）绘制。图片由多伦多加德纳陶瓷艺术博物馆提供。

图 2—61　软质瓷茶杯和茶碟，1794—1795 年左右制作于德比的威廉·德斯伯里公司（William Duesbury II & Co.）。纹样由约翰·布鲁尔（John Brewer，1764—1816）绘制。图片由多伦多加德纳陶瓷艺术博物馆提供。

图 2—62　明顿于 1800—1810 年左右生产的一套茶杯、咖啡杯和茶碟，橙色纹饰，编号 66。茶碟通常可以和大小不同的茶杯、咖啡杯搭配。图片由多伦多加德纳陶瓷艺术博物馆提供。

图 2—60

图 2—61

图 2—62

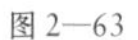

图 2—63

图 2—64

图 2—65

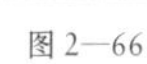

图 2—66

图 2—67

图 2—63 至图 2—71 是 1820 年的《斯波德器型大全》中的一些设计。每款设计都由几个尺寸不同的产品组成，包括一个 0.25 品脱的茶碗，一个早餐用的茶杯，一个普通茶杯，一个咖啡杯。图片由斯波德博物馆提供。

图 2—63 “古董”（Antique）器型。

图 2—64 上面三个是“浮雕垂花饰”（Swag Embossed）器型，下面两个是“常规”（Common）器型。

图 2—65 “带把手的凹槽”（Shank Flute）器型。

图 2—66 上面四个是“皇家凹槽”（Royal Flute）器型，下面两个是“想象中带把手的古董”（Imagined Handled Antique）器型。

图 2—67 “平凹槽”（Flat Flute）器型。

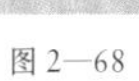

图 2—68

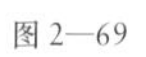

图 2—69

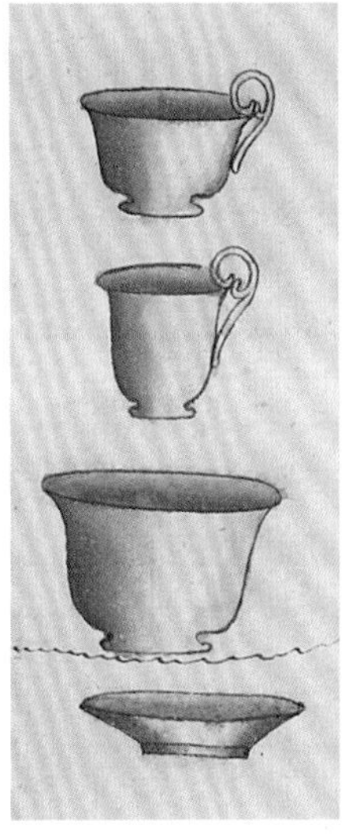

图 2—70

图 2—71

图 2—68 “伦敦”（London）器型。

图 2—69 “法国古董”（French Antique）器型。

图 2—70 “巴黎”（Parisian）器型。

图 2—71 “钟形”（Bell）器型。

洛可可风格的茶壶，搭配它的茶杯也会设计成有 S 形和 C 形卷曲造型的把手，带有色彩丰富的装饰，并且边缘和把手上有精美的镀金。另外，以优雅的花卉图案和扇形边缘装饰模具制成的茶杯，在洛可可风格时期也非常流行。

63

到了新古典主义时期，设计强调的是简洁、几何化的线条。茶杯的形状被拉长，底部加上了底座。有的杯身上会有凹凸的纹路，从杯口边缘延伸到杯底，展现出了工艺上的发展：1780—1800 年，出现了表面有竖纹的杯子；1795—1805 年，出现了有把手的带凹槽装饰的杯子，以及有凹槽装饰的细腰杯。伦敦杯型和伦敦壶型出现的时间差不多，都是 1812—1820 年；而希腊（Grecian）杯型稍晚，出现于 1815—1825 年。新古典风格的把手要么呈方形，要么呈圆形，大概演化为以下几类：向内收的（1790—1813）、环形的（流行于 1800—1815）、方形的或法式的（1800—1810）、弯弯曲曲的（1815—1825），以及腰子形或心脏形的（1815—1825）。[1] 与此同时，新霍尔等公司依然在生产茶碗，以搭配它们价位较低的茶具套装。

64

18 世纪晚期到 19 世纪早期，由于人们希望紧追潮流，茶杯和茶壶一样，每隔几年就会推出新款型。维多利亚时代用模具生产的茶杯大小不一、形状各异，高矮和口径都不尽相同。把手的款式也十分多样，主要有以下几种：位置较高的精美环形手柄（1825—1830）、卷曲的把手（1830—1835）、方形把手（1835—1845）、末端为叶片形的把手（1850—1860）。这个时期的茶杯呈现出一种当时流行的复古风格。1825—1850 年，洛可可复古风很受欢迎；1870—1890 年，流行镂空的茶杯；而发生于 1874—1876 年之间的唯美主义运

1 M. Berthoud, *A Compendium of British Teacups* (Stropshire, England: Micawber, 1990). Berthoud的书中收录了他私藏的2000多个茶杯，本书提到的这些日期信息即来源于此。

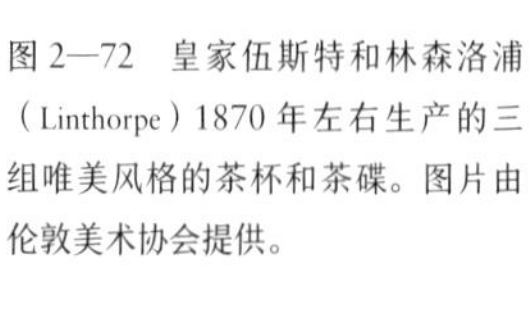

图 2—72　皇家伍斯特和林森洛浦（Linthorpe）1870 年左右生产的三组唯美风格的茶杯和茶碟。图片由伦敦美术协会提供。

动催生出了一些偏自然风格的器型和装饰。[1]维多利亚时代，无论是展示琳琅满目的茶杯收藏，还是将茶杯作为赠礼，都是很时髦的事。茶杯一般都会被单独包装在一个大小相称的盒子里。今天，茶杯依然是受欢迎的收藏品。通过经销商或者拍卖行可以买到各个价位的茶杯，通常三件为一套，包括一只茶杯、一个茶碟和一个糕点盘。

虽然德国梅森在 18 世纪生产出了葵口造型的杯子，皇家伍斯特也在 1876 年生产出了方形杯子，但绝大多数茶杯的杯口依然是圆形，直到装饰艺术运动（Art Deco）时期才发展出各种异型茶杯。20 世纪 20 年代和 30 年代，克拉丽斯·克利夫（Clarice Cliff）等陶艺家生产的茶杯与茶壶套装，把手一般呈三角形，有些中间连能伸进手指的小洞也没有留。杯身的造型与三角形的把手保持一致，部分杯子有底座。为了跟上时代，朗顿（Longton）的谢利陶瓷工厂（Shelley Potteries）设计出了一种名为“时尚”（Vogue）的纹饰，杯子把手也是实心三角形。可以看出，装饰艺术运动时期硬朗、几何化的风格在很大程度上影响了瓷器的设计。

今天，泡茶的方法似乎回到了原点。最初，中国人直接在碗里泡茶，现在也是一样。唯一的不同之处是，现在的茶不需要泡那么久了，因为现在的茶叶更细碎。茶包使得泡茶的过程更加快捷和简单，改变了人们泡茶的方法：茶壶和茶杯都不是必需的了。这个时代，饮茶不需要那么正式，很多人都直接在马克杯里泡茶了。

1 M. Berthoud, *A Compendium of British Teacups.*

图 2—73 一套产自梅森的瓷器，用于饮茶和热巧克力，放置在属于那个时代的箱子里，制造于 1740—1750 年左右。硬质瓷，釉上彩，表面有镀金装饰。图片由多伦多加德纳陶瓷艺术博物馆提供。

我们现在饮茶时所用的这种风格和装饰手法统一的整套茶具，直到18世纪才出现。虽然人们很早就用上了茶具，但在18世纪之前，都是从各种各样的瓷器和银器里挑选、搭配出一套。17世纪，茶器价高而难得，因此混合搭配出一套茶具并不能算作“不时髦”。而到了18世纪，成套的精美茶具开始在欧洲流行，这反映了本土陶瓷工厂的迅猛发展。乔纳斯·汉威在他1757年出版的著作《关于茶的论文》中说明了一套茶器风格统一的重要性：“（它）标志着高档的服务和娱乐活动，一般用于招待王公贵族。”整套的茶具象征着体面的生活——人们甚至会定制一个专属的真皮箱子来收纳这些茶具。在贵族阶级家里，瓷器柜子里有好几套茶具的情形并不鲜见。

英国最先进口的茶具套装很有可能就是宜兴紫砂茶具。这种套装一般包括一个小茶壶和几个小茶碗，纹饰统一，泥色相似，装饰风格也一致。早些时候，英国的瓷器商人们会大量批发紫砂、青花和德化白瓷，以便拼凑成套再出售。1791年以后，才开始有买家要求东印度公司进口大量成套的瓷器。[1] 早期从中国进口的成套茶具一般包括茶壶、茶碗（或茶杯）和茶碟。后来，欧洲人的需求开始多样化，有的客户要求增加糖罐和奶罐。18世纪中期，东印度公司才开始区分“茶具”和“咖啡杯”。

英国人素来有在热的草本饮料里加糖的传统，因此也很早就开始在饮茶时加糖。查理二

1　C. Sheaf & R. Kilburn, *The Hatcher Porcelain Cargoes*, 107–112.

图2—74　韦奇伍德1785年左右生产的单人早餐茶具，碧玉细炻器，淡蓝底，白色浅浮雕图案。茶壶图案的主题是“可怜的玛利亚”（Poor Maria），糖罐的图案是“家务劳作”（Domestic Employment），奶罐和茶碗的图案是“玩耍的丘比特”（Cupids at Play）。由坦伯顿夫人（Elizabeth lady Templetown）为韦奇伍德设计，威廉·哈克伍德（William Hackwood）制造模具。这种器型被称为“酿造者”（Brewster）。图片由斯塔福德郡的韦奇伍德博物馆提供。

世时期，英国人每年大概会消费 800 吨茶叶；到了 1700 年，这个数字增加到了 10000 吨。所以，17 世纪末，糖罐已经成为茶具中必不可少的组成部分。早期的糖罐可能是从中国盖碗演变而来的，但盖碗作糖罐用的时候，底下的茶碟会被拿掉。当时的盖碗一般呈圆锥形，有圈足。在当时的英国，精制糖属于奢侈品，因此，糖和茶叶通常都被装在玻璃、陶瓷或金属容器里，放置于上锁的茶箱内。19 世纪，糖不再是奢侈品了，年均消费量也剧增到了 15 万吨。

英国人喝绿茶一般会遵循中国传统，什么都不加；而进入 18 世纪后不久，人们在饮用红茶时会开始加一些奶。马修 · 普赖尔（Matthew Prior）1720 年的诗作也证明了这一点：

> 他屈膝感谢她，
>
> 然后喝了一夸脱加奶的茶。

有人认为，奶罐的设计灵感来源于形状像头盔的水罐，只不过尺寸小一些。[1]18 世纪 30 年代流行的茶器套装中，通常包括奶罐和糖罐。饮茶时，奶应该在茶水倒入茶杯之前加还是之后加，一直存在争议。但 18 世纪早期的做法应该是先加奶，因为凉的奶可以降低茶水的温度，防止耐热度远不如中国瓷器的英国茶具骤热炸裂。而在美国，奶罐一般是加盖的，奶也是热的。

66

1 E. de Castres, *Collector's Guide to Tea Silver: 1670–1900* (London: Frederick Muller Limited, 1977), 67–80.

图 2—75 查尔斯 · 吉尔（Charles Gill）的旅行日记中的一则，有 1811 年的水印。吉尔在他的商务旅行中携带着这本日记，里面记录了很多韦奇伍德的产品。图中的两页是“王后瓷器”（Queen's Ware）中名为“玩具”的套装，是一种奶油色的陶器，表面有当时流行的纹饰。图片由斯塔福德郡的韦吉伍德博物馆提供。

有时候，饮茶也会加奶油，但奶油罐并不能算作是茶具。有趣的是，在切尔西和德比的陶瓷工厂，奶油罐都是最早推出的产品之一。已知切尔西最早的产品是 1745 年生产的半透明软质瓷奶油罐，形状是靠在一起的两只山羊，落款是一个三角形。维多利亚与阿尔伯特博物馆也收藏有一个白色的奶油罐，出产于 1750 年，落款是德比。它被认为是现存最早的德比工厂的产品之一，也证明了当时的奶油罐是作为单品售卖的。

18 世纪中叶之后，随着饮茶的风气到达顶峰，茶桌上的器具也增加了：烧水壶、茶壶、茶叶盒或茶叶罐、废水碗、茶杯、茶碟、糖罐、奶罐、茶匙、放茶匙的托盘，有时候还会有茶盘。陶瓷的茶盘有时候会直接设计成茶桌的一部分。除了烧水壶、茶叶盒、茶匙和茶盘以外，剩下的器物被视为一套完整的茶具。另外，一套完整的茶具和一套完整的咖啡具之间也可以互相借用，杯子的托盘常常是可以通用的。废水碗是 18 世纪之后才开始被使用的。放茶匙的托盘大多是四边形或六边形。茶匙成为喝茶必需品是在 18 世纪中叶之后，相应地，放茶匙的托盘也就变得不可或缺。有些茶盘也是陶瓷质的，装饰风格会跟整套茶具保持一致。

由于一套茶具中包含多种用途不同的器具，所以也出现了多种搭配方法。1756 年 3 月 29 日福特先生（Mr. Ford）在圣詹姆士（St. James）的干草市场（Haymarket）上出售切尔西瓷器的拍卖报告显示，一套茶具包含 1 个茶壶和底座、1 个糖罐、1 个废水碗、1 个奶油罐、8 个茶杯、8 个咖啡杯、8 个茶碟、1 个盘子，如果想要咖啡壶，则需另加费用。[1] 韦奇伍德

1 D. Rice, *Derby Porcelain: The Golden Years 1750–1770* (London: David & Charles, 1985), 52.

也在 1774 年做广告宣传自己的人气商品——奶油瓷茶具套装，其中包括：

> 完整的咖啡、茶及热巧克力器具，包括烧水壶与加热灯。
>
> 盛水的带盖盘子，可以使盘子里的吐司和黄油保温，
>
> 有三个尺寸可供选择。
>
> 放干吐司的贡多拉（Gondolas）[1]。
>
> 带底座的黄油罐，有卵形的，有圆形的。
>
> 早午餐套装，有一人份、两人份和三人份的。[2]

随着饮茶的进一步流行，厂商们推出了适用于更加私密场合的茶具套装。很多公司设计出了一人份茶具，或称“单身茶具”，适合在床边使用，包含特制的陶瓷茶盘。卡巴莱茶具（Cabaret sets）或早午餐茶具，如果是用于吃早餐的，则会被设计成适合 1—3 人使用的规格，还会搭配一个陶瓷茶盘。卡巴莱茶器的双人套装（cabaret à deux 或称 tête-tà-tête），通常包括 1 个茶壶、1 个糖罐、1 个奶罐、2 个茶杯、2 个茶碟、1 个茶盘。韦奇伍德生产了多种颜色的碧玉细炻器单人茶具套装，但最受欢迎的还是韦奇伍德蓝。另外，茶杯的器型也五花八门。也许是因为价格太高的缘故，当时一套完整的茶具并不多见，而韦奇伍德生产的碧玉细炻器卡巴莱茶具套装一度热销。

1 译者注：这里是指一种贡多拉造型的容器。贡多拉是一种独具特色的小舟，轻盈纤细、造型别致，是威尼斯人的传统代步工具。

2 W. Mankowitz, *Wedgwood* (London: B.T. Batsford Ltd., 1953), 67.

图 2—76 斯坦福德郡 1930 年前后出产的名为“斯坦福德”（Stamford）的茶具，设计师是克拉丽斯·克利夫。图片由收藏家格洛丽亚和桑尼·卡姆提供。

图 2—77

图 2—78

图 2—77　德比陶瓷厂生产的传统伊万里（Imari）纹样茶具，纹样编号 2451，达斯伯里（Duesbury）器型。1887 年前后出现，生产至今。图片由皇冠德比博物馆提供。

图 2—78　德比陶瓷厂 1899 年左右的纹样大全。图片由皇冠德比博物馆提供。

在简·奥斯汀1798年出版的小说《诺桑觉寺》（*Northanger Abbey*）中，蒂尔尼将军（General Tilney）因自己的茶器样式太老而道歉："一家人围坐在桌子前面的时候，凯瑟琳自然而然就注意到了精美的早餐餐具。幸运的是，这套餐具正好是将军挑选的。他很高兴凯瑟琳能够赞许他的品位，认可这种餐具的整洁、简单。他觉得，国家应该鼓励这种餐具大量生产。就他个人而言，由于对味道并不挑剔，用斯塔福德郡生产的黏土茶具泡出的茶，跟德累斯顿或者萨夫（Save）的茶具泡出的茶，并无区别。美中不足的是这套餐具有些旧了，是两年前买的。"[1] 这样的一套早餐餐具包括一个茶壶，12对茶杯和茶碟；更全的还会包括废水碗、另一个茶壶、茶壶底座、奶罐、茶叶罐、12个咖啡杯或带把手的咖啡罐、放茶匙的托盘、两个放面包和黄油的盘子。因为茶盘直到19世纪以后才有人用，所以当时的茶杯托盘会做得大一些，以便于放饼干。

伊莎贝拉·比顿的著作《家庭主妇珍藏的家政知识》中也有对整套茶具的描述："茶具不再像之前那么昂贵了，生产厂家也变多了。一套茶具一共包括28件：12个茶杯、12个茶碟、1个废水碗、1个奶油罐、2个盘子。而一套早餐餐具多达41件：12个早餐用的茶杯、12个茶碟、1个奶罐、1个废水碗、1个糖罐、2个专用来放面包和黄油的盘子、12个普通盘子。"下文还写道："需要的话，还会包含更小的盘子，直径在5英寸到6英寸之间。"

后面，作者还列出了1880年左右她的读者对各种餐具的心理价位：

1 J. Austen, *Northanger Abbey* (Oxford: Oxford University Press, 1970), chapter 22.

图2—79 科尔波特（Coalport）瓷厂出产的双人茶具套装，茶壶高8.25英寸，茶盘为16英寸×15英寸，约1890年。茶具上有青绿色和镀金的装饰，还有非常吸引眼球的、很可能是手工制作的宝石装饰细节。图片由格洛丽亚和桑尼·卡姆提供。

一打（12只）茶杯与茶碟	3先令9便士—55先令
废水碗	7便士—8先令6便士
奶油罐（半品脱）	7便士—7先令6便士
糖罐	7便士—8先令6便士
放蛋糕的碟子	7便士—9先令6便士
一打直径5英寸的盘子	3先令9便士—39先令[1]

19世纪，茶具变得普及，有适合各个阶层消费者消费能力的茶具。茶具的风格也五花八门，一套茶具中包含的器物比今天更为丰富。

68

在推崇创新的维多利亚时代，确切地说是在19世纪80年代，出现了乔赛亚·韦奇伍德设计的“懒苏珊”（Lazy Susan）系列。这套茶具一般放置于茶桌中心，使饮茶更容易、方便。这个系列的茶壶放在一个能旋转的托盘上面，底座加高，微微倾斜就可以把茶倒进四周的杯子里。这样就不需要一个一个地移动倒满茶的杯子，也不会再把茶水洒出来了。

18世纪以来，整套茶具的纹饰与器型的变化，正好与欧洲主流风格的变化同步，与茶壶的演变也相契合。许多茶具套装还是同时包含银茶器和陶瓷茶器，因为当时银器的地位依然很高，并且实用。“一桌茶具”（tea table），也就是一整套定制银茶具，其中包括茶壶、咖啡壶、糖罐、奶罐、放茶匙的托盘、废水碗、奶油桶或其他奶油容器、烛台、浅托盘。而瓷

1　I. Beeton, *Housewife's Treasury of Domestic Information*, 191.

图2—80　一套韦奇伍德陶瓷厂于1885年左右出品的“懒苏珊”八角形茶具，橄榄绿色的蓬巴杜（Pompadour）风格纹饰。虽然茶具本身是骨瓷，但能转动的托盘却是陶制的。图片由斯塔福德郡的韦奇伍德博物馆提供。

主要用来制作茶杯，一直和银器混合使用。很不幸的是，现存几乎没有完整的成套茶具了。当时的家庭物品清单显示，一般家庭购买茶器的数量，大概是咖啡器具的两倍。

英国陶瓷制造商

69

英国制造陶瓷的历史悠久，但直到 17 世纪才开始生产茶具。这是由于东印度公司从中国进口了大量茶具，并且当时的英国人对茶本身更加看重。瓷器的生产是一个更大的话题，在此不进一步展开论述，只谈及对茶的普及做出贡献的几个主要生产厂家。

虽然很多陶瓷产品的器型都在模仿本土的银器，但厂家也会从进口器物中寻求灵感。首开模仿贵重进口瓷器之先河的是伦敦萨瑟克区（Southwark）的荷兰工匠。他们生产廉价却美观的锡釉陶器，兼具实用性与装饰性。[1]17 世纪 50 年代到 70 年代，英国从中国进口茶器的数量显著上升，这些炻器和瓷器大多来自宜兴、景德镇、德化。1671 年，约翰・德怀特（John Dwight）对炻器进行了彻底的改造并申请了专利："透明的陶器，一般被称为中国瓷器或波斯瓷器，同样，炻器通常被称为科隆炻器。"[2] 虽然成品的品质已经有了改善，但英国的本土瓷器还是厚且不均匀，不如中国陶瓷那样精美、轻薄、光亮。当时英国生产的瓷器表面缺乏光泽，有瑕疵，底色是偏粉红的乳白色；而中国瓷器是泛着蓝的珍珠白。[3] 当时

1 锡釉茶具使用在铅釉中添加了氧化锡的釉料，表面洁白而不透明，坯胎为黏土制。

2 Fleming & Honour, *The Penguin Dictionary of Decorative Arts*, 266.

3 信息来源于伦敦维多利亚与阿尔伯特博物馆的英国美术馆。

的富人纷纷买入中国瓷器，以至于它成了英国人社会地位的象征。

紫砂壶在17世纪60年代传入英国，17世纪70年代传入荷兰，并于1672年被兰博托斯·克莱芬斯（Lambertus Cleffins）仿制。[1]紫砂茶器为英国本土茶器的制作建立了基础。茶壶被英国人视为新奇事物，很快就被仿制了。开在富勒姆（Fulham）地区的德怀特的陶厂生产过红陶茶壶。在德怀特手下工作过的荷兰籍移民艾勒斯兄弟（the Elers Brothers）把他们的技术带到了斯塔福德郡的陶瓷工厂里，用当地的红黏土制造出了精致的红陶器。这种红色陶器直接照搬了宜兴紫砂的式样，甚至做得比宜兴紫砂更精美，其表面纹饰精妙复杂，有压模的卷曲花卉，有立体的花朵或向外伸展的李科植物，还有针对出口市场制作的浮雕。[2]17世纪到18世纪早期，斯塔福郡红陶器的目标客户群体是富人，但到了18世纪中叶，英国著名厂商生产的瓷器的风头盖过了陶器。

17世纪晚期到18世纪早期，德化白瓷（中国白）大量出口到欧洲，欧洲人喜爱它简洁和纯净的美感。于是，梅森、鲍、切尔西等陶瓷厂家纷纷开始效仿。欧洲的白瓷绝大多数都是模仿中国出口的瓷器，极少有完全原创的。[3]18世纪中期，切尔西陶瓷厂推出了一款名为“中国人”（Chinaman）的茶壶，器型是一个奇异怪诞的中国人形象，是现存为数不多的那个时期最好的白瓷作品。但是，白瓷权威P.多纳利（P. Donnelly）认为，欧洲人的“仿制品看上去相似，但其实原料很不同。中国的白瓷上釉后通常只烧制一遍，成品纹理之丰富远超其他瓷器”[4]。简单来说，中国的瓷器依然优于仿制品。比起英国陶瓷，中国出口的瓷器更

1 K. Lo, *The Stoneware of Yixing: From the Ming Period to the Present Day* (London: Sotheby's Publications & Hong Kong University Press, 1986), 247.

2 K. Lo, *The Stoneware of Yixing: From the Ming Period to the Present Day*, 249.

3 D. S. Howard, *A Tale of Three Cities Canton, Shanghai & Hong Kong: Three Centuries of Sino-British Trade in the Decorative Arts*, 82–87.

4 P. J. Donnelly, *Blanc de Chine*, 158.

图2—81 切尔西陶瓷厂制造的“中国人”茶壶，约1745—1759年。现存的这种茶壶只有五个，其中三个收藏在博物馆。茶壶使用白瓷工艺制造，器型极富创造性，体现了中国风格对英国瓷器的影响。这个茶壶曾经由已故的戴安娜王妃的母亲弗朗西斯·尚德·基德（Frances Shand Kydd）收藏。图片由收藏家格洛丽亚和桑尼·卡姆提供。

透明、耐用，表面也更光滑。

英国人发现中国出口的瓷器质量更佳，于是便拿着绘有他们想要的欧洲样式的图片，请景德镇的工匠仿制。这样，英国人就拥有既符合欧洲人品位又质量上乘的瓷器了。中国瓷器如果被打碎，碎片边角锋利，内部也是白色的。中国硬质瓷的原料由瓷土和瓷石混合而成，高温烧制，这两点欧洲的工匠都无法做到。当时英国的瓷器是软质瓷，低温烧制，这意味着它不如中国瓷器坚固耐用。不过，英国生产的软质瓷里也有相对比较耐用一些的。比如，鲍陶瓷厂率先在原料里加入了骨粉，伍斯特陶瓷厂在其中加入了皂石，这些都可以使瓷器更耐高温。尽管如此，大部分英国瓷器碎裂的原因仍是茶水温度过高，这迫使一些零售商承诺，消费者的茶器如果因为茶水温度太高而碎裂，可以免费更换新的。

17 世纪末，茶、咖啡和热巧克力在英国流行开来，造就了 18 世纪这一瓷器的黄金时代。瓷器成了新晋奢侈品，专供富有阶层享用。如何烧制出洁白透明的硬质瓷器的秘方几个世纪以来始终被中国人严格保密，直到设计师约翰・弗里德里希・伯特格尔对奥古斯都大帝宣称，他可以仿制出这种白瓷。1710 年，梅森开始生产软质瓷，这极大地鼓舞了英国陶瓷业——德国能做到的，英国也能。英国第一个做出硬质瓷的工匠叫威廉・库克沃茨（William Cookworthy），他在康沃尔郡（Cornwall）的卡姆尔福德勋爵的庄园发现了高岭土，后来又发现了白墩子的替代品。试验过后，威廉在 1768 年给自己“瓷土”加“瓷石”的配方申请了专利。不幸的是，英国虽然发现了配方，但其陶瓷业不像欧洲其他国家那样得到王室支

图 2—82　斯特拉福德-勒-鲍茶壶，鲍陶瓷厂 1750—1755 年左右生产。软质瓷，釉上彩。图片由多伦多加德纳陶瓷艺术博物馆提供。

持，因此起步较晚、较慢。而且，由于很早就和亚洲建立了贸易关系，英国人对发展本土陶瓷业并没有很强的紧迫感。当英国人后知后觉地发现陶瓷市场的巨大潜力之后，就疯狂地投身进了茶器制造行业。当时，饮茶活动是富人炫耀其社会地位的方式——通过展示昂贵的茶器。

鲍陶瓷厂与切尔西陶瓷厂

鲍与切尔西被认为是英国最早的两家陶瓷厂。这两家工厂都由伦敦的商人经营管理，工匠也来自伦敦。1745 年，切尔西陶瓷厂制造出英国第一款软质瓷。18 世纪中叶，高端英国瓷器的制造中心集中在北斯塔福德郡，产品销往全国。这里生产出了白色炻器和一些彩色陶器，还率先发展出了新的装饰工艺。布里斯托、伍斯特、德比、利物浦也相继开设了新的工厂。很快，英国各地纷纷建立陶瓷工厂。各个工厂都能生产出优质的产品，互相竞争。[1] 它们还通过仿制中国瓷器的纹样、器型和风格，与进口货竞争。英国人对中国瓷器的风格进行所谓的改良，以迎合本地人的审美，这导致了“中国风”的兴起。他们在英国瓷器上绘制各种富有中国特色的纹样，包括亭子、波浪状的花卉、戴着东方帽子的人物、鸟类、园林、山石等。跟欧洲其他国家的陶瓷厂一样，18 世纪英国陶瓷厂的大部分产品都是用来喝茶、咖啡和热巧

1 A. H. Church, *English Porcelain* (London: Chapman and Hall Limited, 1894), 7. 这本出版物描述了每个工厂在生产陶瓷时使用的不同原料：新霍尔、布里斯托和普利茅斯（Plymouth）的工厂使用的是长石和高岭土，而鲍、切尔西、德比、伍斯特和考格利（Caughley）的工厂则用的是玻璃和白垩、滑石粉（或康沃尔皂石）或骨粉的混合物。

克力的。后来，人们的用餐方式发生了改变，特别是，人们开始在一天中的不同空闲时段饮茶，于是便需要新的器具用于这些不同的场合。比如，早餐时用的餐具的尺寸要比下午或晚餐后用的要大。

尤其值得关注的是，鲍陶瓷厂在宣传中称自己为“新广东”，这样的宣传策略直接把自己放在了中国瓷器竞争者的位置上。公司的主要目的就是通过模仿东方瓷器，与之竞争，减少进口数量。[1] 鲍陶瓷厂创立于 1744 年，创始人是爱尔兰画家托马斯·弗赖伊（Thomas Frye）和玻璃商人爱德华·海伦（Edward Heylyn）。1750 年至 1762 年间，又有新的合伙人乔治·阿诺德（George Arnold）、约翰·韦瑟比（John Weatherby）和约翰·克劳瑟（John Crowther）加入。1748 年，弗赖伊给在瓷器原料中加入骨粉的工艺申请了专利，这一工艺创新使得瓷器成品质量大大提高。骨粉最早用于给瓷器中心增白，但后来人们发现，骨粉比软质瓷的原料硬度更高，在烧制中稳定性更强。这样一来，就可以提高烧制的温度，从而增强成品的耐久性了。

鲍陶瓷厂的产品风格受到来自法国圣克劳德（St. Claude）的软质瓷、紫砂上的浮雕工艺，以及德国梅森的产品影响。罗伯特·汉库克（Robert Hancock）将转印技术引入了鲍陶瓷厂，他常常在瓷器表面描绘田园风光。[2] 鲍陶瓷厂的一大特色是青花釉下彩的茶器套装，上面装饰中国风的纹样。另外，这里还创造出了一些新的器型，包括独特的“双茶壶”（double teapot）：高 8.25 英寸，内部隔成两区，可以同时泡两种不同的茶。这种茶壶生

1　A. Adams & D. Redstone, *Bow Porcelain* (London: Faber & Faber, 1981 & 1991), 2–5.

2　J. 萨德勒 (J. Sadler) 在 1753 年前后首次发明了转印技术，后来汉库克将它引入了鲍陶瓷厂和伍斯特陶瓷厂。

图 2—83　切尔西陶瓷厂生产的六角形软质瓷茶壶，约 1752—1755 年。图案由 J. 哈梅特·奥' 尼尔绘制。图片由多伦多加德纳陶瓷艺术博物馆提供。

产于1760—1765年。最初，这些产品上没有工厂的落款，但从18世纪60年代开始，出现了锚和匕首的标志。鲍陶瓷厂成立之初，目标是生产高品质且富有创新性的产品，它早期的作品质量确实高于后期。后期的产品更笨重，透明度降低，烧制程度也不够，成品甚至类似陶器。因为产品质量下降，鲍在1775年被出售给了德比陶瓷厂的所有者威廉·杜丝博里（William Duesbury）。鲍陶瓷厂作为英国最早的陶瓷生产商，也是骨瓷的发明者，在英国陶瓷史上始终占有一席之地。

切尔西陶瓷厂在英国陶瓷史上的地位也举足轻重。它的产品受到中国、德国梅森和法国塞夫勒（Sèvres）瓷器的影响，但主要还是洛可可风格。切尔西的第一任经理叫查尔斯·戈因（Charles Gouyn），他于1749年离职，接替他的是一位胡格诺派教徒（Huguenot）——银匠尼古拉斯·斯普利蒙特（Nicholas Sprimont）。根据虔诚金匠公司（Worshipful Company of Goldsmiths）的记载，斯普利蒙特早在1742年（又说1743年）1月25日就在伦敦注册了自己的商标。切尔西陶瓷厂的这一时期又被称作“三角形”时期（约1745—1749），因为当时产品上的标志是一个三角形。切尔西早期的产品包括趴在岩石上的小龙虾和小雕像造型的盐瓶，以及奶油罐。最早的纹饰是开花的茶树图案，多用于茶壶、热巧克力壶或咖啡壶、茶碗、杯子和茶碟。

作为切尔西陶瓷厂的经理，斯普利蒙特把自己定位成“切尔西陶瓷厂的主人”（Proprietor of Chelsea Porcelain）和“瓷器的生产者”（Manufacturer of China），他的创造力和远见也给工厂带来了发展。在他的引领下，切尔西陶瓷厂在1749年至1752年间日臻成熟，这个时期瓷器上的标志是一只升起的红锚，因此被称为“升起的红锚”（raised red anchor）时期。作为训练有素的银匠，斯普利蒙特的影响力显现了出来。

1750年1月9日，斯普利蒙特在《每日广告》（*Daily Advertiser*）上刊登了一则消息，说明了切尔西春季销售的产品：“包括各种用于喝茶、咖啡、热巧克力的器具，不同造型和纹饰的小汤碗、盘子、碟子，以及大量最新式样的产品。”[1] 斯普利蒙特还是一位改革家：他曾给下议院上书，请求保护本土瓷器，使其更好地与德国德累斯顿和梅森的瓷器竞争，因为当时伦敦的德国瓷器进口商不用缴纳关税。他发现，如果要和进口瓷器竞争，必须要有政府的支持。与欧洲大陆国家的瓷器生产商不同，英国的企业没有王室支持，因此非常依赖市场和政府。

斯普利蒙特还十分重视新釉色的开发，使得1753—1758年间瓷器的色彩大大丰富，自然主义风格的手绘工艺也得到提高，这一时期被称为“红锚”（red anchor）时期。1758年，由于斯普利蒙特生病，工厂暂时关闭。工厂重开后，标志换成了具有纪念意义的金锚（gold anchor，1759—1772），这一时期的产品经常使用镀金装饰。在技术上，软质瓷被掺入骨粉的瓷器替代，这种瓷器更加耐用，且不透明。1769年，斯普利蒙特离开了切尔西。1770年，工厂出售给了德比的威廉·杜丝博里。1770年至1784年，切尔西和德比的标志合二为一，这说明当时两家工厂已经合并了。在这个时期，公司之间的各种协作变得非常普遍。1784年，

1 E. Adams, *Chelsea Porcelain* (London: The British Museum Press, 2001), 64.

切尔西陶瓷厂不可避免地走向了停业，长达 40 年的辉煌历史也告一段落。它是 18 世纪英国陶瓷市场中最突出的企业之一，创造出了许多令人印象深刻的产品。

德比陶瓷厂

72

1745 年至今，德比陶瓷厂的历史长达近三个世纪。它可以说是英国历史最悠久的陶瓷工厂，曾经几易其名。虽然人们普遍认为，托马斯·布赖恩德（Thomas Briand）是德比最早的陶瓷工匠，但是最早开公司、管理企业的却是曾经在切尔西工作过的威廉·杜丝博里。1756 年，杜丝博里和银行家约翰·西斯（John Heath）、当地陶瓷工匠安德烈·普兰谢（André Planché）三个人，正式成立了德比陶瓷工厂。杜丝博里有着敏锐的商业嗅觉，收购了鲍和切尔西两家陶瓷厂，这在当时是一个富有远见的策略。德比在广告中将自己称成"德累斯顿第二"，1775 年又得到乔治三世的许可，允许其在落款中使用王冠纹章。德比早期的产品带有梅森和切尔西的烙印，但到了 18 世纪，则更多受法国塞夫勒瓷器柔和的颜色和复杂的镀金工艺的影响。当时，瓷器表面的纹饰包括花卉、水果、人物、鸟类和东方元素的图案。虽然不允许画家在瓷器上落款，但德比有不成文的规定：只雇佣当时最顶级的陶瓷艺术家。18 世纪 70 年代到世纪末，德比成为英国陶瓷产业的领导者，它的产品精致而透明，

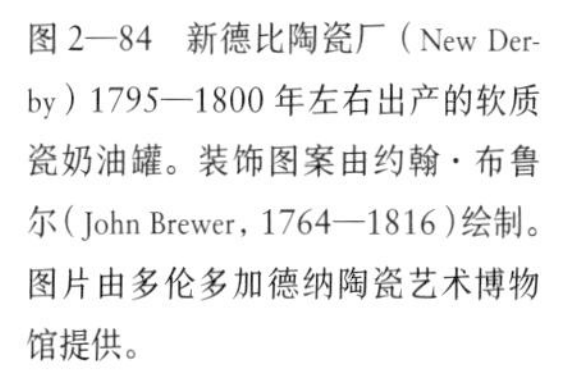

图 2—84　新德比陶瓷厂（New Derby）1795—1800 年左右出产的软质瓷奶油罐。装饰图案由约翰·布鲁尔（John Brewer，1764—1816）绘制。图片由多伦多加德纳陶瓷艺术博物馆提供。

釉色比当时任何一家工厂的产品都要晶莹。[1]

1786 年，威廉・杜丝博里去世，他的儿子小威廉・杜丝博里继承了家业。小威廉时期的瓷器最为收藏家们所钟爱，落款是王冠纹章，因此这一时期被称为“王冠德比”（Crown Derby）时期。小威廉的商业悟性不输其父。1790 年 12 月 17 日，他刊发了一则广告，指导消费者如何避免“茶壶碎裂”（flying teapots）：

> 为防止出现意外，先将一茶杯的凉水倒入茶壶。在泡茶之前，再加入两茶杯的沸水，之后摇匀。这样会使茶壶受热，适度膨胀。然后就可以倒入沸水泡茶了。瓷器碎裂是突然加入沸水，使茶壶剧烈膨胀造成的。[2]

这则广告的收效很好，巩固了德比的顾客忠诚度。但 1797 年，小威廉突然去世，公司开始走下坡路。

下一位继任者名叫理查德・布卢尔（Richard Bloor），从 1811 年到 1848 年公司关闭，他一直在任。1848 年工厂关闭后，德比的前员工成立了老王冠德比瓷器工坊（Old Crown Derby China Works），复制了德比的纹饰和风格，模具也用的是旧的。在继承传统的同时，工坊也设计了一些符合维多利亚时代流行趋势的新产品。1878 年，德比的奥马斯顿路（Ormaston Road）上开设了一家名为“皇家王冠德比”（Royal Crown Derby）的新工厂，

1 G. Godden, *The Concise Guide to British Pottery and Porcelain* (London: Barrie & Jenkins, 1973), 77.

2 D. Rice, *Derby Porcelain: The Golden Years 1750–1770* (London: David & Charles, 1983), 53.

图 2—85　德比陶瓷厂生产的茶壶和底座，约 1810 年。纹饰是希腊风格的玫瑰图案，色彩为伊万里风格。图片由皇家王冠德比博物馆提供。

一直经营至今，1890 年获得了维多利亚女王颁发的皇家授权。

伍斯特陶瓷厂

73

与鲍陶瓷厂相似，伍斯特陶瓷厂起初的命名与中国瓷器有所关联，即伍斯特东京陶瓷厂（Worcester Tonquin Manufacture）。它成立于 1751 年，创始人是霍尔医生（Dr. Hall）。伍斯特是 18 世纪最成功的陶瓷工厂之一，它的成功部分可以归因于人们在康沃尔郡发现了一种特殊的皂石（Cornish soapstone），或称“滑石”（steatite）。当时的软质瓷大多不耐高温，但加入皂石之后，伍斯特就生产出了轻质、坚固、耐高温的产品。这使得人们都愿意从伍斯特购买喝茶、咖啡和热巧克力的器具。

1751 年至 1776 年，霍尔领导下的早期伍斯特陶瓷厂是英国优质瓷器的生产者之一，这里生产的瓷器更薄，表面更均匀、光洁。[1] 另外，还有一个显著的特征，伍斯特陶瓷厂的瓷器有一种淡淡的绿色调，并且底足通常不上釉。18 世纪 50 年代，鲍陶瓷厂和伍斯特陶瓷厂率先采用转印技术；先是用于黑色的釉上彩，后来用于蓝色的釉下彩。1760 年以前的短短几年，转印技术曾被认为优于手工上色。但当人们认识到，转印技术可以用来大规模生产瓷器之后，这种看法就变了。后来，厂家开始把转印的纹饰与手工上色或镀金结合起来使用，

1 G. Godden, *The Concise Guide to British Pottery and Porcelain*, 195.

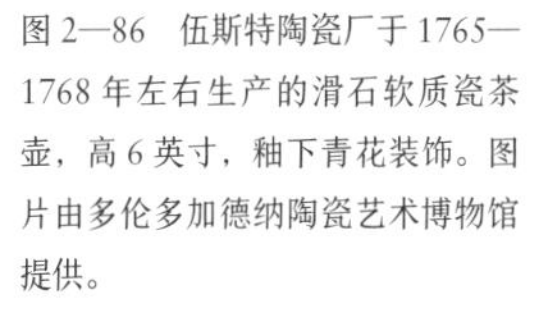
图 2—86　伍斯特陶瓷厂于 1765—1768 年左右生产的滑石软质瓷茶壶，高 6 英寸，釉下青花装饰。图片由多伦多加德纳陶瓷艺术博物馆提供。

图 2—87

图 2—88

图 2—87　伍斯特陶瓷厂在 1765 年左右生产的软质瓷茶碗——“爱情”（L'Amour），装饰图案是一对夫妇坐在花园里的茶桌边喝茶。图片由多伦多加德纳陶瓷艺术博物馆提供。

图 2—88　伍斯特陶瓷厂在 1768—1770 年左右生产的茶壶托盘，底色为浅黄色，卷边轮廓的空白图形里是鸟、虫图案。图片由多伦多加德纳陶瓷艺术博物馆提供。

图 2—89　伍斯特陶瓷厂在 1769—1770 年左右生产的茶壶与托盘套装，底色为豆绿色，中间有花束纹饰和镀金装饰。图片由多伦多加德纳陶瓷艺术博物馆提供。

图 2—89

这使得生产出的瓷器更加精美了。霍尔在任时生产的茶壶，模仿中国进口茶壶的痕迹很重。瓷器表面是大片的青花釉下彩，蓝色晕染开来，营造出一种柔和的效果。另外，中国明代常用的龙纹也频频出现。

1768 年，伦敦著名装饰家詹姆斯・吉尔斯声称自己有“大量各种各样的优质白瓷胎，绅士和淑女们可以直接下单定制，想要什么图案都能画出来”。吉尔斯的白瓷主要是 18 世纪 60 年代伍斯特陶瓷厂生产的，也有一些是直接从中国进口的，他会在上面绘制纹章、异域鸟类、风景等图案。[1]18 世纪 60 年代以后，釉上彩绘被更多地用在风格更简练的赤绘瓷器和伊万里瓷器上，当时被称作伍斯特陶瓷厂的日系风格（Worcester Japans）。另外，伍斯特陶瓷厂也模仿了中国的粉彩瓷。这一时期，受法国塞夫勒瓷器的影响，伍斯特陶瓷厂的产品多用蓝绿色、粉色、黄色、苹果绿和浅灰蓝色作为底色，上面有空白图形轮廓，里面是手绘的风景或图案，典型的如舞会花架（Hop Trellis）纹样。

到了威廉・戴维斯（William Davis）在任的时代（1776—1783），伍斯特陶瓷厂的瓷器变得笨重、粗糙。1783 年，托马斯・怀特（Thomas Fight）为他的儿子们买下了这个工厂，开始转向生产新古典主义风格的产品。1813 年，为了满足公众的好奇心，伍斯特陶瓷厂出版了一本书，书名叫《皇家陶瓷工厂伍斯特的制瓷工序》（*The Process of Making China in the Royal Chinaworks Worcester*）。书中的插图演示了从研磨、烘浆窑、回火、塑形、拉坯、倒模，到素烧、上釉、施釉入窑、彩绘、上搪瓷釉和抛光的一系列工序。[2]

1　E. Gordon, ed., *Treasures from the East: Chinese Export Porcelain* (New York: Main Street/Universe Books, 1977), 108.

2　J. Wallis, *The Process of Making China* (London: Barr, Flight and Barr, 1813).

1793 年后，伍斯特陶瓷厂多次更名、更换合伙人，但其产品的内核一直没有改变。

值得一提的是，德比陶瓷厂和伍斯特陶瓷厂的风景图案瓷器上的东方景色被替换成了英国本土的乡村景色。这些瓷器的设计灵感来源于风景画家雷夫·威廉·吉尔平（Rev.William Gilpin，1724—1804）开创的“如画式”（picturesque style）风格，装饰图案多为花园和建筑，除了复制东英吉利亚（East Anglia）、瓦伊河谷（Wye Valley）、南威尔士（South Wales）、英格兰南部（South of England）、湖区（Lake District）和苏格兰高地（Highlands of Scotland）的风景雕刻，也有一些是工厂画家的原创。[1] 和 18 世纪大多数陶瓷艺术家一样，这些风景画家虽然技艺高超，但并没有留下落款。给瓷器上色需要容错，因为烧制过程中可能会变色；而且由于表面弯曲，图案绘制的透视也会扭曲。另外，18 世纪英国乡村大量建起的房屋，也为画家提供了丰富的作画素材。

1852 年，伍斯特陶瓷厂改名为“皇家伍斯特陶瓷公司”（Royal Worcester Porcelain Company），开始引入维多利亚时代各种各样的时尚潮流，包括繁复的珠宝装饰和 19 世纪后期的日系风格。今天，伍斯特陶瓷厂依然存在，继承和发扬着它注重品质的悠久传统。

1 J. Twitchett & H. Sandon, *Landscapes on Derby and Worcester Porcelain* (Henley-upon-Thames: Henderson and Stirk Ltd. Publishers, 1984), 9–10.

韦奇伍德陶瓷厂

74

1740 年，托马斯・威尔登（Thomas Whieldon，1719—1795）在斯塔福德郡的芬顿低地（Fenton Low）创办了工厂。虽然起初只是一个小规模的粗陶工厂，但后来威尔登独创了一种在奶油色陶器上使用彩色釉的工艺，从而有了名气。1754 年，乔赛亚・韦奇伍德（Josiah Wedgwood，1730—1795，后来成了英国最著名的陶瓷艺术家）与威尔登合伙，进一步完善了玛瑙纹、大理石纹和玳瑁纹的装饰工艺。

这对搭档擅长制造一种深绿色釉的水果或蔬菜造型的瓷器，其中菠萝和花椰菜形状的茶壶尤为畅销。仿玛瑙纹陶器始于 18 世纪，通过糅合不同颜色的陶土，模仿一种有大理石或者叶脉的纹理的玛瑙。玳瑁纹则是在陶器表面上一层斑驳的锰棕色釉，威尔登早在 1749 年就开始采用这种工艺了。玛瑙纹陶器、大理石纹陶器、玳瑁纹陶器、黑陶器、碧玉细炻器以及珍珠瓷的出现使人们意识到，陶瓷器之精美，堪比半宝石——这种观念正与新古典主义的审美遥相呼应。[1] 威尔登和韦奇伍德两个人都认为，陶瓷器的装饰应当利用陶土本身的纹理，而非复杂的手绘技艺。1759 年后，瓷器开始使用液态铅釉，这种釉特别适合模具制作的茶壶和茶具，因为色彩易于控制。[2] 韦奇伍德在与威尔登结束合作之后，继续用绿色釉制造水果和蔬菜造型的茶壶，但 1760 年以后，他制造的茶壶器型不如从前那么迷人了。1759 年，韦奇伍德陶瓷工厂在伯斯勒姆（Burslem）的常春藤工作坊（Ivy House works）开业。创立

1 R. Emmerson, *British Teapots & Tea Drinking*, 56.

2 威廉・格雷特巴奇（William Greatbatch）是一名为韦奇伍德陶器提供模型的工匠，但他自己也曾在 1762 年至 1782 年之间生产陶器，他在自己的工厂关闭后，开始在韦奇伍德全职工作。

图 2—90 花椰菜形状的茶壶，约 1760—1765 年。威尔登和韦奇伍德的完美彩釉通常用于制作水果、蔬菜造型的茶壶。图片由英国斯塔福郡的韦奇伍德博物馆提供。

之初就大获成功，以其顶尖的产品品质而闻名。1754 年至 1764 年间，威尔登和韦奇伍德两个人从合作到分开，但他们自始至终都专注于生产彩色釉的精加工瓷器。

75

18 世纪 50 年代，韦奇伍德开始制造类似瓷器的奶油釉陶器。到了 18 世纪 60 年代，奶油釉陶器的工艺进一步完善，生产出了釉色更有光泽的奶油釉陶器、花瓶和半身像。后来，又推出了更多实用型器具。1765 年，夏洛特王后（Queen Charlotte）定制了一套奶油釉陶器，赐名为“王后瓷器”。此后，韦奇伍德的产品开始得到上流社会的认同，他本人也成为夏洛特王后御用的陶器工匠，声名远播海外，产品出口到欧洲和北美洲。边缘上色的奶油釉陶器在欧洲流行开来，一度压倒了代尔夫特陶和彩釉陶器，是韦奇伍德工厂利润最高的商品之一。韦奇伍德在 1767 年的一封信中写道：“看到（奶油釉陶器）在世界各地迅速传播，受到广泛欢迎，真是令人惊喜的一件事。”[1] 奶油釉陶器也被认为是英国为世界陶瓷发展所做的最大的贡献。

1774 年后，奶油釉陶器的纹样和边缘装饰风格日渐多样化，韦奇伍德工厂每年都会推出几款新花样。韦奇伍德在 1774 年 10 月曾经说过：“每个厂家都需要有自己的图案集，因为它能够向消费者传递生产者的思想；而且，图案也是陶瓷生意的一部分，需要格外引起关注。”[2] 图案集中的图案大多为经典款式，颜色多为复古的蓝色、紫色、绿色，流行的图案有贝壳、葡萄、桂冠、羽毛和花卉。1774 年，韦奇伍德工厂推出了 31 款新图案，1787 年是 17 款，1790 年是 19 款，1810 年减少到 6 款。总的来说，奶油釉陶器系列占了韦奇

1 K. E. Farrer, ed., *Letters of Josiah Wedgwood, volume 1* (Manchester: E. J. Morten Publishers Ltd., 1906), 119. 在一封日期为 1767 年 2 月 18 日的信上，韦奇伍德提到，他给奶油釉茶壶定价为 3 先令 6 便士，相当于“批发价”（warehouse price）。

2 W. Mankowitz, *Wedgwood*, 57–58.1774 年的 31 个图案包括：印刷鸟纹、燕麦边纹、箭头纹、绿色花朵纹、绿色果壳纹、草莓叶纹、黑色花朵纹、蓝色贝壳边缘纹、绿色贝壳边缘纹、带分枝的藤条状边缘纹、紫色箭头纹、紫色古董纹、伊特鲁里亚的绿色和黑色边缘纹、海军纹、紫色边缘纹、带小树枝的印花棉布纹、搪瓷鲨革纹、伊特鲁里亚黑绿纹、绿色双线纹、褐色双线纹、月桂图案边缘纹、带花朵的绿色羽毛边缘纹、深紫花朵纹、绿色橡树叶边缘纹、蓝色线加褐色古董边缘纹、黑色古董音符纹、红色边缘纹、希腊式边缘纹、紫色背景下带阴影的人物纹、红色鸟纹和印花棉布纹。

图 2—91　韦奇伍德陶瓷厂生产的“第一把”（First）茶壶，约 1745 年。原料是原产于斯塔福德郡北部的红色黏土。壶钮和把手呈树枝状，壶嘴末端的金属帽可替换，壶身和壶盖上有浮雕梅树图案装饰。图片由英国斯塔福郡的韦奇伍德博物馆提供。

伍德工厂业务的一大部分。这就解释了为什么韦奇伍德的作品风格被记载得如此详细。韦奇伍德自 1769 年起出版自己的图案集，这一传统一直持续到 1814 年。

76

后来，韦奇伍德 1762 年至 1794 年间的信件被公开出版。这些信件不仅记录了一位伟大的陶瓷生产商的人生，也让我们得以窥见这位目标远大、极具人文主义精神的企业领导者内心的所思所想。在 1768 年的一封信中，韦奇伍德表达了要“把模型师、雕塑师这些人集中起来，建立一个艺术家聚居地”的想法。接着，还提到从约克郡初来乍到的一位艺术家的高超技艺：“他画的花卉和风景都很美，自己带了相当好的金粉，对色彩也相当有认识。”[1]韦奇伍德工厂雇用艺术家的传统被传承了下来。1787 年，韦奇伍德雇用了乔治·斯塔布斯（George Stubbs）来制造生产碧玉细炻器的模具，其中包括著名的“惊马”（Frightened Horse）。到了 19 世纪，韦奇伍德的儿子雇用了艾米丽·勒瑟尔（Emile Lessore），负责给销往法国的奶油釉陶器花瓶绘制纹样。雇佣这些优秀的艺术家，体现了韦奇伍德陶瓷对艺术性和工匠精神的重视。

1769 年，韦奇伍德开始与托马斯·宾利（Thomas Bentley）联手，开了一家名叫伊特鲁里亚（Etruria）的新工厂。之所以叫伊特鲁里亚，是因为当时在意大利的庞贝（Pompeii）和赫库兰尼姆（Herculaneum）发掘出了古希腊、古罗马时期的陶器，这些陶器被认为来自伊特鲁里亚。韦奇伍德靠生产日用瓷器打响名气，后来对新古典主义风格的装饰性瓷器产生兴趣，这些产品都在伯斯勒姆和斯塔福德郡的工厂生产。

1 K. E. Farrer, ed., *Letters of Josiah Wedgwood*, 210–211.

图 2—92

图 2—93

图 2—92　韦奇伍德陶瓷厂在 1785 年左右生产的“帝国”（Empire）造型碧玉细炻器茶壶。底色浅蓝色，浮雕白色。浮雕的内容是歌德小说中的场景——夏洛蒂在维特的墓前。设计师是伊丽莎白·汤普顿夫人（Elizabeth Lady Templetown），由威廉·哈克伍德（William Hackwood）塑形。图片由英国斯塔福郡的韦奇伍德博物馆提供。

图 2—93　王后瓷器的扇贝边造型茶壶和带盖的热水壶，生产于 1765—1770 年前后。把手是两条交错的曲线，壶钮是花朵造型，边缘有镀金痕迹。图片由英国斯塔福郡的韦奇伍德博物馆提供。

图 2—94　斯塔福德郡坦斯特尔（Tunstall）的布斯（Booths）公司于 1947—1972 年前后生产的改良柳树图案青花茶壶。柳树图案一度非常盛行，被很多厂家采用，也出现了很多变体。这把壶上的图案名叫“真正的老纹样”（Real Old Pattern），最早于 1907 年被布斯引进。图片由英国青花爱好者公司（Lovers of Blue and White）提供。

1767年，韦奇伍德用质地坚硬、颗粒细腻的锰和铁，仿造了一种埃及黑陶，命名为“玄武”（basaltes）。很多资料都记载，韦奇伍德公开表露过对这种陶器的偏爱。当时人们认为，白皙的手端着黑色的陶器，看起来反差强烈，非常具有美感。到了19世纪20年代末，黑陶就不再流行了，但自1768年开始直到现在，它的生产没有中断过。1776年到1796年间，韦奇伍德生产了许多“土坯”陶器。有一种名为“法国红”（rosso antico）的产品，也是模仿了古希腊和古罗马时期的陶器，装饰方式与玄武黑陶器相同。这种陶器底色介于深红色到巧克力色之间，表面有黑色的图样。还有一种仿制碧玉细炻器的土褐色陶器，色调偏橄榄绿，一直不太受欢迎。另外，还有白色陶器、蔗色陶器（浅黄色）、赤土陶器（浅红色）等，但这些也都不如玄武黑陶器受欢迎。

韦奇伍德最负盛名、最经典的作品之一是初创于1774年的新古典主义风格的蓝色碧玉细炻器。它的设计灵感来源于庞贝和赫库兰尼姆发掘的陶器，制作工艺力求达到古代陶器完美无缺的程度，并复原了古陶器的浮雕设计。韦奇伍德认识到了新古典主义对公共审美的影响，他雇佣著名的新古典主义艺术家约翰·弗莱克丝曼（John Flaxman）负责设计碧玉细炻器茶壶，要求在单一底色的茶壶表面装饰另一种颜色的浮雕花卉或人物图案。1779年，韦奇伍德发表公开演讲，回应顾客对他“抄袭”古陶器的质疑。他强调说，复制古陶器是合理的行为，“和印刷关于科技发明的书籍一样，复制古代的伟大作品，能防止人类遗忘，退步到无知野蛮的旧时代。这一点是不言自明的”。通过复制，“可以让更多人建立好的审美，

图2—95　韦奇伍德陶瓷厂于1810年左右生产的“法国红”茶壶。壶身与壶盖接触的一圈有翘起的“矮墙”，把手和壶钮是树枝造型，壶身表面装饰有白色的浅浮雕梅花图案。图片由英国斯塔福郡的韦奇伍德博物馆提供。

提高鉴赏能力……从而使艺术得到发展”。韦奇伍德认为没有“确定的方法可以复制某个经典作品，每个人的方法都不同，复制的作品出名不会削减原作的价值：复制得越多，原作就会越受尊重，比如雕塑‘美第奇的维纳斯’（Venus Medici）”[1]。他还认为，如果要复制文物，必须有精确、可靠的信息来源。比如，约翰·弗莱克丝曼和查尔斯·希思科特·泰瑟姆（Charles Heathcote Tatham）复制古陶器，依靠的是他们自己的那些富有影响力的画作和著述。

有人认为，乔赛亚·韦奇伍德是英国陶瓷史上最有影响力的代表人物。[2] 他最初的成功得益于敏锐的商业嗅觉、高超的艺术水平和丰富的陶瓷产业技术知识。他的远见和工作方式也给韦奇伍德家族之后几代人的发展打下了基础。他的碧玉细炻器和玄武黑陶器在市场竞争中甚至超过了瓷器。在韦奇伍德的发展史上，茶器一直扮演着重要地位，品种包括玛瑙纹、碧玉细炻器、玄武黑陶器、奶油釉陶器和骨瓷。乔赛亚·韦奇伍德擅长制作各种陶器。1795年，在他去世后，他的儿子小乔赛亚·韦奇伍德和侄子约瑟夫·拜尔利（Joseph Byerley）接管工厂，引入了瓷器和骨瓷。

如今，精制骨瓷是韦奇伍德的招牌产品之一。它最早于1812年开始投产，1829年一度中断，1878年又恢复了生产。骨瓷的价格较为实惠，让更多的人可以消费得起茶具。当时，拜尔利负责伦敦地区的运营。为了与同行竞争，他主张生产骨瓷茶具。拜尔利和小韦奇伍德仔细分析了他们的产品与消费者的需求，一步步将工厂带上现代化的道路。拜尔利说过：“每天都有人想要向我们购买瓷茶器，我们要是能生产出来的话，销量得多高！陶茶器已经过时

1 F. Haskell & N. Penny, *Taste & Antiquity: The Lure of Classical Sculpture 1500–1900* (New Haven and London: Yale University Press, 1981), 122.

2 W. B. Honey, *Wedgwood Ware* (London: Faber & Faber, 1948), 1–7.

了。如果我们继续忽视瓷器的业务，恐怕会把大好机会让给那些竞争对手。”他还说：“我相信，我们的茶器会卖得很好。”[1]果然，骨瓷产品给公司带来了丰厚的利润。

现在，韦奇伍德瓷器闻名世界，也是英国最受欢迎的结婚礼物之一。没有哪家陶瓷厂的产品能像韦奇伍德这样拥有持久的品质。目前，公司的总部在巴拉斯顿（Barlaston），位于工厂的南边，至今仍然在生产碧玉细炻器、玄武黑陶器、奶油釉陶器和精致骨瓷。

斯波德陶瓷厂

77

乔赛亚·斯波德（Josiah Spode，1733—1797）自1749年起，就在韦奇伍德的创始人之一托马斯·威尔登手下当学徒，后来他与威廉·班克斯（William Banks）合作，自立门户。1776年，斯波德收购了班克斯的小工厂，成立了斯波德陶瓷工厂，一直经营至今。斯波德陶瓷工厂因生产由奶油色陶器发展来的珍珠瓷而广为人知。1784年以后，该工厂又开始从手工雕刻的铜版上拓下图案，转印到釉下彩的青花瓷器上，这种瓷器同样为斯波德打响了名气。这种瓷器通常在光滑洁白的表面上装饰意大利风格的纹样，精细的花纹体现了当时高超的转印技术。[2]托马斯·明顿（Thomas Minton）在斯波德做学徒的时候设计了釉下彩青花纹样，他也被认为是大受欢迎的柳树纹样（willow pattern）的设计者。1793年，明顿自立

1　W. Mankowitz, *Wedgwood*, 133. 这是1811年10月拜尔利写给韦奇伍德的一封书信中提到的。

2　L. Whiter, *Spode* (London: Barrie & Jenkins, 1989), 141. 怀特出版的书籍是斯波德陶瓷厂的标准参考书。

门户，但他创作的柳树图案留在斯波德，成了永不过时的经典。

18 世纪末（约 1796），斯波德进一步完善了骨瓷的工艺，巩固了其知名度。骨瓷最早由鲍陶瓷工厂的托马斯·弗赖伊在 1748 年发明，斯波德对其生产工艺进行了改善和扩展，开始使用混合了高岭土和石料的瓷土以及铅釉，制造出了更加精致的骨瓷。这个配方成了 19 世纪骨瓷的标准配方，制作出的成品耐久性好，强度大，色彩洁白，晶莹透明，因而沿用至今。斯波德的儿子小乔赛亚·斯波德（1755—1827）继承了父亲的产业，成功地把骨瓷进一步推向市场，证明了自己也是一个聪明的商人和技艺高超的陶艺家。起初骨瓷被叫作“斯托克瓷”（Stoke china），1799 年的时候也被称作“英国瓷”（English china）。骨瓷是那个时代最杰出的发明之一，它对整个陶瓷产业的影响之深远难以估量。可以说，它从根本上改变了陶瓷产业。

斯波德产品设计上的另一个特征是其应用装饰的方法，正如下图中 1819 年的图案集所展示的那样。白色杯子的表面镶了一根简洁的金线，用于其他器具外壁的华丽装饰被用于茶杯的内壁。这样一来，只有喝清茶或饮完杯中的茶时，才能欣赏到图案。这是一种创意独特的反向设计，斯波德的很多产品都用到了这种设计方式。

1833 年，小乔赛亚·斯波德去世后，T. 加勒特（T. Garrett）和 W. T. 科普兰（W. T. Copeland）收购了公司。科普兰从 1813 年起就是斯波德的合伙人之一，为公司良好声誉的建立做出了贡献。如今，斯波德的骨瓷生产仍保留着过去的优良传统，工厂里还开设了一个

图 2—96　这是从斯波德的图案集中摘出来的两页，上面记载了多种图案和茶杯器型，图案集制作于 1819 年前后。书中的图案全部为手绘，以便后人参考。同一个图案的多个变种，一般会涂上不同的颜色，有些镀金，有些不镀金，用于不同的器型。2750 号图案的器型是被称为“布特”（Bute）的茶杯，边缘、杯口和把手有镀金，图案上还标着“紫色风景”（purple landscapes）的使用说明。2751 号图案的茶杯器型叫“带浮雕的新德累斯顿”（New Dresden Embossed），表面有手绘的花团图案。2754 号图案的器型也是布特茶杯，图案是散落的金色星星，富有现代感，边缘和把手有镀金。2756 号图案的器型是流行的伦敦器型，杯子内外壁靠近边缘处都有纹饰。2752 号和 2753 号图案也是用于边缘的纹饰，没有匹配特定器型。图片由斯波德博物馆提供。

历史档案馆，馆内收藏了25000件雕刻铜版和原始模具以及70000多种18世纪晚期以来有记载的图案。斯波德是英国现存最古老的仍在原址经营的陶瓷工厂，以极高的产品质量享誉全球。

变化和选择

有趣的是，到了18世纪后期，厂商才开始给自己的产品加商标，给图案和纹饰编号，瓷器底部才有了制造商标记。18世纪时生产优质瓷器的厂家很多，那些没有落款或者商标的瓷器被分为X级、Y级和Z级。这些瓷器的生产年代重叠，多为茶具和咖啡具，所以人们很难清晰区分它们实属正常。X级瓷器的年代大约在1785—1815年之间，通常产于斯塔福德郡，其中大部分是茶器，有简单的花朵装饰，也就是所谓的“新霍尔”（New Hall）风格。人们常错误地认为，X级瓷器都是新霍尔陶瓷厂生产的。Y级瓷器与X级瓷器相似，也常常被错误地认为是新霍尔陶瓷厂生产的，但Y级瓷器的年代在1795—1810年之间。Z级瓷器生产年代在1800—1820年间，器型和装饰都比较精美，质量比前两种更为上乘。

79

18世纪，英国陶瓷产业呈指数增长。当时，斯塔福德郡的六个镇——汉利（Hanley）、汤斯顿（Tunstall）、隆顿（Longton）、伯斯琳（Burslem）、芬顿（Fenton）和斯托克

（Stoke-on-Trent），被统称为“陶瓷区”（The Potteries），显示出了这个地区对整个陶瓷产业的巨大影响。这个时期，陶瓷公司开始大规模生产骨瓷，工业革命的兴起也在很大程度上改变了陶瓷产业。在这个陶瓷业的黄金年代，不论在斯塔福德郡还是其他地区，新工厂如雨后春笋般涌现，但大多寿命很短。这些工厂包括：考格里（Caughley，约 1750—1812）、朗顿庄园（Longton Hall，约 1750—1760）、洛斯托夫特（Lowestoft，1757—1802）、利兹（Leeds，1760—1820）、明顿（Minton，1765—1836）、斯旺西（Swansea，1767—1870）、米尔斯·梅森（Miles Mason，1796—1856）和平克斯顿（Pinxton，1796—1813）。从这些公司的产品上很容易看到那些大厂风格相互影响的痕迹。这并不奇怪，因为小公司的很多人才都是从大公司做学徒成长起来的。另外，1780 年在什罗浦郡（Stropshire）起家的科尔波特（Coalport）瓷器厂，到了 19 世纪初，产品已经远销北美。今天，斯塔福德郡依然有很多陶瓷工厂在继续经营。

新霍尔陶瓷厂（New Hall China Works）是 18 世纪陶瓷产业的后起之秀，1781 年成立于斯塔福德郡，1835 年停业，恰好赶在 1784 年茶税降低之前投产，勇敢地与德比、伍斯特、韦奇伍德几大巨头竞争。新霍尔的管理层看重茶、咖啡、甜点方面的商机，于是几乎只生产茶器、咖啡具和盛放甜点的器具。工厂刚开始主要生产经久耐用的硬质瓷产品，从 1814 年开始专注于骨瓷。虽然从部分过渡期的瓷器上依然能看出中国瓷器的影响，但后来由于英国新古典主义风格兴起，这家工厂的产品风格也随之改变了。新霍尔生产的茶壶大多是经典的

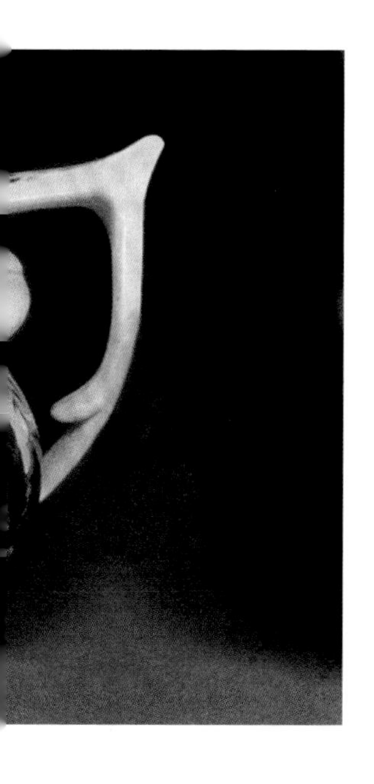

图 2—97　明顿陶瓷厂在 1813—1816 年左右生产的伦敦器型的骨瓷茶壶和底座，图案编号 816。图片由多伦多加德纳陶瓷艺术博物馆提供。

球形、桶形、鼓形和瓮形，表面纹饰为古典主义风格，这种茶壶是新霍尔的代表产品。但后来，由于没有适应工业革命的技术变革，也没有抓住消费者品位的变化，工厂逐渐衰落，并于 1835 年最终停产。

1815 年，约翰·道尔顿（John Doulton）和约翰·瓦次（John Watts）在伦敦南部的朗伯斯区（Lambeth）创立了道尔顿公司，后来向北迁，搬到了斯塔福德郡的伯斯琳镇。维多利亚时期，道尔顿的儿子亨利（Henry）接手工厂，将公司带入了一个新的发展阶段。工厂在制造家用瓷器和工业用瓷器方面都很出色。亨利成了第一个被授以爵位的陶瓷匠人，1901 年，他的公司得到了爱德华七世（Edward VII）颁发的王室授权。伦敦的丽兹卡尔顿酒店开业时，皇家道尔顿公司（Royal Doulton）是陶瓷用品的供货商，提供了 20000 多件陶瓷产品。20 世纪，道尔顿公司在商界依然十分成功，至今仍很活跃。

19 世纪的陶瓷消费者无疑有了更多的选择，有时候甚至会出现选择困难症。伊莎贝拉·比顿在《家庭主妇珍藏的家政知识》一书中为读者提供了如何选择瓷器的建议：“现代韦奇伍德陶瓷和伍斯特陶瓷的大部分纹饰都非常精美，有品位……如果说有什么规则的话，那种边缘有线条的简单的设计最好了，不推荐表面有风景或静物的瓷器。”[1]1887 年，维多利亚女王登基五十周年纪念（Queen Victoria's Golden Jubilee）瓷器的销售状况十分火爆。19 世纪的最后十年，在威廉·莫里斯公司（William Morris and Co.）的影响下，作坊生产的手工瓷器受到追捧。莫里斯反对大规模生产的工业瓷器，认为这种瓷器缺乏艺术的独创性，他

1 I. Beeton, *Housewife's Treasury of Domestic Information*, 304.

图 2—98 明顿生产的带盖骨瓷糖罐，新椭圆器型（New Oval Shape），黑色釉上彩转印图案，约 1810 年。图片由多伦多加德纳陶瓷艺术博物馆提供。

领导的工艺美术运动鼓励定制个人化的产品。由于是手工制作，这些瓷器可以被视为独立的艺术作品。威姆斯（Wemyss）的瓷器在这个时期大放异彩，特点是手工上色、色彩鲜艳、乡村风格。另外，明顿陶瓷厂也在伦敦开设了一家艺术陶瓷工坊（Art Pottery studio），在新艺术运动（Art Nouveau）中崭露头角。

19 世纪末 20 世纪初，个人主义思潮兴起，在风格流派上表现为新艺术运动和装饰艺术运动的开展。威廉·德·摩根（William de Morgan）复原了虹彩陶器的工艺，这是一种利用铂复合盐制造出银色的金属光泽的古老技术。为了和他竞争，韦奇伍德推出了所谓的“仙女陶”（fairy lusterwares），特点是梦幻般的色彩、釉料和手绘装饰，与当时的新艺术风格保持一致。

装饰艺术运动时期，最具有影响力的陶瓷设计师之一是苏西·库珀（Susie Cooper）。她是一位自由陶瓷画家，设计了很多价格适中的原创瓷器。她从伍德父子公司（Wood & Sons）买来空白的瓷胎，然后手工装饰，其作品色彩丰富、风格大胆，令人耳目一新。1929 年，库珀与坦斯托尔（Tunstall）合作创立了一个装饰工厂。1930 年，工厂搬到了伯斯勒姆。1937 年，工厂改名为“苏西·库珀陶瓷有限公司”（The Susie Cooper Pottery Limited）。她的作品简洁优雅，符合当时的大众审美。1940 年，库珀成为第一位荣获“皇家工业设计师”（Royal Designer for Industry）奖项的女性设计师。

装饰艺术运动时期的另一位设计师是科拉莱斯·克里夫（Clarice Cliff）。1930 年，她

图 2—99　明顿骨瓷废水碗，约 1812—1815 年。图片由多伦多加德纳陶瓷艺术博物馆提供。

图 2—100　明顿骨瓷茶碟，约 1812—1815 年。图片由多伦多加德纳陶瓷艺术博物馆提供。

成为纽波特陶瓷厂（Newport Pottery）的第一任艺术总监，也是斯塔福德郡陶瓷界第一位取得如此高职位的女性。她的丈夫科利·肖特（Colley Shorter）和同事们都支持她创作更加独特的器型。后来，她推出了著名的“奇怪”（bizarre）瓷器。她设计的茶壶造型大胆、颜色鲜艳，与当时的潮流非常吻合。“斯坦福德”（Stamford）器型是她的代表作，但除了这些新奇的器型，她也制作球形、圆锥形这些规则的几何造型瓷器。克里夫的作品强调原创手工上色，通常是她自己先创作出图案，然后由她手下的60位女性画家照样复制到瓷器上。[1]装饰艺术运动时期涌现出的瓷器，灵感通常来源于当时相对快速的生活节奏、爵士乐和大机器生产，富有活力且具有现代精神。

虽然1926年的大罢工和大萧条一定程度上造成了经济动荡，但苏西·库珀和科拉莱斯·克里夫这两位没有经过专业训练的设计师仍然在陶瓷设计界崭露头角，并成为中坚力量。第二次世界大战期间，茶叶实行配给制，陶瓷市场开始萎缩，克里夫也被迫放弃手绘，改做转印瓷器。1963年，克里夫从纽波特陶瓷厂退休。1961年，库珀转行生产骨瓷，她的工厂在1966年被韦奇伍德收购。

今天，英国的陶瓷工业依然位于世界顶尖行列，英国陶瓷之所以能在全球范围内受到欢迎，与其灿烂、悠久的历史脱不开关系。

1 Griffin, *Leonard. Taking Tea with Clarice Cliff* (London: Pavilion Books Limited, 1996). 器型包括：Athens Shape 1925–1937, The Bon Jour 1933–1941, Conical 1929–1937, The Daffodil Shape 1930–1936, The Eton Shape 1930–1936, Globe 1925–1935, Le Bon Dieu 1932–1933, The Lynton Shape 1934–1941, The Stamford Shape 1930–1936, The Trieste Shape 1934–1937。设计包括：Blue firs, Orange Roof Cottage, Appliqué Red Tree, Desny, Crocus, Fantasque Melon, Fantasque Trees & House, Appliqué Lucerne Orange, Appliqué Windmill, Appliqué Lugano Orange, Fantasque Summerhouse, Carpet, Fantasque Red Roofs, Apples and Tennis。

银

81

对个人和国家来说，几个世纪以来银子在欧洲一直是财富与稳定的象征。尽管银是一种很容易直接从泥土中获得的金属元素，但是在西班牙人于17世纪在其殖民地美洲中部和南部发现大量银矿之前，它一直被视为一种稀有商品。作为一种便携、有形的财富形式，不论是用于装饰还是出于实用的目的，银都曾经广受欢迎。在东印度公司称霸的时代，银制品被广泛交易并运送到中国。及至19世纪，银仍被视为一种奢侈品，通过各种形状和功能性用途展示其拥有者的财富。跟其他金属相比，银易于加工，因此也更适合呈现各类精致、复杂的设计。银制品可以由几块分开的银，通过焊接、铆接或一个中心轴组合到一起，也可以用一块单独的银制成。

在英国，银的黄金时代长达一个多世纪，最初始于查理二世的支持。这位复辟的新国王在流亡海外期间，对法国银饰产生了浓厚的兴趣。在银制品的艺术创作上，胡格诺派银匠的手艺向来出类拔萃。1685年，由于《撤销南特敕令》（*Revocation of the Edict of Nantes*）的颁布，一群胡格诺派银匠被迫逃亡至英国，同时也带来了高超的制银手艺。有证据表明，来自法国的影响在英国银器发展史上发挥了重要作用。这群银匠中不乏手艺出众之辈，比如大卫·威廉姆（David Williaume）、皮埃尔·普拉特尔（Pierre Platel），以及后来的保罗·德·拉米热（Paul de Lamerie, 1688—1751）。为了追求新的生活，他们越过了英吉利海峡，移民到英国，极大地影响了伦敦的同行，例如本杰明·拜恩（Benjamin Pyne）和安东尼·奈尔米（Anthony Nelme）。胡格诺派手工艺人移居伦敦后立刻获得了市场的青睐，他们的主顾包括伦敦的王公贵族和富商，而且很快成为同时代英国金匠当中的翘楚。

印记

当银的价值逐渐显现时，为了控制银质品的质量，行会成立了。那些制作银器的匠人们也被称为金匠，需要接受行会的一系列专业训练，并且遵守行会制定的条例和规则。[1] 作为首个保护消费者权益，使其免受欺骗的行业组织，行会通过化验、测试银制品的纯度，之后在这些手工艺品上打下印记（hallmark），来说明其产地、生产年份以及生产者。除了专门服务于宫廷的金匠，其他所有金匠的作品都会被留下这样标记。虽然有人认为这种给银器做标记的方式起源于拜占庭，然而，却是英国在 1238 年确立了 925 纯银标准，也即英镑银（sterling）。

早在 1300 年，英王爱德华一世（Edward I）就颁布法令宣布："英格兰境内所有金匠，生活在国王领土内的所有人……从今以后，在制作任何一种容器、首饰，或任何金银质地的物品时，都必须使用触摸起来有质感的真金，以及符合或者高于纯度标准的银。"[2] 从 1363

1　虽然主要是制作银器，但这些匠人却被以更为贵重的金属名称命名。

2　E. de Castres, *Collector's Guide to Tea Silver: 1670–1900*, 111.

图 2—101　安妮女王（Queen Anne）时期的茶叶罐，伦敦的威廉·查能豪斯（William Charnelhouse）制作于 1703—1704 年左右，高 4.25 英寸。茶叶罐扁平，长方形；盖子呈半球形，可以拔出来，顶端有小球状把手。罐身刻有纹章装饰，周围是卷曲植物纹样装饰。图片由帕特里奇美术公司提供。

年开始，英国境内所有的金银匠人都需要注册并获得专属的“匠人标志”。到了1478年，通过纯度测试的银器会被印上一个特别的字母，以表示其测试年份。1544年，英镑银上开始使用“行守之狮”（lion passant）的标志。1697年到1720年之间，这一标志被“不列颠尼亚标准”（Britannia standard）取代。1790年出台的一项法令宣布免除在重量轻于5便士的小件银器上施以落款。然而，这项法令将用于给茶叶称重的茶匙排除在外，因此，茶匙上还是会带有印记。1784年到1890年间，还出现了一种赋税标记，即在交过税的新银上面会打上一个帝王头像标记。[1] 由于拥有银子就相当于拥有金钱，在银器上施以标志有严格的执行标准，这也是为了保护消费者的利益。由于银可以保值，多年之后，有一些银器会被回炉熔化，再重新制作成适合当时的生活方式或品位的新物件，或者被当作现金使用。

跟陶瓷一样，每一件银器都有属于自己的历史，那是一个有关其制作者、拥有者和用途的故事。而这些印刻在银器上的印记就像是为历史研究者们提供的探究其历史的工具，通过这些落款，研究者们得以了解每一件银器的独特之处。此外，通过现代X光技术可以清晰看到一件银器的结构，确定它是否有过修补，有时甚至可以验证其真伪。时光流转，银从最初作为财富的载体，如今演化为装饰品或者居家物件。手工制银的潮流再度回归，对银器爱好者来说，没有什么比用私人定制的银质茶具饮茶更加令人愉快了。

1 此类标记中还包括一个豹子头款式的。文中的日期信息来源于伦敦维多利亚与阿尔伯特博物馆。所有制造于1364年到1478年之间的银器，都应该有两个标志：工匠的标志和豹子头的标志。但1666年的大火灾之后，所有的标志都随着原雕版的毁坏而遗失掉了。

图 2—102 《饮茶的英国家庭》（*An English Family at Tea*），布面油画，作者是理查德·柯林斯（Richard Collins）。这是一幅群像，从画中呈现的精美茶具可以看出，这个家庭十分富有。茶桌上摆满了银器和瓷器，它们都是社会地位的象征，包括：1 个银质烧水壶加底座、1 个茶壶、1 个废水碗、1 个带盖的糖罐、1 个放勺子的托盘、茶匙、方糖夹子、茶叶罐、带茶碟的青花茶碗、放面包和黄油的盘子。图片由维多利亚与阿尔伯特图片库提供。

图 2—103 保罗·德·拉米热制作于 1735—1736 年的茶叶盒和茶具，上有伦敦的印记，以及让·丹尼尔·布瓦西耶（Jean Daniel Boissier）和苏珊·朱迪斯·伯彻（Suzanne Judith Berchere）的纹章。这套茶具包括 3 个茶叶罐、1 个奶罐、12 只茶匙、1 个方糖夹子、1 把有孔小匙和 2 把茶点刀。图片由布立基曼艺术图书馆（Bridgeman Art Library）提供。

英国银器：社会地位的象征

英国的金匠跻身技艺最为精湛的手工艺者之列，使历史上的流行风尚得以保存和流传。虽然银器的生产可以追溯到几百年前，但 15 世纪到 17 世纪之间生产的大量银器才真正表明了银最初的艺术性用途。匠人的技艺非常丰富且不断精进，包括各种雕镂、雕刻和镀金工艺。金匠的职业非常受人尊重，这部分归因于贵族阶层的惠顾。

17 世纪初到 18 世纪初的巴洛克时期，出现了几位最值得纪念的银匠。这一时期的设计风格大胆，模仿雕塑，追求平衡，受到了凡尔赛宫和法国有影响力的设计师的启发，如丹尼尔·马洛（Daniel Marot，1663—1752）和简·贝兰（Jean Bérain，1637—1711）。[1] 王室赞助的传统得以延续，查理二世定做了大量的银制品，这无疑影响了银器作为家用器具的流行趋势。大卫·维尔奥姆（David Willaume，1658—1741）是一位非常高产而又成功的胡格诺派金匠，1688 年注册了工匠标识。他的作品有非常明显的特征：常用圆弧形线条雕刻装饰和制作精美的胡格诺派风格的铸模海马、狮子面具。同时，他也会制作一些风格简洁的银器，如托盘和刀叉、勺子等扁平的餐具，这些作品无疑是面向平价市场的。虽然当时像本杰明·派恩（Benjamin Pyne，？—1732）这样的英国金匠，对法国逃难来的工匠持反对态度，但人们都认为派恩自己也雇了胡格诺派的法国工匠，并且借鉴了胡格诺派的风格。派恩在 1680 年前后注册了他的工匠标识，在他的整个职业生涯中，安妮女王和许多其他贵

1 C. Blair, ed. *The History of Silver* (London: Tiger Books International, 1987), 95–123.

族都是他的主顾，直到他去世。与派恩同时代的工匠安东尼·奈尔梅（Anthony Nelme，1672—1722）对胡格诺风格进行了本土化改造。他的早期作品体现了那个王政复辟时代的审美，但流传最广的作品都产自他生命的最后 15 年，这些作品结合了胡格诺风格和安妮女王时期的平实优雅。

82

18 世纪的前二三十年，源自法国的洛可可风格受到英国人的热情欢迎，银器的生产也迎来了大发展。英国工匠惯于追随法国的流行趋势，开始研究贾斯特－欧勒·米修纳（Juste-Aurèle Meissonnier，1695—1750）的设计。18 世纪 20 年代，保罗·德·拉米热设计了第一款精致的洛可可风格银器。[1] 他的作品结合了安妮女王风格和洛可可风格，其中部分被认为是英国洛可可风格银器的巅峰之作。他出生在荷兰，1691 年来到伦敦，1703 年到 1712 年间成为胡格诺派工匠皮埃尔·普拉特尔（Pierre Platel）的学徒工，被后者的艺术深深吸引。拉米热的早期作品体现了胡格诺派的特征，结合了圆弧形线条雕刻装饰工艺、切片装饰工艺和重型铸造工艺；但总体来看，他的作品是安妮女王时期的简洁风，以雕刻作为装饰。保罗·克雷斯潘（Paul Crespin，1694—1770）继承了拉米热的艺术，18 世纪 30 年代开始创作洛可可风格的作品。克雷斯潘与同时代的胡格诺派工匠尼古拉斯·斯普利蒙特（Nicolas Sprimont，约 1716—1771）搭档，后者也是著名的陶瓷工匠。斯普利蒙特作品的特征是采用贝壳图案，他将洛可可风格的不对称线条和中国风的梦幻效果结合，创作个性化的私人定制作品。1761 年，随着市场需求的扩大，伦敦金匠公司（Goldsmiths'

1 A. Grimwade, *London Goldsmiths 1697–1837* (London: Faber & Faber, 1976), 488.

Company in the City of London）不断壮大，已经有 300 名注册成员。

由于越来越多的英国贵族子女会遍游欧洲大陆，完成一种被称作“壮游”（Grand Tour）的旅行，并从中获得了古典复兴的灵感，因此，直到 18 世纪 70 年代，洛可可风格一直与古典风格有不少交集。赫库兰尼姆古城和庞贝古城的发掘、斯图尔特（Stuart）与列维特 Revett）的著作《雅典文物》（*Antiquities of Athens*，1762）的出版和建筑师罗伯特・亚当的作品，对古典风格在英国的发展起到了举足轻重的作用。在这场复古的浪潮中，银器出现了很多新器型，比如古时烧水壶的造型被应用到了茶壶、牛奶罐、糖罐等一系列中空容器的设计中。[1] 为了满足逐渐扩大的市场需求，新古典风格的银器在英国各地都有生产，有几位金匠尤其值得关注。第一位是伦德尔，他参与创办的伦敦布里奇与伦德尔公司（Bridge & Rundell）在 1804 年成为乔治三世的御用金匠公司。公司的第一个作坊 1802 年在格林威治创立，由本杰明・史密斯（Benjamin Smith）和迪格比・斯科特（Digby Scott）管理。公司生产约翰・弗莱克丝曼风格的花瓶，在喜好古典风格的顾客群中大受欢迎。第二位是伯明翰的马修・伯顿（Matthew Boulton, 1728—1809），他继承了亚当的设计风格，成为新古典主义的代名词。在谢菲尔德，约翰・温特（John Winter）、约翰・帕森斯（John Parsons）、乔治・阿什佛斯（George Ashforth）、马修・芬顿（Matthew Fenton）、约翰・帕克（John Parker）、爱德华・韦克林（Edward Wakelin），这些专家也是新古典风格的金匠。然而，新古典风格的曲线取代了古典风格的直线，茶壶上亚当风格的平滑而精致的把手也被

1　C. Blair, ed. *The History of Silver*, 141–155.

更加粗犷、简洁的装饰代替。

摄政时期，皇家赞助再次大行其道。摄政王很喜欢镀银，他雇用国内顶尖的银匠制造了很多镀银器。这些银匠中包括保罗·斯托尔（Paul Storr，1771—1844），他曾经是著名的亚当风格工匠安德鲁·福格博格（Andrew Fogelberg）的学徒。在摄政时期，盘子的流行达到了顶峰，成为精致晚宴上不可或缺的餐具，对如摄政王在布莱顿宫（Brighton Pavillion）举办的宴会这类场合来说更是如此。查尔斯·西斯科特·泰瑟姆（Charles Heathcote Tatham）曾与皇家建筑师亨利·荷兰（Henry Holland）有过密切合作，他在1806年出版了《装饰用盘子的设计》（*Designs for Ornamental Plate*），对当时的工业有如下论述：

> 虽然那些上流社会、品位高端的人哀叹，现代的盘子设计和生产得越来越差，无法和这个国家早些年生产的盘子相比……一个好盘子首先要足够厚实（massiveness），然而现在流行的盘子设计得轻而不稳重，而且彻底拒绝了一切好的装饰……我觉得，很明显，现代银匠严重缺乏对最被认可的古董器型的认知和研究。金匠对古董器型的了解越多越好。实际上，好的模型值得反复借鉴和回归，它们可以放大创新的力量，催生出原创设计作品。[1]

泰瑟姆的这些话针对的是以轧制金属工艺制作的银器。而斯托尔却专注于从古董里吸取

1 C. H. Tatham, *Designs for Ornamental Plate* (London: J. Barfield, 1806), 扉页。

灵感创作银器，生产高质量的作品。1811年到1819年间，斯托尔加入布里奇与伦德尔公司，其设计通常由公司最出色的匠人之一——约翰·弗莱克丝曼制作模具。同样是受皇家雇佣，A. W. N. 皮金（A. W. N. Pugin，1812—1852）生产的哥特式复古器具，也是打着布里奇与伦德尔公司的牌子。

另一个值得一提的公司是伦敦的杰拉德（Garrards）。老罗伯特·杰拉德（Robert Garrard Senior）和乔治·威克斯（George Wickes）于1735年共同成立了这家公司。1802年，公司开始由杰拉德全权管理。1818年，小罗伯特·杰拉德（1793—1881）接管公司。他有着敏锐的商业嗅觉，公司很快就发展成欧洲同行中的佼佼者。1830年，杰拉德取代伦德尔成为皇家指定金器供应商，1843年又成了皇家珠宝供应商。公司依靠一流的产品质量和典雅的风格取得了成功，在茶具和餐具领域打出了名气。1952年，杰拉德与摄政街（Regent Street）的金银匠公司（Goldsmiths' and Silversmiths' Company）合并。1998—2002年间，又与阿斯普雷公司（Asprey，成立于1781年）合并，2002年后分开，各自恢复独立运营，前者更名为杰拉德（Garrard）。

19世纪，随着技术的创新，生产效率大大提高，满足了维多利亚时期人们对银器的需求。机器的发明和电镀技术的引进，降低了银器的成本，使得普通人也能负担得起。同时，手工制作的银器开始衰落。银器的设计花样不断翻新，哥特、洛可可、新古典风格开始重新回到人们的视野。更多新用途的家用器具被设计出来，人们购买刀、叉、匙、茶具的选择也更多

图2—104　摄政时期的银器四件套，茶壶高10.75英寸。由布里奇与伦德尔公司的保罗·斯托尔于1817年制作。四件套包括一个底座上带炉子的咖啡壶、茶壶、糖罐和奶油罐，底部都有一圈串珠造型的装饰，器身下段是凹槽纹，肩部有忍冬纹样的花朵平纹装饰带。咖啡壶和茶壶嘴部有叶子造型的装饰，壶身带凹槽，手柄卷曲，上面有象牙的隔热零件，连接处做成了蛇的造型。印有诺福克郡汤普森家族（Thompson family of Norfolk）的徽章。图片由伦敦稀有艺术有限公司（Rare Art [London] Ltd.）提供。

了。19 世纪末，一批反对仿古器具和大批量生产的艺术家开始创作全新样式的器具，这鼓励了创新和原创设计。这一时期，英国原创银器的影响力遍及整个欧洲。

在工艺美术运动中，建筑家威廉·亚瑟·史密斯·本森（William Arthur Smith Benson，1854—1924）和查尔斯·罗伯特·阿什比（Charles Robert Ashbee，1863—1942）是威廉·莫里斯的拥护者。他们认为，好的设计与手工艺是机器生产无法达到的。本森后来成为莫里斯公司的总监，在金属工艺上有很高的成就。1888 年，阿什比创立了手工艺行会与学校（School and Guild of Handicraft），创造各种产品，他认为银器是有感情和性格的。阿什比告诫他的学徒们要尊重每一件器物，相信每件银器都有其独特的性格特征。阿什比的作品展示了产品背后的传统手工艺，他认为并不需要掩饰产品是由一整块银敲打而成的现实，器物上的敲打痕迹清晰可见。工艺美术运动中的银器设计，器型简洁优雅，装饰有半宝石。这些手工银器与同时代大批量生产的缺乏生命力的银器产品（通常使用电镀或浇铸技术）形成了鲜明对比，使人们回想起工业革命以前的旧时光。1908 年，手工艺行会与学校关闭，但近些年又有人重新成立了一个手工作坊，采用正宗的阿什比设计，也遵循阿什比的理念。这个新的手工艺行会（Guild of Handicraft）名叫“银匠哈特”（Hart Silversmiths），同样位于奇平卡姆登镇（Chipping Campden）。作坊专注于手工银器，产品有些是根据顾客喜好定做，有些是沿用阿什比的设计。

当时，手工艺行会与学校的作品陆续在欧洲的奥地利维也纳、法国巴黎和德国的一些城市展出。阿什比的作品影响了欧洲现代主义艺术的发展，其中包括阿奇博尔德·诺克斯（Archibald Knox，1864—1933）和包豪斯的作品。[1] 诺克斯是伦敦的利伯缇公司（Liberty & Company）的顶级银器设计师，1894 年注册了自己的商标。利伯缇公司是由亚瑟·雷森比·利伯缇（Arthur Lasenby Liberty）创立的一家商店，同样强调银器设计要基于手工艺的克里斯托弗·德莱塞博士（Dr. Christopher Dresser，1834—1904）也与这家公司合作。通过将先进技术融入设计，德莱塞的银器现代感十足，满足了公司大批量供货的需求。利伯缇这个名字，从此成了新艺术风格蜿蜒曲线的同义词。1900 年以后，公司增加了锡镴器皿的业务，并开始同时生产工艺美术运动和新艺术运动风格的产品，包括茶具和当时流行的各种家用器皿。为了满足大型百货商场的巨大供应需求，产品都由机器生产。

德莱塞了不起的地方在于他没有受过专业训练，却成了一位自由设计师。他自己雇了助手（包括他的五个女儿），开了一家工作坊，产量很高。1877 年，他前往日本，这趟旅行给他后来的作品带来了深远影响。受日本艺术的影响，他的设计作品线条简练、装饰简洁，其实用主义理念中多了唯美主义和功能主义的色彩。[2] 德莱塞具有远见的思想体现在《装饰设计的法则》（*The Principles of Decorative Design*）一书中，其目的是设计出把手舒适、不漏水，且在设计上具有创新性的茶壶。下图中这个四方形茶壶的设计可以被视为德莱塞设计理论的缩影。它以现代电镀工艺制作，却体现了德莱塞所有的美学观点。德莱塞是现代主义设计的奠基人，也是他那个时代最具创新性的设计师之一。

1 P. Glanville, *Silver in England* (London: Unwin Hyman, 1987), 72–75.

2 M. Snodin & J. Styles, *Design & the Decorative Arts: 1500–1900* (London: Victoria & Albert, 2001), 135.

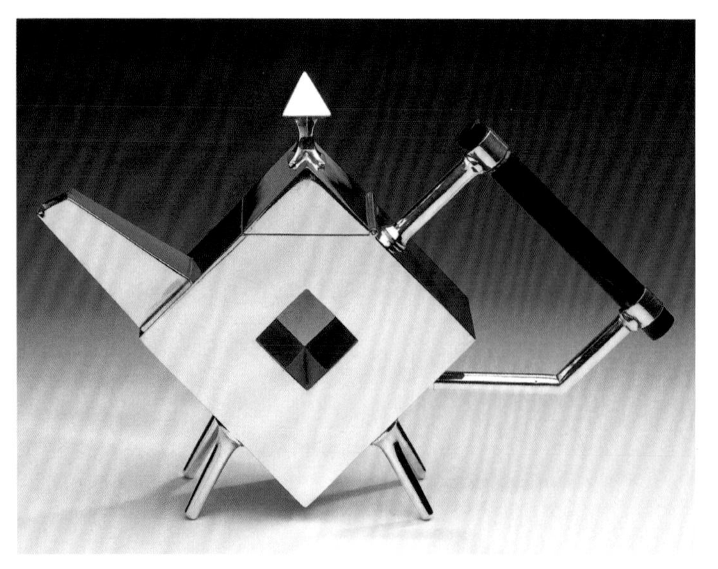

图 2—105 德莱塞在 1879 年左右设计的镀银与黑檀木茶壶，高 7 英寸，詹姆斯·狄克逊父子公司出品，编号 2274。图片由伦敦美术协会提供。

建筑师兼设计师查尔斯·伦尼·麦金托什设计了格拉斯哥艺术学院（Glasgow School of Art）的建筑，也创作了许多装饰品、艺术品，其中包括克兰斯顿小姐茶室的银器。麦金托什在欧洲大陆，尤其是法国的装饰艺术传入英国之前，就已经设计出了类似风格的作品。虽然这些作品在英国的表现并不十分突出，但其硬朗的棱角和规则的几何形状成了装饰艺术时期银器设计的显著特征。生产这类银器的公司包括杰拉德公司、埃迪兄弟公司（Adie Brothers）、埃尔金顿公司（Elkington & Co.）、马平与韦博公司（Mappin & Webb）、威廉·赫顿父子公司（William Hutton & Sons）、沃克与霍尔有限公司（Walker & Hall Ltd.）和亚瑟·普莱斯有限公司（Arthur Price & Co. Ltd.）。[1]

中国外销银器

英国与它的贸易国之间以银锭代替铸币流通。[2] 英国能用来与中国大量交换茶和瓷器等商品的东西极其有限，银器是其中之一。与英国相比，银器在中国的生产缺乏透明度和标准。中国不像西方那样在每件银器上都留下印记，这使得后人对这一时期银器生产的研究困难重重。中国生产的银器上有的没有印记，有的仿造西方的印记，还有的盖了中国式的制作者的名章，通常是姓名的首字母。幸运的是，现存的银器买卖记录和账单让今天的研究者能够填

1　C. Blair, ed., *The History of Silver*, 196–212.

2　C. Clunas, ed., *Chinese Export Art & Design*, 106.

补这一片空白。这一部分的内容重点关注 18 世纪末到 19 世纪末的中国银器生产。

广州有大量的工匠，而对银器的巨大需求刺激了银器制作工艺的发展，催生出了独特的中国风格，其中最具特色的工艺是铸模和在哑光表面上冲压装饰纹样。[1] 与出口瓷器一样，中国人思维灵活，愿意根据中西方顾客的不同喜好来生产器具。比起英国，中国的银器非常便宜，但不像英国顶级金匠生产的银器那么精致。尽管如此，在价格的驱使下，越来越多的英国老银器被运到中国回炉重造，制成样式更新的器具。1844 年，广州老中华街上的珠宝商蒂凡尼（Tiffany）就说过："在中国制造精美的盘子，比在任何国家都要便宜。很多欧洲人都通过船上的货物管理员来下订货单。"[2] 中国的金匠仿造英国的银器样品，紧跟潮流。与陶瓷工匠相同，金匠也按照图案集复制盾形纹章，中式的竹子、龙、小树枝、风景这类图案也会被使用，有时候会与英式的贝壳和圆弧形线条装饰相结合。中国的工匠都是多面手，会制作各种金、银、锡镴、白铜（一种黄铜、镍、锌的合金，主要用于出口到西方的银器手柄）产品。在中国生产的众多银器中，茶具首当其冲，一套茶具中包括茶壶、牛奶罐、糖罐和茶匙。

那些关于在广州工作的金匠的记载为研究中国出口银器提供了基础框架。一个名叫"Tuhopp"的银匠被认为是最早开始为西方市场生产西方风格银器的人，在海运记录里，他的作品的标志为"T."。与之相似，金匠锦成（Cumshing）和新时（Sunshing）也仿照西方，用名字首字母作为产品标签，生产中式、西式两种风格的银器。还有金匠宝盈（Pao Ying），他是用一个表意符号作为标签。[3] 所有 18 世纪晚期到 19 世纪早期的金匠基本上都

1 D. S. Howard, *A Tale of Three Cities Canton, Shanghai & Hong Kong: Three Centuries of Sino-British Trade in the Decorative Arts*, 204.

2 C. Crossman, *The Decorative Arts of the China Trade* (Suffolk: Antique Collector's Club, 1991), 338.

3 C. Crossman, *The Decorative Arts of the China Trade*, 348. 一张 1820 年的账单上记载，24 个新时出品的茶匙总价为 23.98 美元，一个奶油罐和一个糖罐共计 49 美元。

是在仿制英国的顶级银器。19 世纪中期，一位非常高产的金匠吉星（Cutshing）同时使用三种标签“CU”“CU/k”和“CUT”，非常容易造成混淆。维多利亚时代，为了满足那些生活在广州和澳门的西方人的庞大需求，高度风格化的完整茶具套装大量出产。当时最有名的工匠之一奇昌（Khecheong，产品标签为 KHC）生产各种西式茶具和其他器具。他最出名的作品之一是一个仿制的华威花瓶（Warwick vase），这个花瓶表达了中西方互相依存的关系，对此卡尔·克罗斯曼（Carl Crossman）或许给出了恰当的评价：“在模仿著名古董器物的过程中，奇昌不但仿制了器型，还加上了他自己对这个器物的理解。他在原作的基础上增加了一个冲压有叶子和葡萄纹样的盖子，盖钮是人头的造型，体现出了中国人理解西方原型、兼容并蓄的能力。”[1] 值得一提的工匠还有华清（Hoaching，产品标签为 H）和丽晨（Leeching，产品标签为 LC），两人都活跃于 19 世纪末，其作品在当时评价很高。

维多利亚时代盛行各种不同的风格，西方人也重新燃起对东方的兴趣，因此银器设计后来的发展趋势就更偏向东方化。由于技术的发展，英国产的银器价格有所下降，中国银器被迫发展出了自己的特色。[2] 直到今天，西方市场上依然有中国出口的银制品。

1 C. Crossman, *The Decorative Arts of the China Trade*, 357–358. 166. 这件器物现在收藏于纽约的 Chait collection。

2 C. Crossman, *The Decorative Arts of the China Trade*, 338–370.

随着银器需求量增加，制造者们努力改进技术，一方面创造符合当时流行趋势的新装饰，另一方面尽可能减少手工环节。自 18 世纪起，用轧钢机可以生产出更薄的银板，这使得银器的表面可塑性更强了，更适合压纹之类的工艺。模压印花和镂雕图案机械化后效率提高了，就像旋压技术提高了雕刻塑形的效率一样。发生在谢菲尔德的创新推动了整个行业的变化，扩大了银制品的客户群。1742 年，托马斯·鲍斯沃（Thomas Bolsover）发现，可以把一层银板和一层铜板贴在一起，使它们熔为一体。到了 1752 年，这种所谓的“谢菲尔德板”广受当地制造商的欢迎，因为相比全银，它是一种更加廉价的替代材料，有很大的潜在市场。早期的谢菲尔德板只有一面覆盖了银，到了 18 世纪 60 年代，正反两面都开始覆盖银。

1762 年，马修·伯顿（Matthew Boulton）与合伙人约翰·福斯盖尔（John Fothergill）成为最早开发谢菲尔德板产品的人。他们后来还通过在器物的边角上镶银丝，发明了防止“流血”（白银被磨掉，透出里面黄铜的颜色）的技术。在位于伯明翰郊外索霍（Soho）的工厂里，伯顿以相同重量银价的几分之一，生产出了一系列代表 18 世纪谢菲尔德板产品最高水准的本土器具。伯顿还生产器具零部件，然后卖给其他工厂组装完成，这也是其生意的重要组成部分。公司后来由伯顿的儿子接管，直到 1842 年关闭后出售。1820 年前后，在谢菲尔德和伯明翰出现了许多创新，比如借助马力和水力推动的机器，用钢模将装饰花纹压

86

制到器具上。后来，这些技术传到了伦敦的制造商那里。19 世纪谢菲尔德的知名作坊，如托马斯・布拉德伯里父子公司（Thomas Bradbury & Sons）、詹姆斯・狄克逊父子公司、罗伯特和史密斯公司（Roberts, Smith & Company）继承了这些技术。今天，那些老旧的谢菲尔德板产品即使已经磨损，露出了里面的黄铜，但依然魅力不减，为人称道。[1] 除了伯顿和萨缪尔・罗伯特（Samuel Roberts）制造的产品，大部分谢菲尔德板器皿上没有落款。

1840 年，乔治・理查德・埃尔金顿（George Richard Elkington）和他的堂兄弟兼合伙人亨利・埃尔金顿（Henry Elkington）取得了一项在镍或者铜制的金属器皿表面电镀银的技术专利。电镀技术给银器制造业带来了革命性的改变，也使谢菲尔德板和传统银器走向衰落。电镀技术很快就彻底代替了谢菲尔德板的制作工艺，埃尔金顿位于伯明翰的公司也迅速扩张，整个公司有 1000 多名工人。电镀工艺大大简化了银器的生产，只需要把完成装饰的金属制品浸到电镀缸里就好了。电镀制品很廉价，普通人也能买得起银器了。如果回到 18 世纪，这简直不可想象。电镀银器并没有克服谢菲尔德板银器的缺陷——表面的银会被磨损，露出底下的镍或铜。但与过去不同的是，现在这可以很容易地通过重新电镀来补救，银器表面会焕然一新。随着茶的种类的增加，以及英国人每天喝茶次数的增加，银质茶具的市场迅速发展。19 世纪，电镀工艺不断完善，这使得人们只需要花费之前买纯银器皿的几分之一，就可以买到看起来与纯银别无二致的镀银器皿。

1 E. de Castres, *Collecting Silver* (London: Bishopsgate, 1986),131–144.

图 2—106

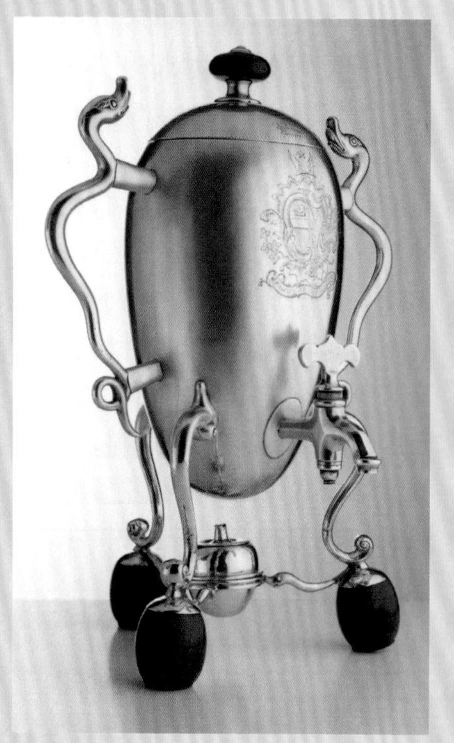

图 2—107

图 2—108

图2—106　乔治二世时代的茶叶罐，克里斯蒂安·锡兰（Christian Hillan）于1738—1739年制作于伦敦，高6.5英寸。器型为纺锤形，底足为圆形，上面有一圈雕花纹样。茶叶罐罐身浇铸而成，十分精美，装饰着丰富的鸟、树叶、贝壳和花卉图案，背景为鳞纹。盖子可拔出，装饰风格与罐体统一，顶部有望柱状盖钮。罐子上半部分可以拧下来。图片由帕特里奇美术公司提供。

图2—107　乔治二世时代的苏格兰银水瓮，高13.25英寸，用于喝茶或咖啡，胡戈·高登（Hugh Gordon）1729—1730年于爱丁堡制作，鉴定者签名为阿奇柏德·尤尔（Archibald Ure）。水瓮呈卵形，有两个把手，三条弯曲的腿，每条腿的末端都装有一个卵形的木质底足，三个底足相连，中间是点火装置。两个把手浇铸成了蛇的造型。瓮的表面刻有纹章、族徽和格言，盖子上有一个小王冠。图片由帕特里奇美术公司提供。

图2—108　乔治一世时代的银烧水茶壶和底座，萨缪尔·李（Samuel Lea）1716年在英国制造，高15.5英寸，宽11英寸。提手的材质为象牙，壶上刻有哈丁顿第9代伯爵（9th Earl of Haddington）和玛利亚·麦克莱斯菲尔德（Maria Macclesfield）的纹章。这个家族曾参与和中国的茶叶贸易。图片由马莱特父子（文物）有限公司（Mallett & Son [Antiques] Ltd.）提供。

图 2—109

图 2—110

图 2—111

图 2—109 《托盘中的一套茶具》（*Tea Services on a Tray*），布面油画，作者佚名，创作于 1770 年左右。传统意义上，烛台也是银茶器的一部分，就如画中呈现的那样。另外，图中的茶具还有纺锤形的茶叶罐、带盖的糖罐、方糖夹子和茶匙。图片由维多利亚与阿尔伯特图片库提供。

图 2—110 三个银茶叶盒。左一由托马斯·汉明（Thomas Hamming）制作于乔治三世时代的 1767 年，产地为伦敦，高 5.5 英寸，长方体造型，洛可可风格，正面有椭圆形装饰图案，描绘了一个正在采茶的中国人。中间的由亚伦·来斯托（Aaron Lestourgeon）制作于乔治三世时代的 1774 年，产地为伦敦，高 3.9 英寸，正方体造型，新古典主义风格，中间是一个圆形浮雕，盖钮为伸展的花瓣造型。右一由彼得·吉卢瓦（Peter Gillois）制作于乔治二世时代的 1754 年，产地为伦敦，高 7.9 英寸。图片由伦敦稀有艺术有限公司提供。

图 2—111 乔治三世时代的镀金银茶壶，新古典主义风格的器型，象牙把手，制作于 1795 年左右。图片由马莱特父子（文物）有限公司提供。

图 2—112

图 2—113

图 2—112 威廉四世时代的带底座银茶壶，高 6.2 英寸，查尔斯 · 福克斯二世（Charles Fox Ⅱ）1837—1838 年制作于伦敦。器型为球形，放置于一个镂空的叶子造型上。茶壶表面雕有带箍线条和树叶纹饰，一侧有纹章和族徽，壶嘴表面浇铸成树皮的样子，壶盖为叶子造型，还有一个卷曲的壶钮。圆形的底座浇铸而成，造型为镂空的花朵和叶片。图片由帕特里奇美术公司提供。

图 2—113 维多利亚时代的茶器套装，茶壶高 4.25 英寸，弗莱德里克 · 埃尔金顿（Frederick Elkington）1880 年制作于伦敦。三色镀金工艺，日式雕刻风格，表面磨砂，装饰图案是鸟类和花卉，边缘有规则的几何纹样。图片由帕特里奇美术公司提供。

图 2—114

图 2—114　三个带底座的烧水壶，设计师是 W. A. S. 本森（W. A. S. Benson），制作于 1900 年前后。图片由伦敦美术协会提供。

图 2—115　维多利亚时代的茶具三件套，茶壶高 5.75 英寸，理查德 · 马丁（Richard Martin）和埃比尼泽 · 霍尔（Ebenezer Hall）1879—1880 年制作于伦敦。三件套包括茶壶、糖罐和奶油罐，都是圆形造型，手工打造，表面雕有树叶和藤蔓，有些装饰细节运用了浇铸工艺，三件都是双色镀金。糖罐的把手镂空且有棱角，茶壶的把手呈秋千状。图片由帕特里奇美术公司提供。

图 2—116　嵌有蚀刻骨板的银茶壶，高 4 英寸，表面镶嵌有绿松石，1878 年制作于伯明翰。落款为“德莱塞设计”（Designed by C Dresser），表面有注册标记。图片由伦敦美术协会提供。

图 2—115

图 2—116

图 2—117

图 2—118

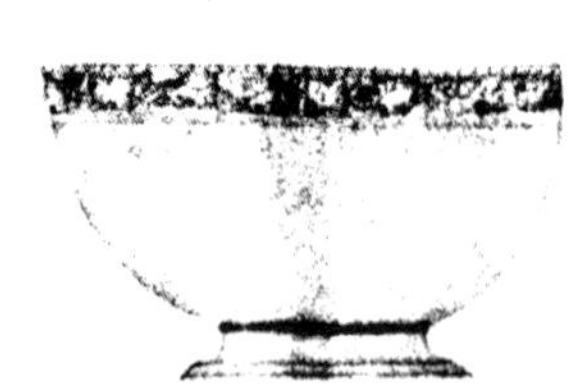

图 2—119

图 2—117 W. A. S. 本森设计的电烧水壶，被认为是英国最早的电烧水壶之一，制作于 1905 年前后。图片由伦敦美术协会提供。

图 2—118 C. R. 阿什比在手工艺行会设计的茶壶图样，约 1900 年。图片由哈特金匠博物馆（Hart Silver-smiths）提供。

图 2—119 乔治·哈特（George Hart）1930 年前后在手工艺行会设计的茶具图样。图片由哈特金匠博物馆提供。

图 2—120

图 2—120　银茶具套装，把手处镶嵌有彩色宝石，茶壶高 7.75 英寸，设计师阿契博德·诺克斯（Archibald Knox）为利伯缇公司设计，伯明翰产。茶壶生产于 1901 年，奶罐和糖罐生产于 1902 年，热水罐生产于 1923 年。图片由私人收藏家提供。

图 2—121　锡镴茶具，木质把手，高 4.25 英寸，设计师为阿契博德·诺克斯。图片由私人收藏家提供。

图 2—122　经典装饰艺术运动风格的“立方体”茶壶，制作于 1916 年，起初用于远洋航线。这种设计可以避免船体摇晃造成泼洒。专利所有人 R. C. 约翰逊的专利权有效期至 1963 年。图片由收藏家格洛丽亚和桑尼·卡姆提供。

图 2—121

图 2—122

银茶具：奢侈的代名词

银曾经在很长一段时期内被认为是制作茶具的上等材料。银具有良好的导热性能，这使得它常常被用于制作盛热饮的器皿。它耐用，同时又易于切割、弯折、锻造、拉伸，适合制作茶壶、糖罐、牛奶罐、茶叶罐、托盘等茶具和相关配件，以及刀、叉等各种扁平餐具。17 世纪晚期，银茶具被推到时尚前沿，当时英国的陶匠们也会从银器当中寻找灵感。

直到中国外销瓷大范围普及，英国人饮茶陷入了“两难”的境地——到底应该用哪种材质的茶具来泡茶和饮茶。有人认为，1615 年前后人们曾使用一种小银碗。根据记载，劳德代尔公爵夫人（Duchess of Lauderdale）曾经使用过银茶碟饮茶，一份 1672 年 5 月的账单显示，跟茶碟同时购入的还有 18 只茶杯，每只重达 3 盎司到 4 盎司。[1] 虽然银并不适合制作茶杯，但是到了 17 世纪末，镀银的茶具还是变得非常流行。

伦敦维多利亚与阿尔伯特博物馆收藏了大量的银质茶具，其中最有历史的一件是仿造咖啡壶形态制成的茶壶。该茶壶依照当时伦敦咖啡馆中使用的锡镴咖啡壶铸模而成，上面还有铭文：“这只茶壶由英国伯克利城堡（Berkeley Castle）的主人乔治·伯克利（Gerorge Berkeley）于 1670 年赠送给英国东印度公司。他是这一光荣、杰出的组织的成员，并真诚热爱这个组织。”高高的圆柱形说明当时银质茶壶还并没有发展出某个确定的形状。1685 年前后出现的梨形镀银茶壶则说明英式银茶壶已经逐渐形成了确定的造型。[2] 早期银质茶壶

1 P. Glanville, *Silver in England*, 66–68. 劳德代尔公爵夫人用 18 镑买下了这些茶杯，用于在自家的密室里饮茶。

2 一件类似的器具藏于牛津的阿什莫林博物馆，由本杰明·派恩创作于 1680 年。

图 2—123　现存最早的英国银茶壶，高 13.75 英寸，把手是木头加皮革制成的，工匠的落款为“TL”，生产年份标记为 1670—1671 年。圆锥体的器型是模仿了咖啡壶，但壶嘴的位置又借鉴了热巧克力壶。表面有东印度公司和乔治・伯克利勋爵的纹章。图片由维多利亚与阿尔伯特图片库提供。

通常为圆球形，后来受到英国东印度公司从中国进口的梨形瓷茶壶和紫砂茶壶、酒壶的影响。此外，17 世纪 80 年代，市面上出现了法文和拉丁文的茶壶图样集，这些图集成为胡格诺派金匠设计灵感的来源。[1]18 世纪 20 年代出现了子弹型的茶壶，这种茶壶是洛可可时代查尔斯·堪德勒（Charles Kandler，1727—1773）这样技艺精湛的英国金匠们自主创新的结果。

对银质茶具而言，舒适性、实用性与观赏性同样重要。茶壶带有绝热阀，还设计了可以避免手被烫到的木头、柳条、动物犄角或者皮革制成的把手。可惜这些把手通常都不太耐用，时不时需要修理。有一些金匠专门提供这类修理服务，比如乔治·威克斯（George Wickes），他的修理费有固定的标准：木质把手需要 3 先令，而柳条制成的把手只需 1 先令 6 便士。

还有一些与茶壶搭配使用的物件，它们与茶壶共同构成了一套完整的银质茶具。除了瓷质的茶碗，后来发展为茶杯，其他配件通常都是银质的，包括热水壶、糖罐、牛奶罐、奶油罐、放茶匙的托盘、烧水茶壶和茶盘。目前已知最早的茶桌看起来像是一个放在架子上的银托盘，因此也会有人错以为它是一个茶盘。一个可以放置所有泡茶、饮茶所需器具的托盘被放在一个木架子上，就构成了最初的茶桌。由于在茶叶传入英国的最初，人们就会在饮茶时加糖，所以也会有各类小配件被设计出来配合糖罐使用。早期设计糖夹的目的是将大糖块夹碎成小块。到了 18 世纪早期，糖夹看起来跟剪刀类似，而且后来变得装饰度极高。饮茶时，还常常出现装了糖末的调味瓶，用于向草莓或者烘焙过的点心上撒糖，但它并不是茶具套装

1　P. Brown, *In Praise of Hot Liquors*, 69. 作者认为 Nicolas de Blegny 的 *le bon Usage de Thé, coffee et du chocolate* (Paris, 1687) 是关于胡格诺派工匠的重要资料，展示了当时英国所使用的器具和 Blegny 融合了本土元素的一些创新。

的常规组成部分。[1] 从 18 世纪开始，人们惯于使用烧水茶壶泡茶，它通常放在女主人的手边，仆人可以从旁协助。

88

银器的制作技术促进了设计上的创新。例如，当时镂雕技术非常流行，胡格诺派的金匠们就将它用于制作精致的糖篮和桌子上盛放物品的篮子。到了 18 世纪中期，糖篮通常单独生产，作为一套茶具的补充配件。从 1775 年前后开始，船形糖篮的中心位置被装上了一个可以摇摆的提手，有一部分糖篮的提手是实心的，被饰以新古典主义风格的纹饰，还有一部分以镂雕工艺装饰，里面有一层蓝色玻璃内衬。随着谢菲尔德和伯明翰两地出现了产品革新的风潮，银质茶具的价格变得更加亲民，走入了广大的中产阶级家庭。1839 年后，英国开始从印度进口茶叶，饮茶加奶变得更加普遍，因而奶罐也有了更多花样。早期的银奶罐多为浇铸，罐环、罐嘴和把手与壶身分开制作；但自 19 世纪 30 年代开始，罐身和罐嘴改为一体成型。[2]

茶家具

94

跟陶瓷行业和银器行业一样，英国的家具行业也在饮茶热中受益匪浅。随着这些陶瓷茶具和银质茶具被创造、设计、制作出来，家具行业也面临着同样的机遇与挑战。顶级的细木

1 E. de Castres, *Collector's Guide to Tea Silver: 1670–1900*, 67–80. 作者写道，最早的调味瓶一般是一套三个：大的放砂糖，两个小的分别放黑胡椒和辣椒。

2 E. de Castres, *Collector's Guide to Tea Silver: 1670–1900*, 67–80.

工匠们意识到，制造专门的茶家具，为主顾们提供舒适、新潮、精致的饮茶环境，会有良好的市场前景。到了 18 世纪，富人家一天中会喝好几次茶，他们需要各种“装备”来满足每次饮茶时的不同需求，而适时出现的茶家具以恰当的形式满足了这些需求。不管是早餐茶还是下午茶，正式还是非正式场合，茶家具都能够适应当时的环境。在 18 世纪的鼎盛时期，细木工匠们设计制作出茶叶盒，专用于储存茶叶这种当时价格昂贵的商品，还有一种带有边栏的茶桌，以便保护珍贵的茶具不被摔碎。

设计师、室内设计和时尚潮流

由于茶是在 17 世纪晚期进入英国上层社会生活的，因此，我们有必要关注这一时期的家居环境是如何布置的，以便更好地理解饮茶活动是如何融入人们的日常生活的。奥古斯丁・查尔斯・德 ' 阿弗勒（Augustin Charles D'Aviler）在他的著作《建筑课程》（*Cours d' Architecture, 1691*）当中写道：“一套小房子，如果要功能完整的话，需要有前厅、卧室、密室和一个带台阶的储衣间。”[2] 这几个房间应当彼此相邻，而且应该为房子的男主人和女主人分别单独设立。当时的密室主要是作为书房或小客厅，常常用来招待挚友亲朋。人们普遍认为，英国人第一次饮茶就是发生在私人密室或者卧室里。当时的家具都靠墙摆放，因此

2 P. Thornton, *Authentic Décor: The Domestic Interior 1620–1920* (London: Weidenfeld and Nicolson, 1985), 50–51.

图 2—124 这是位于萨里的汉姆别墅（Ham House）的密室（Private room）内部场景，劳德代尔公爵夫人在这里以茶待客。图中的家具生产于 1675 年左右，一个印度茶桌，一个藤编椅面的靠背椅。茶桌的设计为混合风格，一张进口的桌子安装在了一个英荷（Anglo Dutch）风格的底座上。柜子是西阿拉黄檀木的，柜脚呈螺旋状，与茶桌制作于同一时期。平时椅子应该是放在墙角的，有人喝茶的时候会搬到中间。图片由英国国民托管组织的图片库（National Trust Photographic Library）提供，其所有人是安德烈亚斯·冯·爱因西德尔（Andreas von Einsiedel）。

图 2—125 18 世纪末 19 世纪初典型的茶会场景。从家具摆放的位置来看，这并不是一个很正式的聚会，椅子从墙角搬了出来，放到了壁炉附近。图片由伦敦奥谢美术馆提供。

需要有一张轻巧而且方便移动的桌子，可以在喝茶的时候挪到房间中央。

位于萨里的汉姆别墅是那一时期完好保存至今的一个案例。1679 年劳德代尔夫人的一张财产清单上记录了这间密室里都有些什么：“一个带有银饰、用于泡茶的印度火炉”（现已遗失），以及 1675 年前后制作的“一张印度茶桌”。[1]1683 年的一张清单中再次提到了“有雕刻和镀金装饰的茶桌”，配有“藤编椅面的涂漆靠背椅”，以及“一个用于盛放茶叶和甜食的漆盒”。[2] 通过将一张产自爪哇的盘坐用矮茶桌与英荷混合风格的底座相结合，公爵夫人让这张茶桌达到了适合英国人使用的高度。作为潮流的引领者，劳德代尔公爵夫人的房子就是一个缩影，展示了来自亚洲的昂贵茶家具如何装饰了一间上流社会的密室。当凯瑟琳王后探访汉姆别墅的时候，公爵夫人会提前精心准备，包括备好一个饮茶的空间。鉴于凯瑟琳素有“茶叶皇后”的美誉，我们可以想见，这里一定会让她有宾至如归的感觉。同时，在这样的私密空间里饮茶也印证了另一个事实——茶是一种珍贵而且富有异国情调的商品。

95

在密室中饮茶的风俗一直持续至 1720 年，之后，卧室中的密室不再是招待亲友的首选。新的潮流时尚是：“一系列用于待客的娱乐房间，可以在其中跳舞、玩牌、玩台球、享用点心。”[3] 大型宴会不再流行，新的潮流要求上流社会的家庭必须重新装修和布置。新的聚会方式是大家更亲密地聚在一起，当然其中也包括饮茶。整个 18 世纪，顶尖的建筑设计师和木匠都因这种生活方式的转变而接到过相关的委托。

就 18 世纪英国家具行业的发展而言，没有任何一个人的贡献能跟托马斯·奇彭代尔

1 P. Brown, *In Praise of Hot Liquors*, 76.

2 R. Emmerson, *British Teapots & Tea Drinking: 1700–1850*, 3.

3 P. Thornton, *Authentic Décor: The Domestic Interior 1620–1920*, 93.

（1718—1779）相媲美。奇彭代尔出生在约克郡，是一名木匠，后来移居伦敦。在伦敦时，他住在圣马丁街（St. Martin's Lane）的老屠夫咖啡馆（Old Slaughter's Coffee）对面，而这里正是英式洛可可艺术的发源地。奇彭代尔一生当中大部分的时间都在经营他的大生意，从家具制造到整栋房子的内饰。1754 年，奇彭代尔出版了他的著作《绅士与细木家具制造者指南》（*The Gentleman and Cabinet-Maker's Director*，1754、1755、1762）。这本书的内容涵盖了各种类型的家具设计，从洛可可、中国风到新哥特风格均有涉及，也是该行业的开山之作。该书的出版也使得奇彭代尔成为行业领军者，并获得了市场竞争的优势。奇彭代尔家具大部分采用桃花心木或者其他硬木制作，但都不是奇彭代尔本人独自完成的，而是团队合作的成果，而且现存很多被认为是仿制的。

奇彭代尔的设计风格受益于马修斯·洛克（Matthias Lock，1710—1765）和马修斯·戴利（Matthias Darly，？—1780）。洛克是一个雕刻工，能够雕刻出栩栩如生的洛可可风格和中国风的装饰物。尽管没有确凿的证据，但人们普遍认为洛克是奇彭代尔在洛可可风格上的导师。戴利则出版了一本名为《中式哥特与现代椅子设计新编》（*A New Book of Chinese Gothic and Modern Chairs*）的著作。这本书中的大量图片后来出现在了奇彭代尔的《绅士与细木家具制造者指南》以及威廉姆·因斯（William Ince，？—1804）和约翰·麦修（John Mayhew，约 1736—1811）合著的《家用家具通用体系》（*The Universal System of Household Furniture*，1762）当中。应当说，他在很大程度上影响了奇彭代尔的中国风家具设计。

在奇彭代尔的《绅士与细木家具制造者指南》中，有若干茶家具的设计图。他在该书的扉页上声明，他所追求的是："哥特风格、中国风和现代风格的，优雅并且有用的家用家具设计，包括各式各样的早餐餐桌、中式餐桌、茶叶盒、托盘……"他认为自己的设计"致力于提升时人的品位，涵盖了各个社会阶层人们的喜好和生活环境"。[1] 书中的图 CXXVIII 和图 CXXIX（即本书图 2—184 和 2—185）展示了"六款茶箱的设计，其中包括平面图，平面图下方标有比例尺。图 CXXIX 中左手边这只计划用银打造并雕花"[2]。可以说，奇彭代尔对他所处的社会有深刻的洞察。《绅士与细木家具制造者指南》出版后生产的大量家具，有许多留存至今。然而，由于奇彭代尔的作品并没有被加上特殊的标记，我们难以辨识出究竟哪些是他原创的。而且，自 18 世纪以来，他的作品被大量仿制。

还有一点必须要提及的是，奇彭代尔晚期作品也呈现出新古典主义的风格。这说明作为一名企业家，他拥有紧跟大众审美品位的技术和能力。1779 年，小托马斯 · 奇彭代尔（Thomas Chippendale Jr.，1749—1822）出版了关于新古典主义风格的《装饰草图》（*Sketches for Ornament*）一书，名声大振。18 世纪六七十年代，建筑师罗伯特 · 亚当的建筑风格风行整个英格兰，奇彭代尔也受到了他的影响。在 1765 年之后，奇彭代尔的设计也转向了新古典主义风格。在由罗伯特 · 亚当进行了精美的室内设计的哈伍德伯爵庄园（Harewood House）中，就包含若干件由奇彭代尔公司制作的茶家具。可以说，奇彭代尔

1 T. Chippendale, *The Gentleman and Cabinet-Maker Director* (London: T. Osborne, 1754), 扉页。

2 T. Chippendale, *The Gentleman and Cabinet-Maker Director*, plates CXXVII & CXXIV.

之所以能影响整个 18 世纪，得益于他适应当下社会风俗和时尚品位的能力。

从1770年到1820年这段时间开始，英国的家庭内部空间设计转向流行更加闲适的风格，被称为英式“混乱”（dérangé）。18 世纪 70 年代，一位来自法国的游客前往伦敦郊外的奥斯特利公园（Osterley Park）之后，描述了这种轻松闲适的新时尚：“桌子、沙发、椅子都故意（摆放）在壁炉周围，或者房间中间，看起来好像这家人刚刚搬走了，其实是才搬进来没几年……一栋真正时髦的房子，看起来像是一个细木工家具店，或者室内装潢品店。”[1] 这栋房子在 18 世纪六七十年代曾经被罗伯特・亚当重新装修过，会客室和沙龙当中的家具都依据空间大小，成组散落分布在房间中，而不再是靠墙摆放。人们开始追求更舒适放松一些的生活方式，饮茶也变得没那么正式了。传统的英国家庭在待客时，会将椅子在房间的中间围成一个圈，女主人通常坐在壁炉旁边。到了 1782 年，英国人开始尝试改变这种习惯，因为许多人“觉得这样并不方便聊天”。[2] 彼得・桑顿（Peter Thornton）记录了人们对 18 世纪伦敦家庭中女主人的评价：“所有心思都放在了如何不让来客们围坐成一个圈”，她会迅速地“把椅子拖来拖去，如你所希望看到的那样，让人们以一种灵活无序的状态成组坐在一起。”因为这些新的习惯，家具和房间的装饰风格完全改变了。方便移动、轻巧的家具受到欢迎，在沙发旁边，触手可及的范围内会摆放休闲桌几（occasional tables）。1800 年前后，沙发几（sofa tables）被引入英国，使得在沙发背后放置一个桌子变成了一种永久的时尚，人们可以很方便地在上面放书、茶具以及缝纫物。

1　P. Thornton, *Authentic Décor: The Domestic Interior 1620–1920*, 147–150. 作者写道，这种随意新颖的搭配方式很快就流传到了美国，但直到 1810 年以后才逐渐在美洲大陆流行起来。

2　P. Thornton, *Authentic Décor: The Domestic Interior 1620–1920*, 147–150.

乔治·赫浦怀特（George Hepplewhite，？—1786）和托马斯·谢拉顿（Thomas Sheraton，1751—1806）均就这种新的闲适风格出版过与家具设计相关的书籍。赫浦怀特最初作为兰卡斯特的吉娄公司（Gillows of Lancaster）的学徒进入家具制造行业。这家公司在18世纪到19世纪时是行业领袖，1760年前后搬迁到伦敦。很难说具体哪件家具直接出自赫浦怀特之手，但是他编写的设计书籍影响了整个行业的发展。《木匠和装潢业者指南》（*The Cabinet-Maker and Upholsterer's Guide*）一书在他去世之后，由他的遗孀艾丽斯（Alice）以A. 赫浦怀特公司（A. Hepplewhite and Co.）的名义在1788年、1789年、1794年陆续出版和再版。该书包含了300余种雅致的家具设计图，出版后常常被家具木匠作为贸易销售目录使用。前言开宗明义，指出该书的写作目的是："功能性与美观性、实用性与舒适性的结合，一直都被视为一项光荣又艰巨的任务……但可以说，我们已经尽了最大努力，编写了一本既能够帮助匠人，又能服务于绅士的作品。"[1] 赫浦怀特的风格并非原创，他的书中也收录了在他生命最后十年，英国流行的多种家具设计样式，并且试图让这些设计为普通的英国木匠们所用。茶叶盒、茶叶罐、茶盘、独脚茶桌和折叠茶桌等大量茶家具的设计图都能在《木匠和装潢业者指南》一书当中找到，还包括对使用何种木料和漆料的建议。赫浦怀特的家具造型轻巧，线条简洁优雅，结构也相当结实稳固，这使得这些家具既有较强的功能，又在视觉上富有吸引力。

谢拉顿的《木匠和装潢业者图册》（*The Cabinet-Maker and Upholsterer's Drawing*

1 Hepplewhite and Co., 3rd edition, *The Cabinet-Maker and Upholsterers Guide*, 前言。

Book，1791—1794 年被分为几部分依次出版）产生了和赫浦怀特的作品同样的影响，只不过出版时作者仍然在世。谢拉顿出生于蒂斯河畔的斯托克顿（Stockton-on-Tees），1790 年移居伦敦。他自己虽然并不是木匠，但希望通过在书中展示亚当式（Adamesque）的新古典主义风格，指导行业内工匠们的实践。书中的设计都较偏女性化，恰好契合当时人们的饮茶观念，即饮茶通常是由家中女主人负责组织的活动。谢拉顿的《家具指南》（*Cabinet Dictionary*）出版于 1803 年，书中的设计迎合了摄政时期的风格，融入了狮爪足、狮形单足、狮身人面像和山羊等古典元素。

可以说，18 世纪的英国家具设计具有国际影响力。这一点在欧洲大陆和美国的人物画像和室内绘画作品中就有明确体现。英国的家具匠人使用红木等硬木制作出与饮茶活动相契合的精致家具，形成了自己的风格，广受到好评，并被同行们模仿。1786 年，魏玛（Weimar）的《奢侈品与时尚杂志》（*Journal de Luxus and der Moden*）上刊载了这样一段话："英国家具基本上无一例外地都很牢固实用，法国家具就较为矫饰做作、华而不实……无疑，英国家具会在未来较长的一段时间内引领潮流。"[1]

18 世纪末，房间内部的布局已经基本固定下来。之后的 19 世纪，家具风格之多变令人眼花缭乱。摄政时期的家具体量更大，风格偏阳刚，代表人物是托马斯·霍普（Thomas Hope，1769—1831）和乔治·史密斯（George Smith，约 1786—1826），他们的设计灵感来源于古代家具。霍普在他 1807 年出版的著作《家用家具与装潢》（*Household Furniture*

1 P. Thornton, *Authentic Décor: The Domestic Interior 1620–1920*, 140.

and Decoration）中记载了他在欧洲的旅行经历。史密斯也在他 1808 年出版的著作《家用家具设计与室内装潢》（*Designs for Household Furniture and Interior Decoration*）中表达了想把家具做得更舒适宜人的追求。[1]摄政风格过后是新哥特风格，代表人物是A. W. N. 皮金（A. W. N. Pugin，1812—1852）。他出版了两本有影响力的著作，分别是 1835 年的《15 世纪风格的哥特家具》（*Gothic Furniture in the Style of the 15 Century*）和 1841 年的《尖顶式建筑或基督教建筑的真正法则》（*The True Principles of Pointed or Christian Architecture*）。还有一位查尔斯·伊斯特雷克（Charles Eastlake），代表作是 1868 年出版的《论家具、室内装潢的审美和细节》（*Hints on Household Taste in Furniture, Upholstery and the Details*）。这本书出过七版，影响很大，书中批评维多利亚时代的沙发"既不舒服，又不美观"。

18 世纪的茶家具做工精细，这使得饮茶这项活动更加令人愉悦。维多利亚时代丰富多元的室内风格有助于催生出更加精致的饮茶方式，至此，饮茶发展成了各个社会阶层共同的传统。19 世纪，家里的女主人会根据茶具的风格来选择一张茶桌，使花样繁多的陶瓷茶具和银茶具、精美桌布与茶家具和谐地搭配在一起。

1　Smith 还出版了 *A Collection of Ornamental Designs after the Antique* (1812) 和 *The Cabinet-maker's and Upholsterer's Guide* (1826)。

19 世纪的室内景观

1815 年至 1840 年间，开始流行定制描绘家中各个房间的家庭室内素描或水彩画。描绘她们在家庭中的工作环境也成了一种女士们喜爱的闲暇之余的消遣活动，比如陈设着茶具的起居室，或者备有食物的餐厅。这些女性一般有一些美术技能，比如水彩画、十字绣、刺绣、装饰画等。彼得 · 桑顿（Peter Thornton）的重要著作《真正的装饰：1620—1920 年间的家庭室内空间》（*Authentic Décor: The Domestic Interior 1620–1920*）中，收录了大量佚名女性艺术家创作的描绘家庭室内场景的水彩画。这些水彩画给历史学家提供了丰富的资料，让后人了解到，当时的人们如何摆放茶桌，周围环境又是什么样的。画中的房间布置会有变化，早餐室专门用来吃早餐。休闲桌有时会靠墙放置，喝下午茶时需要拉出来，布置好，椅子也要移到桌子四周。对于上流社会的女性，家中有以茶为题材的画，暗示着她品位高雅，生活闲适。

中国风与中国外销家具

英国饮茶之风初起时，人们向往用进口自中国的装饰艺术品，或者英国本土仿制的中国

图 2—126　一个中国出口的早期茶具托盘，表面涂漆，竹雕边栏，生产于 17 世纪晚期。托盘下上漆的雕花支架源自英国，和桌子并不是同一时期制作的。图片由霍茨波有限公司（Hotspur Ltd.）提供。

图 2—127

图 2—127 乔治三世时期奇彭代尔风格的茶桌，桌面轮廓弯曲，边栏是一圈中式镂空纹样，桌腿是中国风雕花装饰的竹节形。制作于1765年前后，高29.6英寸，长29.75英寸，宽21.75英寸。图片由罗纳德·飞利浦有限公司（Ronald Phillips Limited）提供。

图 2—128、图 2—129 中国出口的半圆形三折紫檀茶桌和牌桌，高27.75英寸，直径31.25英寸，生产于18世纪后半叶。通过连锁的卷轴设计，桌面展开后会得到一张朴素的矮茶桌，铺上台面呢后也可作牌桌用，桌面上分布着四个两两相对的凹槽。图片由尼古拉斯·格林德利（Nicholas Grindley）提供。

图 2—130、图 2—131 中国出口的半圆形三折紫檀茶桌和圆形牌桌，高30.5英寸，直径33.5英寸，生产于18世纪后半叶。桌面展开后会得到一张朴素的矮茶桌，铺上台面呢后也可作牌桌用。牙板雕花，内置连锁卷轴设计。围绕活动桌面的宽牙板向下延伸出底足有龙面雕花的锥形桌腿。图片由尼古拉斯·格林德利提供。

图 2—128

图 2—129

风艺术品，来布置饮茶的环境，以契合茶这种东方饮品中蕴藏的异国情调。中国风意味着运用恰当的材料和色彩搭配方案，融合漆器、多彩的丝绸、精致的墙纸以及青花瓷。关于这一话题，下面将分成三个部分详细讨论。需要注意的是，英国生产的中国风产品不一定都遵照中国原有的标准或者惯例。中国风被认为是一种西方式的诠释，是将奇幻的视觉效果与晚期洛可可风格混合后的产物。

从 17 世纪晚期到 18 世纪 20 年代，漆器家具非常流行，受到有能力负担奢侈品的上流社会追捧。源自亚洲的漆工艺被认为出现于公元前 4 世纪。在欧洲，带有雕刻工艺和颜色艳丽的装饰的科罗曼德漆器（Coromandel lacquer ware，即乌木漆器）更是昂贵且受欢迎。这类漆器生产于 17 世纪的中国，以东印度公司在印度洋沿岸开辟的贸易点的名称命名。它们主要针对外销市场，对西方装饰艺术产生了深刻的影响。

97

当科罗曼德漆器被东印度公司运送至英国后，英国人在对其进行仿造的过程中开始进行自己的诠释，称作“涂漆”（Japanning）。由于英国当地不生长漆树，没有制造真正的漆器需要使用的树脂（Rhu vernicifera），所以英国不可能生产真正的漆器。约翰·斯托克（John Stalker）和乔治·派克（George Parker）1688 年出版的著作《论涂漆》（*A Treatise on Japanning and Varnishing*）一书介绍了英国人为了满足国内对中国式漆器的需求而采用的替代工艺——涂漆。这项技术在英国流行开来，被用于制造安妮女王风格和乔治早期风格的长箱钟、桌子、椅子和柜子。漆这种具有异国情调的材质通常用来制作以花卉纹、鸟纹、风景

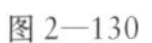
图 2—130

图 2—131

和中国图景作为装饰的传统形式的物品。

1876 年，有人介绍了漆器的制作方式，描述了这个使用了几个世纪的“秘方”：

> 制造漆器大多会用轻木。做好前期计划之后，在木头表面覆盖一层夏麻布，一层构皮纸，以及一层猪或水牛的胆汁和磨碎的赤砂岩的混合物作为底漆……然后把半成品放在避光的房间，用刷子上漆，放置晾干。涂漆的层数视漆器的精细程度而定，一般从3层到15层不等。最后一层漆晾干后，给家具上色、镀金。漆料产自四川和江西……几乎所有的漆器都生产于广东，但福州产的部分漆器却在外观、色彩和精细程度上远超广东。福州的漆器制造商，据说是一个来自日本的家族，他们把自己制造漆器的独特工艺从日本带来，一直秘不外传。[1]

茶盘、茶叶盒等茶家具均可从中国进口，茶桌却因体量庞大而不适于外销。尽管如此，英国的富人们为了能够以这种富有东方情调的方式喝茶而愿意一掷千金。考虑到行业的长远发展和这些商品目前的进口程度，1698 年联合者公司（Joiners' Company）向议会请愿，要求政府出台相应政策控制此类货品在远东地区的进口贸易，请愿书中写道：“这 4 年中，有 6582 张茶桌进口到英国。”1700 年 7 月从中国广东启程回国的马克勒斯菲尔德号（Macclesfield）运载了“镶嵌着珍珠贝的茶桌——300 套 6 张成套的叠放台桌”[2]。前文提

1 C. Crossman, *The Decorative Arts of the China Trade*, 263.

2 C. Clunas, “Design and Cultural Frontiers: English Shapes and Chinese Furniture Workshops 1700–1790”. *Apollo*, October 1987 (CXXVI), 261.

到的劳德代尔公爵夫人密室中的茶桌也来自远东，并且很有可能属于最早进口到英国的一批。到了 18 世纪 30 年代，漆器渐渐不再受到青睐。但 20 年之后，也就是 18 世纪中期，由于洛可可式中国风的盛行，漆器潮流曾短暂回归。

为出口而设计制作的漆器，质量通常次于销往中国国内市场的产品。一位旅居中国的法国传教士发现："一件高质量的漆器，必须从容地制作，即便是花上一整个夏天的时间，也未必足够完成一件上乘之作。但是中国人很少会提前开始准备，他们通常会等到船靠岸，再根据欧洲商人的要求制作。"[1] 这段话阐明了中国出口漆器的生产过程，也反映出了当时中国匠人热切地希望取悦他们的英国商业伙伴。不过，当然也有人在船靠岸之前就做好成品，等待出售。

中国风格的漆器在海外市场上大受欢迎，精明的中国商人也乐于迎合西方人的审美，模仿那些西方著名家具设计师的设计。毫不意外，这种情况也同时出现在瓷器和银器产业。在 1740 年到 1870 年之间，中国匠人们制造了大量迎合西方审美、种类丰富的家具，最典型的是那些谢拉顿和赫浦怀特风格的作品。这些家具制作完成后被运往英国。[2] 而根据记录，在此之前，很少有家具出口至英国。这些家具虽然形式上看起来跟英国本土生产的家具类似，但是仔细观察一下就会发现其中的差别，比如使用的木材品种、材料的薄厚程度、连接方式以及构造方法都截然不同。中国的家具上不会有签名，强调具具体出自哪一位匠人之手或者哪家作坊，但是通常能在上面找到用于说明其产地的墨印或者记号。关于中国匠人如何仿制

1 C. Clunas, "Design and Cultural Frontiers", 261.

2 C. Crossman, *The China Trade* (Princeton: The Pyne Press, 1972), 143–166.

英国的家具，学界至今尚有争论。有人认为是英国人将英式家具的模型或者样品带到了中国，以便中国匠人模仿。中国仿制的家具通常没有什么表面装饰，但外观结构非常多样化，而且根据其模仿的英式家具原型确定了常规的比例。[1]

同样地，英国的家具设计师们也意识到了这一市场机会，而且他们乐意将中式家具的设计语汇融入自己的设计中。例如，中式奇彭代尔风格就包括方形柜体加上中式宝塔顶的橱柜和回纹装饰的茶桌。这些设计的灵感都来源于中国外销的屏风和墙纸中的主题和元素。这类设计也被收录进了奇彭代尔 1754 年出版的《绅士与细木家具制造者指南》一书。奇彭代尔为英国拜明顿庄园（Badminton House）设计的中式卧室反映出了这位著名设计师对于东方（Orient）的理解，该卧室设计现展出于维多利亚与阿尔伯特博物馆。奇彭代尔闻名于世的另外一个原因是将精美的中国内画艺术运用到了他的家具设计中。该设计之后甚至发展成为一种固定的模式，用于橱柜和壁炉的制作。

大约在同一时期，还有其他几位设计师出版了关于中国风的书籍，比如爱德华兹（Edwards）和戴利（Darly）的《致力于提升当代品位的中国设计新书》（*New Book of Chinese Designs Calculated to Improve the Present Taste*），以及威廉·钱伯斯爵士（Sir William Chambers，1723—1796）的《中国建筑、家具和服饰等设计》（*Designs of Chinese Buildings, Furniture, Dresses, etc.*，1751）。钱伯斯也是最早将竹子这种传统上只在东方使用的材料引入其创作的西方设计师之一。在唐代伟大的茶艺大师陆羽的笔下，竹子作为制作

1 C. Clunas, "Design and Cultural Frontiers", 260.

24 件套茶具的材料选择之一，具有重大的历史意义。

围坐茶桌

英国和荷兰的茶桌设计都要求能够放下整套茶具。在茶桌的位置被固定在会客室的中央之前，所有的家具都是靠墙放，因此在开始饮茶之前，人们需要先把茶桌移到房子中央，然后再把靠墙放的椅子一一围着茶桌摆好。虽然人们基本上是到了 17 世纪末才开始使用真正的茶桌，但是家具制造行业迅速意识到了饮茶这一行为背后所隐藏的商机。从 1682 年开始，东印度公司开始从东方的贸易地进口木材，供英国本土家具制造行业使用。

正如前文中所提到的劳德代尔公爵夫人所使用的那张来自爪哇岛的茶桌，英式茶桌的故事开始于从海外进口的漆器被用于放置茶具。然而，各种各样的桌子都会被用来充当茶桌。英式茶桌最早的形式其实是将一个银色托盘放置在特制的木头架子上或三脚桌上。这种茶桌通常为三足或者四足，被底座托起的银盘桌面常常会被误以为是茶盘。

查理二世复辟后，英国的银器制造行业再度复兴。这场复兴恰好与贵族阶层饮茶之风的盛行处于同一时期，贵族精英们下了大量订单，推动了这一奢侈品行业的发展。英国王室聘请一流的金匠服务于宫廷，将他们制作的银器作为宫廷礼物，这不仅提升了银器作为一种奢

图 2—132　乔治三世奇彭代尔时期的三脚桌，高 27 英寸，制作于 1760 年前后。图片由诺曼·亚当斯有限公司（Norman Adams Ltd.）提供

图 2—133　乔治三世时期有四个卷足的圆形银托盘，塞巴斯蒂安（Sebastian）和詹姆斯·克雷斯佩尔（James Crespel）制作于 1770—1771 年。银托盘中间刻有普伦基特和伍拉斯科特（Plunkett with Woolascot ）的纹章。银托盘被放置在一个奇彭代尔风格的现代红木三脚桌上。整体高 29 英寸，圆盘直径 24 英寸。图片由帕特里奇美术公司提供。

图 2—134　乔治三世时期的圆形银托盘，四周有贝壳造型的卷边装饰和四个卷足，托盘中间刻有纹章。支撑银盘的四个桌脚间有十字形结构连接。图片由霍茨波有限公司提供。

图2—135　乔治三世时期的茶桌，尺寸37英寸×24英寸×29英寸，约1765年。桌面呈长方形，镂空边栏，雕刻纹样是同心圆和椭圆组成的重复图形。边栏下方是一条带状装饰，雕刻纹样为连锁的椭圆形。四条桌腿为弯曲的曲线造型，上面有植物涡卷纹浮雕和卷耳装饰。桌脚为卷足造型，上面也雕刻有叶片形的装饰，还装有脚轮。图片由帕特里奇美术公司提供。

图 2—136

图 2—137

图 2—136 茶桌、托盘或边栏上的雕花设计，作者约翰 · 柯璐登（John Crunden），收录在他的著作《乔伊纳和家具工匠的最爱》（*Joyner and Cabinet-Maker's Darling* ,1765）一书中。

图 2—137 乔治三世时期的茶桌，有镂空的黄铜边栏，制作于 1765 年左右。这种茶桌传统上是用来放银茶具的，可以保护瓷器不摔到地上。图片由霍茨波有限公司提供。

侈品的价值，而且还让它成为一种炙手可热的艺术品。这一时期还出现了不少新的茶具形式。17 世纪晚期，托盘被制造出来，搭配茶壶和水壶使用。早期托盘的形状追随着当时的时尚潮流，为小巧的圆形或者是长方形，独脚，朴素大方。而到了洛可可风格流行的时期，这种托盘的边缘被加上了繁复的装饰，形状也变得更为多样。例如，18 世纪 30 年代三角形托盘曾经一度站在潮流的风口浪尖。也是从这个阶段开始，出现了三足或者更多底足的托盘，并且托盘的中间通常装饰有一个纹章图案。用来安置托盘的木头架子有时也会被装上轮子以便移动，而托盘则通过一个精巧的凹槽设计固定在架子上。不过到了今天，包括托盘、架子、茶壶和烧水壶的整套茶具已经非常少见了。

102

真正意义上的英式传统茶桌到了 18 世纪才被设计出来。使用一个可移动的托盘（茶盘）作为茶桌桌面的想法很有可能源于对中国漆盘的使用，这种形制最终发展成为一种独立且完整的家具，即茶桌。奇彭代尔 1754 年出版的《绅士与细木家具制造者指南》中写道：在图 CXXX 上有“四种茶盘设计方式，每一种都有恰当的几何纹样装饰”。这些茶盘的作用是防止茶渣落到茶桌上。赫浦怀特 1788 年出版的《家具商指南》（*Upholsterer's Guide*）中的第 11 号和 59 号图样展示出：“茶盘上的装饰图案五花八门，几乎任何装饰手法都可以被使用。本书从各种各样有嵌饰的桌面中选择了几件恰到好处的设计进行介绍。其中的四款设计展示了内图轮廓线。茶盘可以镶嵌多种颜色的木材，也可以涂色或上清漆。这些装饰手法可以充分体现出审美品位和喜好。”这些茶盘一般会安装在定制的支架上，或直接放在桌面上。

图 2—138　乔治二世时期的红木三脚桌，约 1755 年。圆形桌面，可折叠。桌面下方的支柱上有一道道凹槽，下端接一个刻有植物枝叶纹的球形装饰。三条桌腿弯曲，底足是抓球的爪子造型。图片由马莱特父子（文物）有限公司提供。

图 2—139　乔治二世时期的 10 瓣 3 足红木折叠茶桌，镶嵌有黄铜和珍珠贝，制作于 1737—1738 年，作者很可能是弗莱德里克·欣茨（Frederick Hintz）。10 个巧妙的扇形凹槽设计不仅保护了茶杯不会摔碎，还给茶杯和中间的茶壶等其他茶具提供了固定的位置。桌子上的洛可可风格软质瓷茶具，底色深红，有镀金装饰，生产于切尔西，年代大约在 1759—1769 年之间。银茶匙由托马斯·杰克逊一世（Thomas Jackson I）制作，落款是 1729 年。方糖夹子也是典型的洛可可风格，夹子末端呈贝壳状，夹柄是卷曲的造型。图片由维多利亚与阿尔伯特图片库提供。

图 2—141

图 2—140

图 2—140　乔治三世时期的红木三脚桌，桌面形状类似英国的馅饼皮，四周翘起，高 27 英寸，直径 22.5 英寸，制作于 1760 年前后。图片由马莱特父子（文物）有限公司提供。

图 2—141、图 2—142　乔治二世时期的红木三脚桌，约 1755 年。桌面可以旋转折叠，边缘是纺锤形小柱栏，栏杆顶上是一个圆圈造型，像鸟笼一样。桌面下的支柱上有一道道凹槽，下端接一个刻有植物枝叶纹的球形装饰。三个桌腿弯曲，雕有叶片形装饰纹样，底足是抓球的爪子造型。图片由帕特里奇美术公司提供。

图 2—142

18 世纪是饮茶最流行的时期，这也体现在当时的各种茶桌设计上。单个的茶桌一般是矩形的，四条腿，算是当时的家具中相当精美的了。奇彭代尔在《绅士与细木家具制造者指南》中提到了“中国桌子”（China-table）：桌面四周有木质或黄铜的边栏，边栏有的有镂空雕花装饰，有的则没有；桌子上的浮雕设计还用到了 7 块花板。他写道：“这些桌子每个都可以放置一整套瓷器，可能被用作茶桌。”[1] 此类茶桌的设计有很多细节变化，如倾斜的桌角、弯曲的桌腿，以及 18 世纪中期流行的哥特式或中国风的精致花纹。另外，还有几位工匠也在他们的图案集中收录了风格鲜明的镂空雕花纹样。约翰·柯璐登（John Crunden）在 1765 年出版的《乔伊纳和家具工匠的最爱》（*Joyner and Cabinet-Maker's Darling*）中收录了“茶台的装饰纹样”和“托盘的装饰纹样”。现在普遍认为，茶桌的边栏设计是为了防止昂贵的茶器掉到地上。

104

独脚茶桌或称三脚茶桌，当时也非常流行，其名称源自此类桌子只有一个柱子支撑桌面，然后向下分出三条桌腿着地。三条腿的茶桌十分稳固，即使在不够平坦的地面上也能够负担茶具的重量而不晃动，使茶水不会洒出去。这种桌子有圆形、方形等很多不同形状，平整的桌面是类似英国馅饼皮的四周上翘的造型，或者带有边栏。此类桌面通常可以折叠，以便整洁地收纳在房间一角。这种轻便、可移动的休闲桌可以用于包括卧室和客厅在内的各种饮茶场合。

早期安妮王后风格的三脚桌，线条和形式比较简洁。桌面可翻折的三脚桌和折叠桌一同

1 T. Chippendale, *The Gentleman and Cabinet-Maker Director*, plate XXXIV.

图 2—143 乔治三世时期，奇彭代尔时代的红木雕花三脚桌，桌面为正方形，高 29 英寸，桌面边长 34 英寸，制作于 1760 年。图片由诺曼·亚当斯有限公司提供。

图 2—144

图 2—144、图 2—145　摄政时期的紫檀木三脚桌，表面镶嵌黄铜，高 31.5 英寸，桌面长 13.5 英寸，宽 12.5 英寸，制作于 1801 年前后。图片由诺曼 · 亚当斯有限公司提供。

图 2—145

图 2—146

图 2—147

图 2—148

图 2—149

图 2—146、图 2—147　一张非常少见的装饰有哥特风花纹的三脚茶桌，桌面下有一个定制的隐藏凹槽，正好可以放下图中的银茶叶罐。图片由霍茨波有限公司提供。

图 2—148、图 2—149　谢拉顿风格的椭圆形小早餐桌，约 1790 年。这张桌子由颜色深浅变化微妙的红木制成，整体比例优雅。桌面使用了椴木和紫檀木饰板，外沿镶嵌着黄杨木和黑檀木的木线。桌面下圆形支柱的上端有可折叠装置，下端延伸出四条弯曲的桌腿。桌腿末端是黄铜包裹的底足，并装有脚轮。图片由马莱特父子（文物）有限公司提供。

出现于1730年左右。折叠三脚茶桌的桌面可翻折至与地面完全垂直，而折叠桌的桌面会被分为两半，一半折叠至垂直，另一半保持水平时，仍可使用。这两种桌子都方便收纳，往往被用作饮茶或其他活动的临时桌子。有些桌面上有圆形的分区，可以单独放置茶杯、茶碟，这种桌子是喝茶专用的。三脚桌在18世纪后半叶非常普遍，大多用红木制成，装饰有顶级工匠设计的洛可可或新古典风格花纹。19世纪，维多利亚时代的三脚桌沿袭了18世纪的设计，依然供饮茶时使用，但是普遍更笨重了，不如18世纪的轻巧、雅致。

106 由一个底座支撑着一个茶箱或茶盒构成的三脚茶桌给了家具工匠发挥创造力的空间。这种茶桌装饰性很强，虽然不算是重要的茶具，却给与茶相关的设计领域添加了另一抹亮色。这种三脚桌有时候是为了放置一个茶盒而专门定制的，如图2—144和图2—145那样装饰哥特风花纹。这样的定制茶桌反映了当时茶的贵重。在饮茶活动中，它甚至会被摆在尊贵的方位上。

107 1685年前后，茶成为“新式”早餐的主要组成部分和关键元素。在这之后的几百年间，早餐桌被作为茶家具使用就显得合情合理了。当早餐成为人们日常生活的重要组成部分时，早餐桌就和正餐桌区分开来了。比起晚餐桌，早餐桌虽然不那么正式，但还是给早餐茶提供了一个固定的空间。早期乔治王时代使用专为吃早餐而设计的小红木桌子。18世纪晚期，随着早餐的发展，一套房子里会重新规划出一个早餐厅，更大的桌子被设计出来放在这些早餐厅里。18世纪70年代，早餐派对流行起来，这自然成了主人展示

图2—150　可折叠的八角花式桃花心木早餐桌，约1795年。桌面有一圈较宽的椴木饰板，外沿是一圈黄檀木装饰带。桌面由一根圆柱支撑，底端延伸出四条腿，向下朝四个方向展开，末端用黄铜包住，底足装有黄铜的脚轮。图片由罗纳德·飞利浦有限公司提供。

图 2—151、图 2—152　19 世纪初摄政时期的紫檀木可翻转圆形早餐桌，吉娄公司于 1810 年前后生产。桌面的侧边有黄铜的五角星装饰，四条弯曲的桌腿都是四方棱柱，镶有黄铜条。桌面下方有一个小的圆形平台连接四条桌腿。桌腿末端用黄铜包住，底足装有黄铜的脚轮。图片由罗纳德·飞利浦有限公司提供。

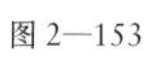

图 2—153

图 2—154

图 2—153　一张很少见的彭布罗克茶桌，桌面正方形，桌面下的抽屉正好可以装下三个茶叶罐。图片由霍茨波有限公司提供。

图 2—154　乔治三世时期的椭圆形彭布罗克花式桃花心木小茶桌，桌面边缘有花纹，中间有浮雕装饰，制作于 1790 年前后。图片由诺曼·亚当斯有限公司提供。

自家精美茶具的场合。

108　奇彭代尔的《绅士与细木家具制造者指南》中也提到了早餐桌："两个早餐桌，一个桌面有延伸出的边栏，桌脚倾斜有凹槽。另一个桌面下有布满重复几何纹饰的搁架，搁架前面的部分被切掉了一些，以便给膝盖让出位置，还安装了两个可以打开的折叠门。桌子的尺寸由设计决定。"[1] 搁架的设计大概是为了便于存放早餐餐具。奇彭代尔提到的这两个桌子都是正方形的，但在摄政时代，更流行较大的圆形早餐桌。这些桌子呈现出各种不同的形制，三足支撑的三角形底座、车削的桌柱以及狮爪或双涡卷形的底足，它们是装潢精致的客厅的整体设计的一部分。[2] 在这里，它们被用来喝下午茶，或者举办其他茶会。下午茶和早茶都是比较休闲的场合，圆形桌子比起餐厅那种正式的长方形桌子，会让人感觉更加舒适，有助于为客人营造一种轻松的谈话气氛。

109　彭布罗克桌得名于彭布罗克伯爵（Earl of Pembroke），是一种较通用的喝早茶的桌子。可翻折的桌面使它可以整洁地靠墙收纳，需要时再拖出，这一功能特性也使它很快就融入了饮茶空间。使得每块桌板都可以向下翻折的，不是可活动的桌腿，也不是风琴褶式的结构，而是一种铰链式的轻巧支架。这一结构让所有尺寸的彭布罗克桌都十分方便使用，尤其适合喝茶。精心准备的茶饮在任何比彭布罗克桌尺寸更大的桌上享用，其魅力都会有所减损。此类桌子通常是椭圆形的，有时也会做成长方形或圆形。

现存的少量彭布罗克桌展示了这种茶桌是如何调整设计来满足储存茶叶的功能的：它结

1　T. Chippendale, *The Gentleman and Cabinet-Maker Director*, plate XXXII.

2　H. Hayward, ed., *World Furniture* (London: Paul Hamlyn, 1965), 205.

合了茶箱和茶桌。桌面下方一般有抽屉，抽屉会被定制成茶箱或茶盒的形式，用来储存茶叶和其他用具。这一设计将茶桌与茶叶储藏的功能结合在了一起，极其方便而有创意。而且毫无疑问，女主人会很乐意炫耀她的工匠的精巧手艺，让桌子变成茶会上的话题。

赫浦怀特的《木匠和装潢业者指南》一书中，也展示了多种彭布罗克桌："它是这类家具中最实用的了，形状多样，最流行的是长方形和椭圆形的。这些桌子在工艺和装饰上都相当精致。其中图 63 的设计适合镶嵌、上色漆或者涂清漆。"[1] 另外，谢拉顿的《绘图书》（*Drawing Book*）也提到了这种桌子："它适合绅士和淑女吃早饭用，设计简洁优雅，往往用椴木制成，桌面边缘会有华丽的漆绘边饰，抽屉的前面板也会加上装饰。"[2] 赫浦怀特强调这种桌子设计巧妙而时尚，而谢拉顿重点叙述了它作为早餐桌的用途。总之，彭布罗克桌是一种实用的家具，可以满足家庭中的多种需求，包括用于各种饮茶场合。

19 世纪和 20 世纪，随着时代的变迁，茶和茶家具也在发生改变。维多利亚早期流行的装饰手法在已有的基础上演变而来，并且配有精致的亚麻桌布。大规模生产带来的成本降低，使得英国的中产阶级家庭也能买得起奇彭代尔、谢拉顿和赫浦怀特风格的家具了，价格只有手工家具的几分之一。同时，随着茶壶增大，家具——比如茶桌的尺寸也增大了。茶从印度大量进口后，价格也更低。人们每天的早餐、午餐、下午、晚上都会喝茶，每个时段使用不同的茶具，因此各类茶具的花样也增多了。茶桌的档次当然也要配得上中产阶级的财富。临时的饮茶，或者正式的高茶和下午茶，分别要用不同的桌子。在高度繁荣的维多利亚时代，

110

1 Hepplewhite and Co., 3rd edition, *The Cabinet-Maker and Upholsterer's Guide*, plates 12 & 62.

2 T. Sheraton, *The Cabinet-Maker and Upholsterer's Drawing-Book* (London: T. Bensley, 1802), 412–414. 谢拉顿的彭布罗克桌收录于其著作的图 LIV 中。

家具产业紧跟潮流，生产出了适合在不同喝茶场景下使用的各种样式的茶桌。

但是，有一些生活在维多利亚时代的人厌倦过度装饰的风格。于是，工艺美术运动应运而生，旨在改变这股风气，给不同的人以更多选择。设计师们通过深度研究历史，从中获得灵感，创造出线条简洁的新式家具。建筑师、设计师亚瑟・海格特・麦克莫多（Arthur Heygate Mackmurdo，1851—1942）就是个中翘楚。他是威廉・莫里斯的朋友，也是“世纪行会”（Century Guild）[1] 的创始人。他的茶桌再现了 18 世纪的传统设计，以及那个时代绝妙的均衡感；同时，他还在设计中加入了 19 世纪简洁、具现代感的线条。麦克莫多给后来的新艺术运动打下了基础，他的目标是“把所有门类的艺术从商人那里归还到艺术家手中，重振建筑、装饰、玻璃绘画和雕塑领域”。这一设计理念影响深远，在包括肯德尔的亚瑟・W. 辛普森（Arthur W. Simpson of Kendal）在内的，麦克莫多之后的其他一些设计师的作品中也有所体现。辛普森设计的胡桃木茶瓮支架（图 2—163）体现了他在继承传统的同时，兼顾面向未来的视觉创新。

上文提到的建筑师查尔斯・伦尼・麦金托什与麦克莫多一样富有创新精神。他是苏格兰地区新艺术运动的代表人物。他的作品曾经在维也纳分离派（Vienna Succession）[2] 的展览中展出，在欧洲有很大的影响力。他最深入人心的作品是格拉斯哥艺术学院的建筑和克兰斯顿小姐的茶室。麦金托什会在他的室内设计作品中让家具风格与建筑风格保持一致。海伦娜・海伍德（Helena Hayward）把他设计的“白色房间”（white rooms，约 1900—

1 译者注：世纪行会成立于 1882 年，是工艺美术运动中成立的行业组织之一，集合了一批设计师、装饰匠人和雕塑家，目的是打破艺术与手工艺之间的界限。

2 译者注：维也纳分离派是欧洲新艺术运动在奥地利的分支，活跃于 19 世纪末 20 世纪初。

图 2—155 亚瑟・海格特・麦克莫多（为世纪行会）设计的一套沙龙家具，包括两把椅子和一张茶桌，约 1886 年。茶桌的比例和形状表明它是 18 世纪类似茶桌的简化版。图片由伦敦美术协会提供。

1902）描述为：罕见的将成熟与新鲜的感觉融为一体；但她同时也认为，麦金托什的作品会令人感到有些紧张和不适。[1] 现在，在格拉斯哥大学的艺术收藏（University of Glasgow Art Collections）中，麦金托什设计的白色涂漆木质扶手椅、梳妆台，以及四条腿上有椭圆形镂空装饰的茶桌，向人们展现了主导装饰艺术之前的一段时期，并贯穿整个 20 世纪的线条简洁、极简优雅的审美。

茶瓮、烧水壶和三脚茶桌

银制的烧水茶壶最早出现在 17 世纪末，用来为空茶壶补充水——当时的茶壶实在太小了。可以往茶壶注入新水，重复冲泡茶叶，但过一段时间后味道会变淡，因此保持水的温度很重要。烧水壶通常会被放在茶桌附近灯光下的支架上，银可以吸收灯光的热量，保持茶水的温度。烧水茶壶比较重，因此承载它的底座支架也被设计得很稳固，有时候三个底足甚至都延伸得超出台面的边缘了。烧水壶支架的高度也要恰到好处，以便女主人不用把手伸得太远就能拿到茶壶。还有一些茶桌的高度是可调整的，能够适应不同女主人的身高。这种支架通常是柱形底座的形式，台面类似当时的银托盘。台面的样式也很多样，通常是圆形，四周翘起类似英式馅饼皮，但也有少数是三角形或正方形的，以衬托烧水茶壶的设计。18 世纪

1 H. Hayward, ed., *World Furniture*, 229.

图 2—156

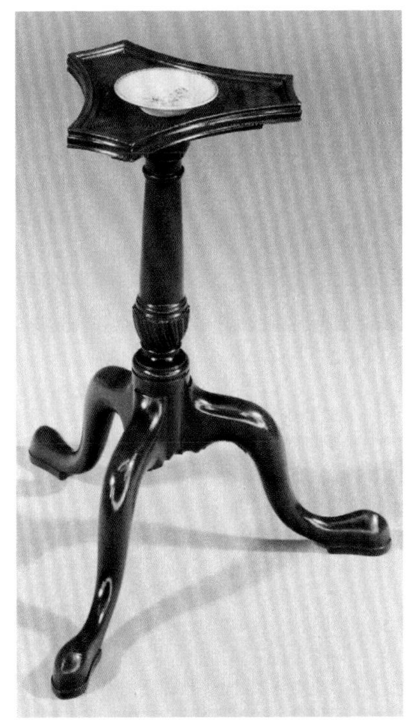

图 2—158

图 2—157

图 2—156　乔治二世时期的碟状台面的红木烧水壶支架，高 22 英寸，直径 8.75 英寸，约 1740 年。图片由诺曼 · 亚当斯有限公司提供。

图 2—157　乔治三世时期奇彭代尔风格的红木烧水壶支架，圆形碟状台面，边缘雕刻有花纹，台面下是车削的立柱，三条桌腿弯曲，底足设计简洁，高 23.5 英寸，制作于 1770 年前后。图片由罗纳德 · 飞利普有限公司提供。

图 2—158　乔治二世时期的红木三足烧水壶支架，三角形台面，三个边和三个角都向内凹，高 20.5 英寸，台面宽 9 英寸，制作于 1750 年前后。图片由诺曼 · 亚当斯有限公司提供。

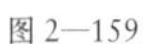

图 2—159

图 2—160

图 2—159　乔治三世时期的三角形台面红木烧水茶壶支架，台面下有一根立柱支撑，三条桌腿弯曲，底足简洁，制作于 1775 年前后。该设计的独特之处在于，它是为了放置有三足底座的烧水壶而专门设计的。图片由霍茨波有限公司提供。

图 2—160　一只乔治三世时期新古典主义风格的茶瓮，高 22.5 英寸，宽 10 英寸，由安德鲁 · 佛格伯和斯蒂芬 · 吉尔伯特（Andrew Fogelberg & Stephen Gilbert）1784 年在伦敦制作。这对搭档制作了新古典主义风格时期最精致的一批银器，并且引进了用塔斯马尼亚（Tassie）铸模制成银质圆形浮雕装饰金属板材的做法。图片由伦敦稀有艺术有限公司提供。

图 2—161

图 2—163

图 2—162

图 2—161　奇彭代尔时期的红木茶瓮支架。台面外缘有镂空雕花边栏，高 24 英寸，台面边长 13.5 英寸，制作于 1769 年前后。图片由诺曼 · 亚当斯有限公司提供。

图 2—162　这是一张稀有的乔治三世时期奇彭代尔风格的红木三足雕花茶瓮支架，属于过渡时期的风格，台面是茶瓮支架的样式，但台面下的立柱和底足却是典型的烧水壶支架样式，高 21.25 英寸，宽 8.25 英寸，制作于 1755 年前后。图片由诺曼 · 亚当斯有限公司提供。

图 2—163　胡桃木茶瓮支架，高 26.5 英寸，台面边长 12 英寸，亚瑟 · W. 辛普森为肯德尔的辛普森公司（Simpson of Kendal）设计，制作于 1920 年前后。台面下隐藏着一个可以抽出的托板，托板上可以放茶杯，突出了设计的功能性。图片由约翰 · 亚历山大有限公司（John Alexander Ltd.）提供。

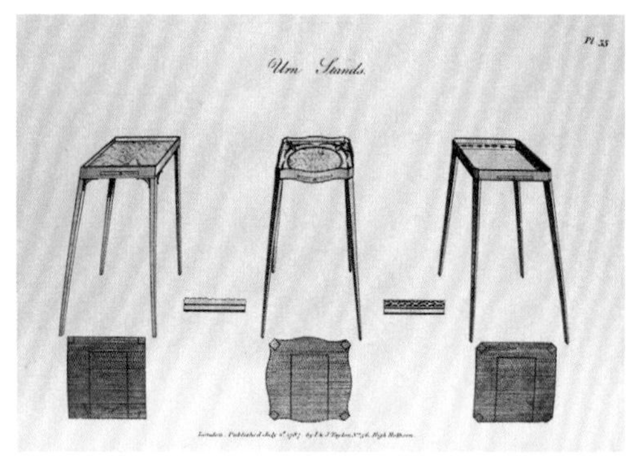

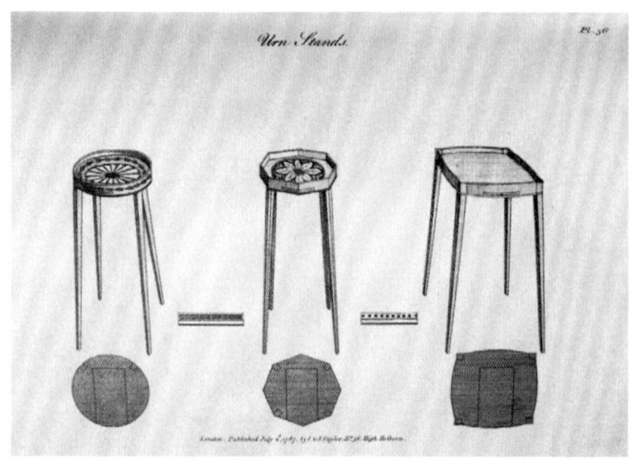

图 2—164、图 2—165

图 2—164、图 2—165 乔治·赫浦怀特设计的茶瓮支架，收录于《木匠和装潢业者指南》一书中，约 1788 年。

图 2—166 一款罕见的乔治三世时期赫浦怀特风格红木三足茶瓮支架，高 26.75 英寸，台面边长 11.25 英寸，制作于 1770 年前后。图片由诺曼·亚当斯有限公司提供。

图 2—166

30 年代以后，边缘有精致装饰的三角形台面的烧水壶支架开始流行起来。

精美的烧水茶壶成了茶桌上的焦点，有时候甚至会专门为它们配上一个银制的三脚桌。烧水茶壶与一般茶壶同步发展，不断变换着设计风格：18 世纪中期是洛可可风格的浮雕图案和图形，18 世纪末则流行球状的外形。顶尖的银匠设计出了极富想象力的作品，但在市场需求的影响下，普通茶壶被设计得越来越大，这种烧水茶壶逐渐被茶瓮取代了。

112

茶瓮通常是一种银质的大容器，有时候也可能是木制的，里面有一层金属内胆，以供泡茶使用。18 世纪 60 年代后，茶瓮开始在英国生产，方便了主妇泡茶。它的出现使人们不再需要举起沉重的烧水壶，只需拧开上面的龙头，水就可以流出了。新古典主义的兴起也影响了茶瓮的设计，其造型类似高脚花瓶，优雅地立于由底座向上伸出的支柱上，只不过在花瓶接近底部的位置安装了一个龙头。为了隔热，龙头的开关由乌木或者象牙制成。新古典主义的设计师们在茶瓮上装饰了爪形足、珠状的边缘、卷曲的把手，顶盖上有又高又尖的把手。

茶瓮内部的结构更加复杂。为了保持水温，茶瓮底部会放置一个有孔的银制容器，里面是木炭。1774 年，约翰·华翰姆（John Wadham）发明了一种更安全的茶瓮组装方式：茶瓮中央焊一个镀锡的黄铜管子，管子里插入一个热的铁塞子。这个发明后来被命名为“棕铜茶厨房”（Brown Copper Tea Kitchens）。托马斯·科斯奈特（Thomas Cosnett）在他 1810 年出版的著作《侍从指南》（*The Footman's Directory*）中解释了茶瓮的使用方法。茶瓮主体是可拆卸的，可以拿到厨房装满热水。将在火上烤红了的铁塞子放进瓮底部的一个被隔离出的空间中，整套设施组装好后，端到茶桌上。[1]

茶瓮支架的外形与烧水壶支架不同，它设计有一个用于放置茶壶的抽屉或滑板。赫浦怀特的《木匠和装潢业者指南》中的图 55 和图 56 是茶瓮支架的设计："这里展示了 6 种不同的设计，呈现了设计方案和此类家具恰到好处的丰富性，它们可能会镶嵌不同颜色的木材，或者刷涂色漆和清漆。方案图中家具边缘标识的黑线是在说明此处可以拉出，以便放茶壶。这些茶瓮支架的高度约为 26 英寸。"[2] 这 6 款设计都十分轻巧精致，台面有方形、圆形、八角形的，四周有倾斜的边栏，锥形的桌腿上方装有抽屉。

113

茶瓮具有新古典主义风格的特征，因此，为了保持一致，茶瓮支架也会以相似的风格设计。18 世纪晚期，"壮游"（Grand Tour）的风靡催生出了一种新古典主义风格的装饰品位。手工业者和设计师从前制造的是古典风格的家具，为了理解这些壮游归来的旅行者们的喜好，他们开始借鉴相关资料，例如勒·罗伊（Le Roy）1758 年的版画作品《希腊最美丽建筑的废墟》（*Ruines des plus Beaux Monuments de la Grèce*），斯图尔特和列维特 1762 年出版的《雅典文物》。这些旅行者自诩"很有品位"，在意大利和希腊研究古迹，并致力于传播这种风格。当时刚发掘不久的赫库兰尼姆古城和庞贝古城的文物，给工匠提供了一些新的可供借鉴的家具造型，比如有横梁的赫库兰尼姆桌子。茶瓮及其支架很好地沿袭了古典主义的审美，优雅地立于茶桌边。

相比之下，放烧水壶的支架比放茶瓮的支架要矮，约有 23—30 英寸高，一般会放在女

1 P. Brown, *In Praise of Hot Liquors*, 89–90.

2 Hepplewhite and Co., 3rd edition, *The Cabinet-Maker and Upholsterer's Guide*, 11.

主人身旁，以便她拿起来倒热水。但为了安全起见，这两种茶具一般都不会放在客人附近。到了 19 世纪，茶瓮成了早餐桌上的常客，充当着饮茶场景中的优雅元素；此时，茶瓮通常被直接放在主桌上，而不是像 18 世纪时那样被搁在一旁。

茶盘的样式

115

茶盘，也是茶具不可或缺的一部分，它很可能是由吃饭用的托盘演变而来。茶盘最早叫作“茶板”（tea-board），是用来防止热茶壶在桌子上烫出难看的圆形白斑的。这种茶板逐渐发展成一种与茶桌相关的独立家具品类，就像前文中提到的那样。造型独特的木质茶盘一直是以奇彭代尔、谢拉特、赫浦怀特这些主流风格制作的。另外，早在 18 世纪中期，瓷器制造商就制作出了锡釉陶托盘、瓷托盘和骨瓷托盘，用于饮茶。

没有什么比用一个中国漆盘呈上茶水更吸引人了，它让人忍不住对过去的那些饮茶者们产生无尽的想象。在英国对华贸易早期，东印度公司就从中国进口漆盘。但也有一种说法是，这些漆盘是东印度公司的员工私人带回来出售的。随着国内需求扩大，贸易量也逐渐增大。1739 年到 1756 年间，荷兰东印度公司每年只带回 90 件漆盘，利润率高达 247%。而在 1740 年，漆盘贸易量多达 3600 件，利润率却降到了 69%。[1]1765 年，荷兰放弃进口漆盘，

1 C. Clunas, “Design and Cultural Frontiers,” 257.

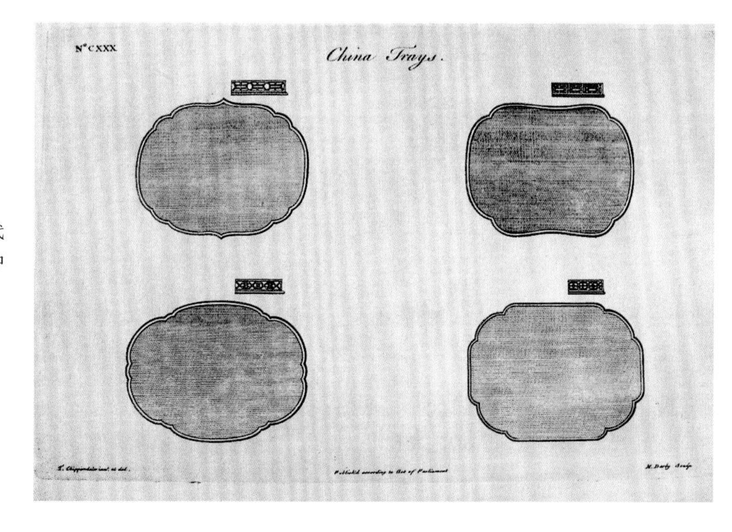

图 2—167 收录于托马斯·奇彭代尔《木匠和装潢业者指南》一书中的茶盘设计，约 1754 年。

图 2—168

图 2—169

图 2—168　六瓣形锡釉陶茶盘，约 1743 年。图案为青花，描绘了一群人喝茶的场景，使用的茶具十分合宜。图片由维多利亚与阿尔伯特图片库提供。

图 2—169　一个雕刻精美的乔治二世时期奇彭代尔风格的红木茶盘，长 25 英寸，宽 19 英寸，约 1755 年。图片由诺曼 · 亚当斯有限公司提供。

图 2—170

图 2—170　乔治三世时期的红木镶嵌细工椭圆形茶盘，约 1785 年，底座年代较晚。高 19 英寸，椭圆长轴 31 英寸。图片由诺曼·亚当斯有限公司提供。

图 2—171　乔治·赫浦怀特设计的茶盘样式，约 1788 年，收录于《木匠和装潢业者指南》一书。

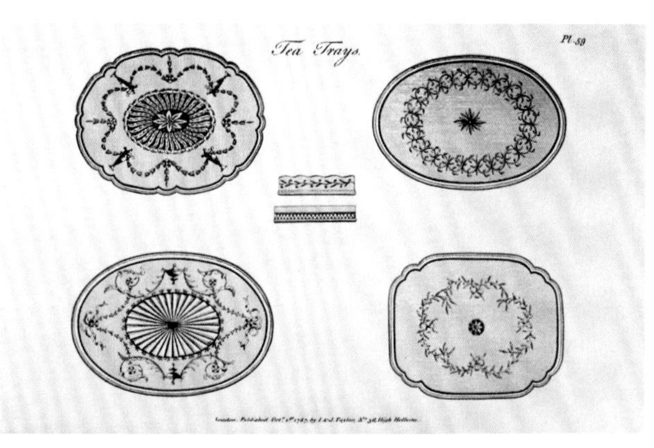

图 2—171

英国东印度公司的情况基本相同。上文提到，18 世纪 30 年代前，进口漆器受到疯狂追捧。但在 18 世纪英国开始自己生产漆器以后，就不需要花高价买进口的了。约翰·巴斯克维尔（John Baskerville, 1706—1775）是一位来自伯明翰的企业家和地形学者，他根据自己发明的配方和工序，成功地制造出了一批廉价的中式漆器。后来，一位名叫亨利·克莱（Henry Clay）的纸制品商人，在 19 世纪头十年开始制造漆器，中国进口漆器的价钱被压得更低了。

18 世纪三四十年代前后，出现了一种活动茶几（tea trolley），外观像加了轮子的早餐桌。奇彭代尔的《绅士与细木家具制造者指南》一书的第一版中收录了这种家具产品的设计。它很可能是在享用便餐、非正式的餐食，以及小吃和茶时使用的，也许会被推到火炉或窗户边，这样，人们就可以在安静、私密的氛围里进餐了。此类茶几结合了中国风和奇彭代尔风格，有镂空格子门，抽屉被分割成很多格，用来装餐具和调味品。而我们今天所用的那种真正的茶几，其实是 20 世纪的产物。从 20 世纪 20 年代起，茶开始出现在办公场合，供那些在办公桌前工作的人享用。茶几的流行贯穿了整个装饰运动时期，设计师阿尔瓦·阿尔托（Alvar Alto）在 1936 年左右为阿泰克公司（Aztek）设计的活动茶几被视为其中的巅峰之作。虽然这种类型的茶几通常用于饮茶，但其设计初衷可能是为了方便大家饮用各类饮料。为办公室里的员工提供茶饮的传统在伦敦城延续了下来，人们认为这有助于员工度过他们的工作时光。

图 2—172　设计师阿尔瓦·阿尔托为阿泰克公司设计的活动茶几，约 1936 年。图片由伦敦美术协会提供。

图 2—173　乔治三世时期的中国风大茶盘，纸浆成型，高 19 英寸，茶盘长 33 英寸，制作于 1810 年前后。底座支架为偏现代风格，仿竹节造型。图片由诺曼·亚当斯有限公司提供。

图 2—172

图 2—173

其他茶具配件

在英国，工匠和工厂制造出来的银茶具、陶瓷茶具中，还包括勺子、茶巾、茶叶盒和茶叶罐等配件。各式各样的茶匙，不但作为喝茶时的辅助工具，也为饮茶这项活动增添了美感。除了茶匙，还有其他种类的勺子，包括糖勺和有孔小勺，它们也是茶桌上非常实用的工具。茶叶箱、茶叶盒和茶叶罐，则在茶叶昂贵的年代，使女主人能够妥善储存和展示茶叶。19世纪的饮茶礼仪中引入了茶巾，增加了饮茶的仪式感。总而言之，饮茶作为一种高雅的行为，需要一系列用具的支持。 117

盛放愉悦的盒子

“caddy”这个词，源自古老的马来语词汇“Kati”或者“cattee”，指代一个个特定的重量，相当于1磅到1.25磅左右。这种以陶瓷或银制成的容器，被称为茶叶罐（tea canister），通常放在木箱子里，用于盛放茶叶。一般情况下，一个茶叶箱（tea chest）正好能够放下两个茶叶罐，其中一个装绿茶（松萝茶或熙春茶），一个装红茶（武夷茶、工夫茶或小种茶）。后来，这种箱子套罐子的做法逐渐消失了，木箱子本身被划分为多个格子，被称作茶叶盒（tea 118 caddy）。茶叶盒主要生产于 18 世纪，到了 19 世纪，产量就大大降低了。茶叶盒的造型和尺寸也花样繁多，反映了英国审美和流行风格的高度。

到了 1710 年，英国人的早餐一般由面包、黄油和茶组成，而一天中最重要的饮茶时间却是下午，下午茶最终演变成了一种习俗。茶叶盒和茶叶罐也从一开始的奢侈品，普及到了中端市场。现在，人们在使用时，对“茶叶盒”和“茶叶罐”并没有严格的区分。但其实，茶叶罐尺寸更小，通常为陶瓷或银制品，是一套茶具中的一个配件；而茶叶盒则是较大的木质盒子。两者都用于盛放茶叶，泡茶时，从中取出茶叶，放入茶壶。茶叶盒和茶叶箱通常会制作成可以上锁的款式，以防茶叶被佣人偷走。钥匙由女主人保管；女主人也负责给家人或来客泡茶。

茶叶罐

茶叶罐，在英语中也称“tea bottle”或“tea jar”，尺寸很小，用于储藏干茶叶。茶叶罐被制造出来以后，很快就变成一件装饰性很强的物件。饮茶的时候，人们将茶叶从茶叶罐倒进杯形的茶叶罐盖子中，称量所需的茶叶量。最早的茶叶罐可以追溯到明朝，是陶瓷制的。而到了 17 世纪晚期，东印度公司才开始从中国进口茶叶罐到欧洲。最早贩卖茶叶罐的

图 2—174　约 1820 年生产的茶叶罐，高 17 英寸，直径 9.5 英寸。这是一组底色为红色，上亮漆并镀金的茶叶罐，每个都有编号，表面装饰着身处不同中式园林的彩绘中国人物图案，图案上下有两条中国传统纹样装饰带。图片由马莱特父子（文物）有限公司提供。

欧洲人中，有一位鲍瑞（Bowrey）船长。1702年，他在东印度公司的商船福佑号（Loyal Bliss）上，运了4000个茶叶罐，每个价值2先令。[1] 这些茶叶罐通常是成对的，罐子的不同装饰表明了其中所装茶叶的不同种类。1720年之前，进口陶瓷茶叶罐的盖子和罐体是分开的，通常是在船靠岸之后，才进行组装。这也就解释了，为什么那个时代的茶叶罐，盖子和罐体常常不匹配。

1715年以前，锡釉的茶叶罐都是荷兰的代尔夫特生产的，其中一部分流入了英国。中国的陶瓷茶叶罐被进口到欧洲后，很快就占领了市场。直到18世纪20年代，欧洲本土的工匠研究出了制造陶瓷的工艺，情况才有所改变。许多该领域的专业人士认为，英国生产的茶叶罐花样最丰富，因为英国人比欧洲大陆的人更爱喝茶。在1676年的伦敦，有5家陶瓷工厂。17世纪90年代中期，这5家工厂全都开始模仿同时代的荷兰产品，生产茶叶罐。[2]1715年后，英国市面上出现了更多从中国和欧洲大陆进口的陶瓷茶叶罐，挤压了本土锡釉瓷器的市场，英国锡釉瓷器的生产很快就终止了。[3] 而英国所有的主流陶瓷厂商都生产茶叶罐。

119

最早的中国茶叶罐多为正方形或长方形。然而，几个世纪以来，中国和欧洲的器型都发生了变化。为了向巴洛克风格靠拢，长方形茶叶罐的转角被“磨平”了。1675年到1700年间，出现了银茶叶罐，它们为更加便宜的陶瓷茶叶罐提供了模仿的样本，进入18世纪后仍然很受欢迎。有人猜测，银茶叶罐的器型灵感来自女士梳妆用品中的扁长方形物件。无论如何，这种器型在整个18世纪都很流行。正如罗宾·希尔雅德（Robin Hilyard）所说：“虽

1 R. Hildyard, “Containers of Contentment”. *Antique Collecting*, (January 2003): 14–19.

2 A. Agnew, D. Darcy & F. Marno, *Tea, Trade & Tea Canisters* (London: Stockspring Antiques, 2002), 26.

3 A. Agnew, D. Darcy & F. Marno, *Tea, Trade & Tea Canisters*, 27.

然早期的中国茶叶罐似乎都是正方形的，模仿欧洲的产品。但 18 世纪早期的中国瓷器工匠也会把小的球状花瓶的造型稍加改进，以迎合欧洲的市场需求。这种茶叶罐还会配有一个相当宽的盖子，外观优雅，但密封性很差。到了 18 世纪中叶，这种来自中国本土的器型才逐渐被欧洲风格的长方形器型代替，比如那种一看就不是中国风格的带有拱肩的长方形造型。1740 年左右德国梅森生产的产品中出现的这种拱肩造型，可以说是茶叶罐风格上最重要的突破。到了 18 世纪末，又出现了相当具有巴洛克风格特点的有曲线斜脊的顶部。但无论是拱肩还是巴洛克风格斜脊，都是在模仿更古老的银器。”[1]

另外，至少从中世纪起，欧洲和伊斯兰的金属器皿中就出现了多边形的造型，洛可可风格时期是半球形；这些使得茶叶罐的外观更柔软，更女性化。[2] 有时候，詹姆斯·吉尔斯这样的彩绘工匠会收到在未上色的素胎茶叶罐上定制特殊装饰的委托项目，就像他们在其他陶瓷产品上做的那样。花鸟、中国风元素、人物和风景，这些装饰图案都非常流行。有时候，手绘茶叶罐上也会装饰纹章和船的图案。18 世纪晚期，还出现了雕花玻璃的茶叶罐，19 世纪出现了锡镴、木质和珐琅的。

后来，茶叶罐就被茶叶盒取代了。功能不变，但器型很不一样。

1 R. Hildyard, “Containers of Contentment”, 14–19.

2 A. Agnew, D. Darcy & F. Marno, *Tea, Trade & Tea Canisters*, 31.

图 2—175　一组巴洛克风格的茶叶罐，顶盖上有把手，设计参照了银茶叶罐，高度在 4.5 英寸到 4.9 英寸之间。从左至右，产地和年份依次为：中国，乾隆年间，约 1740 年；中国，乾隆年间，约 1750 年；中国，雍正年间，约 1734 年；中国，乾隆年间，约 1750 年；英国新霍尔，约 1790 年。图片由伦敦的斯托克斯普林古玩公司（Stockspring Antiques）提供。

图 2—176　一组方形茶叶罐，四条棱抹了斜角，高度在 3.75 英寸到 5 英寸之间。从左至右，产地和年份依次为：英国洛斯托夫特（Lowestoft），约 1763—1765 年；荷兰的德迪斯塞尔（De Dissel），约 1880 年；可能产自葡萄牙，约 1750 年；中国江西，约 1720 年；法国塞夫勒，约 1760 年；中国，康熙年间，约 1710—1720 年；可能产自英国布里斯托，约 1750 年；中国，雍正年间，约 1725—1730 年；英国布里斯托或伦敦，约 1760 年。图片由伦敦的斯托克斯普林古玩公司提供。

图 2—177　一组中国出口的纺锤形茶叶罐，顶盖上有球形把手，高度在 4.75 英寸到 5.25 英寸之间。上排的三个产于雍正年间（约 1723—1735），下排四个产于乾隆年间（约 1740—1750）。图片由伦敦的斯托克斯普林古玩公司提供。

图 2—178　一组中国出口的拱肩造型茶叶罐，顶盖上有把手，高度在 3.25 英寸到 5.5 英寸之间，产于乾隆年间（约 1780—1795）。图片由伦敦的斯托克斯普林古玩公司提供。

图 2—179　一组顶部有斜脊的英国制茶叶罐，高度在 4 英寸到 6.5 英寸之间。从左至右依次为：斯温顿（Swinton）珍珠瓷（约 1795—1800）、斯塔福德郡珍珠瓷（约 1795）、斯塔福德郡珍珠瓷（约 1790）、斯塔福德郡混合硬质瓷（约 1782—1787）、苏格兰奶油瓷（1817）、斯塔福德郡奶油瓷（1788）、苏格兰珍珠瓷（约 1800）、利兹珍珠瓷（约 1790）、英国工厂“Z”的产品（约 1790—1795）。图片由伦敦的斯托克斯普林古玩公司提供。

茶叶箱

茶叶箱出现于 18 世纪早期，是为了便于同时收纳茶叶和茶具而设计制作的。这种奢侈的器具，体现了当时英国最高的手工艺水平，也反映了当时顶级工匠的审美。茶叶箱里一般能装下两个或两个以上的茶叶罐，每个罐中放不同的茶叶。比如，一个装绿茶（熙春茶），一个装红茶（武夷茶），第三个罐子或玻璃碗放在中间，先是用来按女主人的想法混合两种茶叶，然后用来放糖。有的茶叶箱中还会做一个隐藏的小抽屉，里面放着茶匙、糖勺、带孔小勺、方糖夹子等。茶叶箱大小各异，材质和造型也不尽相同，维多利亚时期之前一直广为使用。这种箱子密封性很好，通常配有钥匙和锁。今天，这种箱子已经很少见了。早期的茶叶罐和茶叶箱，为之后茶叶盒的设计奠定了基础。 121

茶叶盒

18 世纪中叶，茶叶箱被全木质的茶叶盒代替。茶叶盒有的不分区，有的分为两格或三格，能装下差不多一磅茶叶。内部的分区通常衬有锡箔纸或是一种被称作“茶锡”（tea pewter）的铅锡合金。无论茶叶盒的内衬如何磨损，茶锡都要尽量保持完好。为了保证茶叶 127

图 2—180　乔治三世时期的亮漆茶叶箱，里面有两个茶叶罐和一个糖盒，长 9.75 英寸，宽 5.75 英寸，高 7 英寸，可能是 1760 年左右在庞蒂浦（Pontypool）制作。图片由诺曼·亚当斯有限公司提供。

图 2—181　洛可可风格的彩釉茶叶箱，里面分三个格，放两个茶叶罐和一个糖盒，制作于 1765 年前后。茶叶箱表面以粉色为底色，金色花边框内绘有风景图案，可能出产于伯明翰或者斯塔福德郡南部。图片由霍茨波有限公司提供。

新鲜，盖子要加两层，内层的盖子要么恰好搭在茶叶盒边缘，要么直接盖在茶叶上，这样可以防止茶叶因多暴露在空气中而变质。[1]

18 世纪到 19 世纪制作的茶叶盒，风格各异，材质丰富。18 世纪 50 年代和 60 年代，最好的茶叶盒大多是以银、珐琅、陶瓷、红木制作的，而且常常混合使用这几种材料。到了 70 年代，象牙、玳瑁、珍珠贝、玻璃、衍纸装饰、混凝纸浆和各种装饰性木材开始被用于制作茶叶盒。品类的极大丰富使得茶叶盒的选购高度个人化。

最早的木质茶叶盒生产于 1700 年至 1725 年间，大多是胡桃木或红木的，装饰有雕花和黄铜或银制的把手、底足、锁眼盖，在洛可可时期很受欢迎。到了 18 世纪后期，茶叶盒表面会使用不同种类的薄木片，比如椴木、彩色梧桐这样的浅色木材；也会使用进口的象牙、玳瑁等不常见的材料，给茶叶盒增添了一抹异域风情。利用不同颜色的木材制造对比效果，茶叶盒的外观更富立体感，更引人注目。当时，英国的进口木材种类繁多，使得设计师能够在传统设计的基础上，加入复杂的嵌木细工装饰。茶叶盒表面常见的纹饰一般包括垂挂形图案、叶形图案、瓮形图案以及花卉和贝壳。

18 世纪后半叶，茶叶盒开始有了装饰功能。当时顶级的英国工匠，像托马斯·奇彭代尔、乔治·赫浦怀特、罗伯特·亚当、托马斯·谢拉顿等人，都制造茶叶盒，向顾客推介新的设计、器型和材质，并展示自己的工艺。设计师的参与，使得茶叶盒更加流行，也给同行定下了很高的标杆。当时，饮茶虽然是一种风尚，但茶叶还很贵，需要谨慎储存。在奇彭代尔的《绅

129

1 N. Riley, *Stone's Pocket Guide to Tea Caddies* (Hampshire: Stone Fine Antique Boxes, 2002), 11.

图 2—182 乔治二世时期的红木茶叶盒，边线、锁眼盖和卷曲的把手是黄铜的，里面有一个放茶匙的抽屉，约 1750 年。图片由霍茨波有限公司提供。

图 2—183　乔治二世时期的波浪形轮廓茶叶盒，把手、锁眼盖和爪子形状的四足都是黄铜的，制作于 1765 年前后。图片由霍茨波有限公司提供。

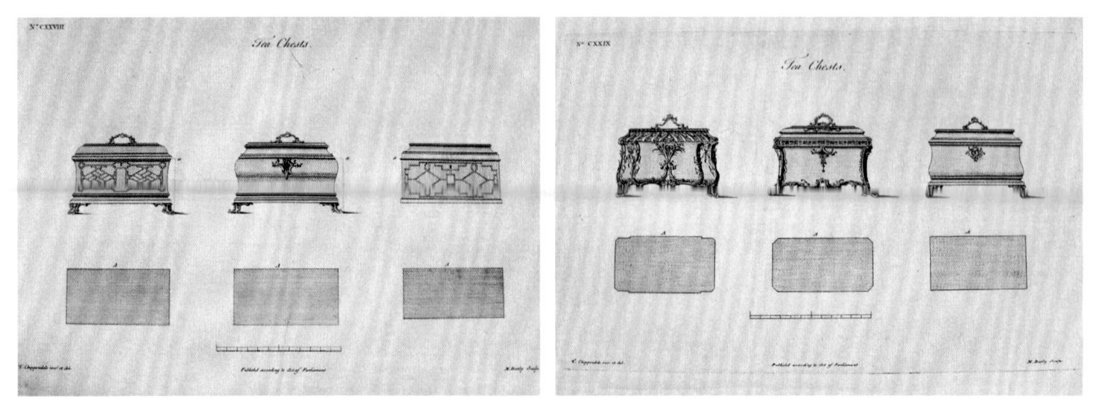

图 2—184、图 2—185　托马斯・奇彭代尔的《绅士与细木家具制造者指南》中收录的茶叶箱设计图样，约 1754 年。

图 2—186、图 2—187　乔治・赫浦怀特的《木匠和装潢业者指南》中收录的茶叶盒和茶叶箱设计图，约 1788 年。

士与细木家具制造者指南》、赫浦怀特的《木匠和装潢业者指南》和谢拉顿的《木匠和装潢业者图册》这些书中，都有茶叶盒的设计图。其中，《木匠和装潢业者指南》中的图 57 和图 58 展示了茶叶箱和茶叶盒的设计。书中写道："对于这两种器物，图中给出了固定的设计方案。表面可以镶嵌不同颜色的木质装饰，也可以上色或涂清漆。"[1] 这些器物上的精美装饰多为新古典主义风格，优雅而简洁。既然当时设计界最权威的出版物上都记载了茶叶盒，那么发现茶叶盒上的纹饰与同时代家具的纹饰风格一致，也就并不奇怪了。

茶叶盒的形状五花八门，任何人能想象到的形状都有，有的内部不分区，有的分为两到三格。最早的茶叶盒是正方形或长方形的，到了 18 世纪，尤其是进入 19 世纪后，演变出了更多精美的器型，包括圆形的、细长形的、穹顶形的、宝塔形的、叶瓣形的等。18 世纪 80 年代，椭圆形变得流行；摄政时期，石棺形更流行。虽然器型不同，但茶叶盒尺寸大多很小，宽度通常在 3 英寸到 7 英寸之间。

18 世纪中叶，人们开始追捧有独特表面效果的玳瑁和象牙。这两种具有异国情调的珍贵材料常常在同一个茶叶盒上出现，作为装饰的点睛之笔或细木镶嵌图案的一部分。最好的玳瑁来自远东，加热后很容易重新塑形，并保持表面光滑。相比之下，象牙就很难塑形，需要切割来适应茶叶盒的设计。这些饰面材料给茶叶盒带来了丰富的纹理和多彩的外观。

18 世纪后期开始流行水果造型的茶叶盒，通常是苹果和梨的形状，以苹果木、梨木等果树木材车削加工而成。这种茶叶盒大多经过抛光或涂过清漆，表面富有美丽的光泽，还有

1 Hepplewhite and Co., 3rd edition, *The Cabinet-Maker and Upholsterer's Guide* (London: I. & J. Taylor, 1794), 11.

图 2—188 18 世纪晚期的车削果木茶叶盒，其中两个是苹果形状，一个是梨形，约 1790 年。图片由马莱特父子（文物）有限公司提供。

一些有彩绘饰面，造型上也有模仿甜瓜、桃子、茄子和南瓜的。有人认为，这种茶叶盒产自欧洲而不是英国。另外，还出现了极少的草莓和菠萝形状的茶叶盒，很可能是近代的仿品。[1]果木茶叶罐因新奇的器型和美丽的光泽而在现今的古玩市场上广受追捧。

人们普遍认为，手绘茶叶盒的传统源自荷兰、斯堪的纳维亚半岛和德国的民间艺术。18 世纪晚期和 19 世纪早期，英国的茶叶盒上出现了很多极富想象力，同时也显得很外行的纹饰，包括传统的垂挂图案和花束。另外，一些稀有的器型，如外观模仿英国村舍的茶叶盒，在今天格外具有收藏价值。手绘茶叶盒通常是上流社会女性打发时间的活动，非常受欢迎。她们绘制的一部分作品放到今天却成了最具收藏价值的茶叶盒。

130

摄政时期，在茶叶盒表面镶稍厚的红木饰面的做法，使得红木开始重新流行起来。另外，打磨得很光滑的花梨木在这个时期也很受欢迎。茶叶盒的造型更加固定了，包括对一些古典元素的借鉴，比如侧面的把手、狮子面具、金属的爪足、狮子单足。这些元素在当时的家具装饰中也被广泛运用。有些茶叶盒甚至直接是家具的微缩版，模仿当时的红木餐具柜或书架。随着器型变得复杂，细木镶嵌的装饰手法不再流行，工匠转而从新古典主义的建筑和装饰中寻求灵感。比如，黄铜镶嵌的卷曲花边，灵感就来自查尔斯·希思科特·泰瑟姆的里程碑式著作《来自罗马及意大利其他地区文物的代表了古代建筑装饰最高水准的蚀刻》（*Etchings Representing the Best Examples of Ancient Architectural Ornament Drawn from Originals in Rome and Other Parts of Italy*，1799）这类出版物中收录的设计。

132

1 N. Riley, *Stones' Pocket Guide to Tea Caddies*, 26.

图 2—189　乔治三世时期的椭圆形染色槭木茶叶盒，表面用嵌木细工的工艺做了瓮形和垂挂形的图案，约 1790 年。图片由琼与托尼·斯通古董公司提供。

无疑，给茶叶大幅度降税的1784年《折抵法案》也促进了茶叶盒的大规模生产和销售，使这股风潮一直延续到摄政时期。然而，随着饮茶风俗的改变，茶叶盒的使用频率逐渐下降。1833年，英国政府取消了东印度公司进口茶叶的垄断权，这使得茶叶的价格进一步降低，更多的人可以享用得起这种饮品。1839年，英国开始从印度进口茶叶，英国人饮茶有了更多的选择。茶的价格一旦降低，女主人们就不必为了保存茶叶而费尽心思了，茶叶盒不再是必需品，昂贵的茶叶盒也就不再大规模生产了。后来，泡茶的角色从女主人变成了厨房的仆人，茶叶存放在简单的容器里，在端上茶桌之前就泡好了。[1]

18世纪晚期到19世纪，茶叶盒的生产工艺迅速发展，表现为混用多种材质，引入机切镶板技术，以及大规模生产。珍珠贝、细木镶嵌、黄铜镶嵌、混凝纸浆、草编、衍纸、马口铁、汤布里奇镶嵌（Tunbridge ware）、硬笔彩绘、涂漆和上清漆，这些材料和工艺都被广泛使用。装饰茶叶盒是上流社会的一项消遣活动：只需要购买一个没有装饰的木盒子，就可以自己做出来一个衍纸茶叶盒。小块的衍纸被插入镶嵌的面板中，有时会围绕在一个彩绘圆形浮雕装饰的周围。衍纸艺术，或被称为纸掐丝工艺，设计灵感一般来源于纺织品的纹饰。亨利·克莱（Henry Clay）1772年在伯明翰建立了自己的公司，生产混凝纸浆和漆制的茶叶盒，甚至拿到了王室的订单。1816年，他的公司被詹宁斯与贝垂基公司（Jennens & Bettridge）收购，后者擅长的工艺是珍珠贝镶嵌。珍珠贝在1830年到1860年间尤其盛行。而混凝纸浆则在1820年到1860年间大量生产，在当时被视为一种新奇的材料，用它制作的茶叶盒很受欢迎。

1　N. Riley, *Stone's Pocket Guide to Tea Caddies*, 13.

图2—190　18世纪后期的维萨卡帕特南象牙茶叶盒，表面有雕刻和蚀刻的工艺，边缘有花卉图案的装饰带，盖子上有建筑图案，约1785年。图片由琼与托尼·斯通古董公司提供。

英属印度殖民地也生产过工艺复杂的茶叶盒，专供出口市场。19 世纪，印度象牙多镶嵌于檀木盒子上，被做成精美的几何图形或花卉纹饰。今天，这些檀木茶叶盒因工艺精美而具有很高的收藏价值。其中，最受欢迎的是乡村小屋形式的茶叶盒，配有象牙护套，上面雕刻有模仿维萨卡帕特南（Vizagapatnam）建筑细节的图案，并填充了黑色颜料。

今天，维多利亚时代复兴风格的茶叶盒在市场上依然炙手可热，尤其是那些哥特复兴风格的。这种茶叶盒上通常有类似哥特式教堂花饰窗格的浮雕，体现了 18 世纪中叶著名工匠 A. W. N. 普金的影响。

茶叶盒是如今收藏界最热门的收藏品之一。不到十年，茶叶盒的价格平均上涨了一倍以上，很有升值潜力。现在，很多人喜欢用茶叶盒装饰自己的家，摆放在架子、餐具柜、陈列橱柜等显眼的地方，作为室内空间的点睛之笔，强调自家藏品之丰富。然而，收藏的乐趣之一，就是按照藏品生产之初的目的来使用它。收藏者像茶包还没发明出来之前的那个年代的人一样，把茶叶从漂亮的茶叶盒中取出来，花费时间泡好茶，仔细地品味这种特殊的饮料。

茶用布艺品

茶用布艺品主要流行于维多利亚时代，用来装饰茶桌，展示布料上的刺绣和针线手艺， 134

图 2—191　乔治三世时期的衍纸六角茶叶箱，衍纸中间有石膏浮雕，约 1790 年。左边的大盒子是用来保护右边的小茶叶盒的，大盒子表面最初很可能有纸艺装饰，但后来被磨损掉了。图片由霍茨波有限公司提供。

体现了维多利亚时代的人们对装饰的热爱。茶壶外面的保温罩就是维多利亚时代的产物。当时流行将所有的家居用品，如桌椅、沙发等家具，都用罩子罩起来，这些罩子通常由手工制作而成。[1] 维多利亚时代中期的保温罩一般有很厚的衬垫和流苏，它们不仅具有装饰性，也有实用功能，能够给茶水保温。伊莎贝拉·比顿在著作《家庭主妇珍藏的家政知识》中也证实了 19 世纪保温罩的流行："现在保温罩的使用太普遍了，以至于任何关于它是多么实用和富有功能性的讨论都是没有必要的。" 在后文中，她也阐述了其他茶用布艺产品如何使用，摆放"茶具的时候，一般会先给茶盘对面的桌面铺上白色桌布，桌布约占桌子面积的一半，否则桌子可能会被弄脏"[2]。

上文提到的威廉·莫里斯改变了维多利亚时代的审美，他复兴手工艺，全面提高了装饰艺术的水准。他与工业革命唱反调，反对使用化学染料，提倡使用有机材料。1892 年至 1896 年间，莫里斯的公司销售茶壶保温罩及其设计图。1885 年，莫里斯的小女儿梅（May, 1862—1938）接管了公司的纺织品部门。她是一名令人尊敬的设计师和女性手工艺人，在任期间设计了保温罩、床单、窗帘、书皮等纺织品，被认为是 19 世纪到 20 世纪最著名的纺织品设计师之一。[3]

20 世纪 50 年代，英国的农村工业管理局（Rural Industries Bureau）鼓励人们发展手工技艺，于是家庭刺绣活动重新流行起来。[4] 书籍和杂志上常常出现保温罩等茶用布艺品的刺绣图案。而今天，只有最正式的饮茶场合才会用到那些布艺产品。

1 C. Archer, *Teapotmania: The Story of the British Craft Teapot and Teacosy 1850–1990* (Norfolk: Breck land Print Limited & Norfolk Museum, 1995), 1–12.

2 I. Beeton, *Housewife's Treasury of Domestic Information*, 393.

3 K. Lochnan, D. Schoenherr & C. Silver, eds., *The Earthly Paradise: Arts & Crafts by William Morris and His Circle from Canadian Collections* (Toronto: Art Gallery of Ontario, 1993), 152.

4 C. Howard, *Twentieth Century Embroidery in Great Britain 1940–64* (London: Batsford, 1983), 21.

图 2—192、图 2—193　乔治三世时期的砂金石茶叶箱，尺寸为 6 英寸 ×9 英寸 ×5 英寸，约 1770 年。该茶叶箱是詹姆斯·科克斯（James Cox）风格，有精美的镀金边框和造型独特的把手，底足是球爪状。打开箱子盖之后，能看到箱子内部覆盖有天鹅绒，里面是三个镀银的银茶叶罐。茶叶罐边缘有串珠形装饰，盖子可以滑动。盖子中央刻有主人的姓名首字母“COF”，字母上方是从男爵的冠冕图案。箱子的落款是：托马斯·沃利斯和乔纳森·海恩（Thomas Wallis and Jonathan Hayne），英国，1816 年。图片由霍茨波有限公司提供。

图 2—194、图 2—195　乔治三世时期的火焰纹红木茶叶箱，里面分三格，还有一个隐藏的放勺子的小抽屉，宽 10 英寸，制作于 1765 年前后。图片由琼与托尼·斯通古董公司（June & Tony Stone Fine Antique Boxes）提供。

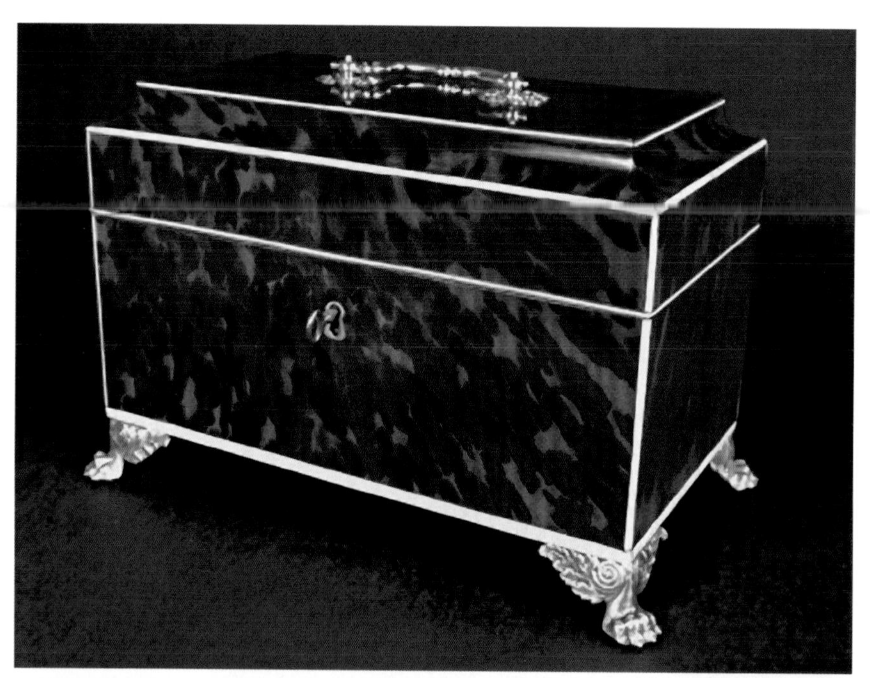

图2—196、图2—197　红色玳瑁茶叶箱，象牙镶边，银质球爪底足，顶部有把手，宽9.5英寸，约1770年。箱子内部配三个玻璃茶叶罐，盖子是银镀的。图片由琼与托尼·斯通古董公司提供。

图2—198、图2—199　摄政时期的纸浆成型茶叶箱，外部的每块镶板和内部的茶叶罐上都有中国风的图案装饰，宽12英寸，制作于1820年前后。内部的玻璃碗不是茶叶箱原装的。图片由琼与托尼·斯通古董公司提供。

图 2—200、图 2—201　乔治四世时期的餐具柜形状的红木茶叶箱，黄铜镶边。上锁的位置很隐蔽，打开带铰链的盖子后，里面是两个茶叶罐和一套银茶匙（6 个）。箱子宽 14 英寸，制作于 1823 年。图片由琼与托尼·斯通古董公司提供。

图 2—202

图 2—203

图 2—202　乔治五世时期的胡桃木茶叶盒，约 1935 年。作者是哈利・达斡尔（Harry Davoll），他曾与 E. W. 吉木森（E. G. Gimson）一起共事。可以看到，木板之间使用了外露的燕尾榫接合，符合工艺美术运动“忠于材料”的理念。图片由约翰・亚历山大有限公司（John Alexander Ltd.）提供。

图 2—203　乔治三世时期的庞蒂浦锡制茶叶盒，宽 4 英寸，内部分为两格，表面底色为绿色，绘有中国风图案，约 1810 年。图片由琼与托尼・斯通古董公司提供。

图 2—204　乔治三世时期的玳瑁茶叶盒，盖子呈宝塔形，象牙和银镶边，表面有一些模仿建筑的设计细节，四足是小象牙球，约 1795 年。图片由马莱特父子（文物）有限公司提供。

图 2—205　摄政时期早期的石棺形红木茶叶盒，尺寸为 13 英寸 ×8 英寸 ×10.75 英寸，约 1810 年。外表面镶有一层嵌板，嵌板的四周有几何纹装饰，盖子的底层也有一圈较宽的回纹装饰带。装饰带有一定的倾斜角度，上面有一个锁眼盖。茶叶盒内配有一个混合茶叶用的雕花玻璃碗，放在椴木板围出的方形区域内，拐角处镶嵌着钻石。盒子内部的两侧都设计有放茶匙的位置。图片由帕特里奇美术公司提供。

图 2—204

图 2—205

图 2—206 摄政时期乡村小屋造型的茶叶盒，宽 7.5 英寸，约 1820 年。图片由琼与托尼·斯通古董公司提供。

图 2—207 乔治三世时期的八角象牙茶叶盒，正面的一块象牙饰板上是一个被铁链锁起来的黑奴浅浮雕人物。茶叶盒是 1782 年前后在位于斯塔福德郡的韦奇伍德伊特鲁里亚陶瓷工厂生产的。徽章形状的图案是为英国废除奴隶贸易协会（Society for the Abolition of the Slave Trade）设计的。图片由琼与托尼·斯通古董公司提供。

茶匙

勺子是最实用的餐具之一，历史可以追溯到中世纪。英国现存的古董勺子，极少有年代在1666年伦敦大火之前的。工匠制作的银勺子，最初专供富人使用。当时，人们认为勺子是极贵重的物品，通常会被列入遗产清单里。英语里“spoon”（勺子）一词，源于古英语词汇“spon”，意思是一片木头。[1] 早期的勺子多为木质、角质和骨质的，也有金属勺子，比如锡勺；而金、银这样的贵金属制作的勺子一般为宗教用途。早期的银勺子大多形状粗糙，是由一整块银锻打而成。[2]

后来，勺子的形状从勺头开始发生变化，变得更浅了，形状像无花果，末端较宽，与勺柄连接处较窄，就如15世纪到17世纪的使徒汤匙（Apostle spoon）。[3] 汤勺的柄是发挥创意的好地方，通过勺柄，我们可以深入研究勺子的器型发展史。勺柄最末端的装饰尤为给勺子增色，常用的设计元素有12种：家族纹章、钻石、橡子、摩尔人头、表面有螺旋纹路的球、六角形、野人（一个手拿棒子的男人）、球形、狮子、有主人名字首字母图案或日期的小圆片、女性半身像、使徒。而17世纪中期以后使用的清教徒勺子设计简洁，实用性强。这种勺子的特点是勺头更深，更适合舀液体；勺柄扁平，越靠近勺头越细。清教徒勺子一般被称作过渡时期的勺子，为之后的勺子设计打下了基础。后来，勺子的设计更加花哨了，但功能保持不变。1660年后，

1 G. Beldon & M. Snowdin, *Collecting for Tomorrow* (London: Pitman Publishing, 1976), 24. 作者写道，这种材质的勺子在17世纪已经不再流行，只有穷人才会用。但有一种“漂浮的长柄勺”除外，这种木勺子是饮用当时的流行饮料“punch”时使用的。

2 E. de Castres, *Collecting Silver*, 47–66. 213. 作者写道，银勺子曾是十分珍贵的物件。早在14世纪时，它就在人们的遗产清单中被单独列出过。

3 现在很多人收藏使徒汤匙，一般是13把一套，每把的顶部都是不同的耶稣门徒雕像，最大的勺子顶部是耶稣雕像。

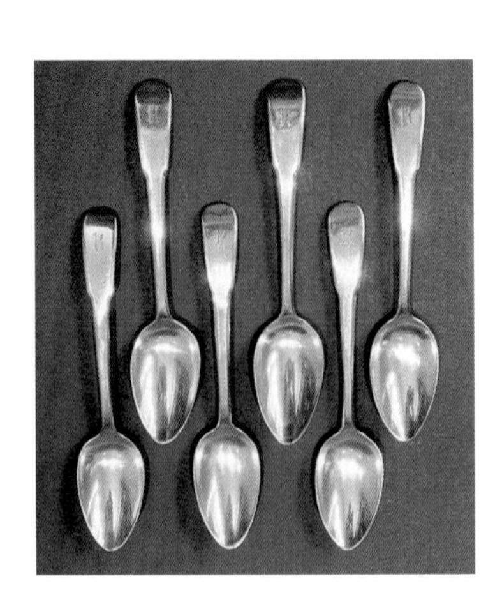

图2—208　6把乔治三世时期的银茶匙，长5.5英寸，斯蒂芬·亚当斯（Stephen Adams）于1789年制作于伦敦。图片由丹尼尔·贝克斯菲尔德古董公司（Daniel Bexfield Antiques，网址 www.bexfield.co.uk）提供。

勺柄末端开始出现三叶草装饰。从此，越来越多的创意设计涌现出来。勺子长度一般在 6 英寸到 7 英寸之间。18 世纪，各种特殊用途的勺子的设计逐渐被确定下来。

茶匙和咖啡勺早在 17 世纪晚期就出现了，但直到 19 世纪，二者才区别开来。之前，在英国这种爱喝茶的国家被叫做“茶匙”，而在爱喝咖啡的国家被称作“咖啡勺”。[1] 茶匙是一种很重要的茶具，最初用于从杯子里舀走茶叶和搅拌砂糖——茶刚刚传入英国的时候，人们就开始在里面加糖了。最早的茶匙与中国进口的小茶碗不成比例，但用它来给茶加糖逐渐成为常规的做法。

那么，各种小勺子应该怎么区分呢？咖啡勺，也称“穆哈咖啡勺”（mocha spoon），一般比茶匙更小，有镀金装饰。而勺头较长的小勺子是用来吃鸡蛋的，表面也有镀金，以防止被污染。茶匙比咖啡勺稍大，但比普通勺子小。1800 年之前，英国的茶匙都是仿制法国的同类产品，但更轻、更小。1870 年后，茶匙尺寸进一步缩小，装饰性更强了，因为常在喝下午茶时使用而被称为“下午茶匙”。大部分茶匙表面都有各种纹饰，纹饰的种类可依据年代划分。

135

1700 年到 1730 年，脊状和卷曲的勺柄更受欢迎，脊状勺柄尤其流行于 18 世纪上半叶。1750 年到 1770 年间，鼠尾形或水滴形的勺柄生产得较多，圆形和凸起的水滴形勺柄直到 19 世纪还在生产。1730 年到 1780 年间盛行洛可可风格，勺柄和勺头背面经常出现贝壳、鸟类和卷曲的叶片图案装饰，很有特点。勺头背面有装饰的茶勺在 18 世纪最为常见，体现

1 W. B. Honey, Wedgewood Ware (London: Faber & Faber, 1948), 1–7.

图 2—209 维多利亚时期的贝壳形银质茶罐匙，长 3 英寸亚伦·哈德菲尔德（Aaron Hadfield）1846 年制作于谢菲尔德。图片由丹尼尔·贝克斯菲尔德古董公司提供。

图 2—210 乔治三世时期的叶子形银质茶罐匙，长 3.75 英寸，威廉·皮尤 1815 年制作于伯明翰。图片由丹尼尔·贝克斯菲尔德古董公司提供。

图 2—209

图 2—210

了当时的工匠对细节的注重。另外，18 世纪中叶开始还出现了老式英国（Old English）图案和提琴状的勺柄，至今仍然在生产。这一时期，勺子的勺头更接近椭圆或者蛋形，并且末端稍尖。1770 年后，边缘很薄的勺子开始流行，至今仍在使用。18 世纪后半叶，韦奇伍德等英国顶尖的陶瓷工厂开始生产陶瓷勺子，但可以想象，这种勺子很难保存到现在。18 世纪，勺子的设计会受到刀、叉等其他餐具的启发，但总体来说，同为扁平餐具（flatware），勺子与刀、叉的设计还是有所不同。有些茶匙是专为放进茶叶箱而设计的，或是为了搭配一套银茶具而定制的。

19 世纪，勺子开始被机器大规模生产出来，品质稳定，规格一致，这使得昂贵的手工精加工不再必要。勺子的设计也更加多样，比如 1800 年前后出现的“小提琴弦”（fiddle thread）纹饰和 1815 年后非常受欢迎的“国王”（King's）纹饰。而在 19 世纪上半叶，勺头背面的装饰图案包括瓮、贝壳和老鹰。之后，工匠转而在植物和复兴的洛可可风格中寻求灵感。勺子的生产工艺也得到了改进，19 世纪中期出现了模压工艺，凹雕装饰和品质标记的制作速度大大加快。当时模压用的是钢模，勺子加工前是一片扁平的金属。电镀和镀银工艺的出现，也大大提高了扁平餐具的生产效率。1820 年到 1830 年间，在提琴造型的勺柄末端背面留下一小句话或者工匠姓名首字母的勺子开始流行。虽然 1860 年到 1900 年间出现了复古风潮，但总体来讲，19 世纪还是涌现出了许多新的原创设计。

19 世纪和 20 世纪，茶匙的设计会参照刀、叉等其他餐具，但同时也会单独制作、销售，

图 2—211　乔治三世时期的鱼形银质茶罐匙，长 3.25 英寸，威廉·皮尤（William Pugh）1807 年制作于伯明翰。图片由丹尼尔·贝克斯菲尔德古董公司提供。

它们会被当作具有装饰性的礼物赠送他人。19 世纪 70 年代，人们喜欢日式的不对称花鸟图案。1870 年至 1920 年间，出现了很多新颖的设计。20 世纪二三十年代装饰艺术运动时期的风格在20世纪反复流行，因为设计师始终偏爱简洁的线条、规则的几何造型和极简的图案。不过，复古的设计也并不少见。

茶罐匙

1770 年茶罐匙出现之前，人们都是用茶叶罐的盖子称量所需茶叶。后来，在盖子和罐身用铰链连接的茶叶罐开始流行之后，才出现了对额外的称量工具的需求。[1]就如瓦尔（Houart）在其书中所写，茶罐匙在英国之外很少使用。1770年前，人们用一种勺柄竖直、勺头很深的“长柄勺”从茶叶罐中舀出茶叶。早期茶罐匙和晚期茶罐匙的区别在于勺柄的长度。18 世纪中期前后勺柄较长，1770 年左右变短了。茶罐匙的长度一般在 2.5 英寸到 3.5 英寸之间，勺头的设计各式各样。茶罐匙一般放在茶叶盒里，是一套完整茶具必不可少的一部分。

茶罐匙出现以后，厂家纷纷推出新奇的设计，来彰显这种器具的个性。其中最受欢迎的一款设计勺柄短小，呈圆圈状，表面有茶叶纹饰，勺头宽而深。18 世纪的茶罐匙样式复杂、富有创意，而 19 世纪的则更厚重、华丽。茶罐匙多产自伯明翰，因为那里的工匠善于制作小型器具。18 世纪晚期，德比、考格里、伍斯特、韦奇伍德等英国陶瓷厂商也开始仿照银茶罐匙生产陶瓷茶罐匙。18 世纪和 19 世纪流行的茶罐匙造型包括：骑师帽、葡萄叶、草莓

1　E. de Castres, *Collecting Silver*, 47–66.

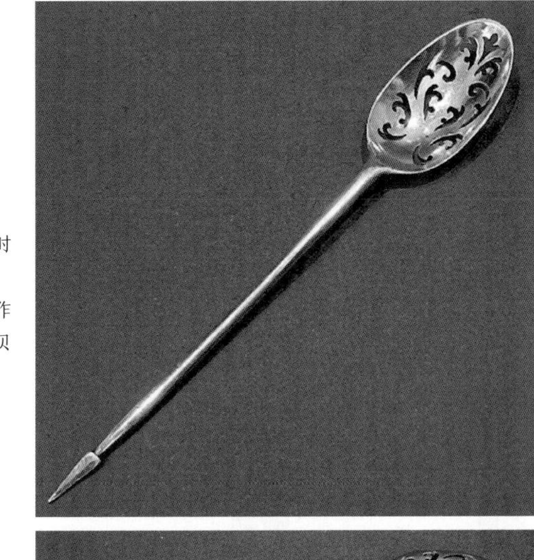

图 2—212、图 2—213　乔治二世时期的银质有孔小勺，长 5.25 英寸，詹姆斯·怀特（James Wright）制作于 1735 年前后。图片由丹尼尔·贝克斯菲尔德古董公司提供。

叶、老鹰、手形、贝壳和战利品（war trophy）。电镀工艺出现之后，茶罐匙的生产更加简便了，生产规模大大增加。但也有些勺柄上镶嵌了乌木、有斑点的黄杨木、珍珠贝等材料，给茶罐匙增加了手工艺含量和个性特色。

不同种类的勺子

在勺子的众多设计中，有些偏重功能，有些偏重创意。英国人喝茶要加糖，无论是砂糖还是方糖，都需要一个专门的器具。于是，糖勺和方糖夹子、钳子就诞生了。

有孔小勺是滤茶器的前身，用来防止茶叶流进茶杯。这种勺子一般较长，勺头有孔，用它可以把杂质和用过的茶叶舀出来，倒进废水碗。勺头上的小孔是为了过滤茶水，勺柄末端是尖的，方便清理茶壶中过滤网上的茶叶，防止它堵住壶嘴。人们常常误认为，有孔小勺是用来清理壶嘴的；但壶嘴大多是弯的，而有孔小勺的勺柄是直的，所以不可能是这种用途。有孔小勺和茶罐匙一样，几乎只有英国人使用。1690 年之后，才被当作茶具中的一员。早期有孔小勺的设计非常普通，只在勺头简单打几个小孔。

第一只滤茶器发明于 18 世纪末，是普通勺子的衍生器具。[1]19 世纪使用的滤茶器，其实是一个勺头很深、有小洞的勺子，在里面装上茶叶，放进茶杯里直接冲泡，就不需要茶壶了。还有更小的勺子，被称作“鼻烟勺”（snuff spoon），一般是儿童茶具套装里的。茶匙、有孔小勺、茶罐匙都是热门的收藏品，无论单件还是在套装里都很受欢迎，被认为是茶具

1 V. Houart, *Antique Spoons: A Collector's Guide* (London: Souvenir Press, 1982), 94–95. 作者认为，有孔小匙并不一定发明于 18 世纪。现收藏于 Brussels Museum 的一个中世纪铜制小匙，勺头有不规则的小洞，被认为是最早的一个有孔小匙。

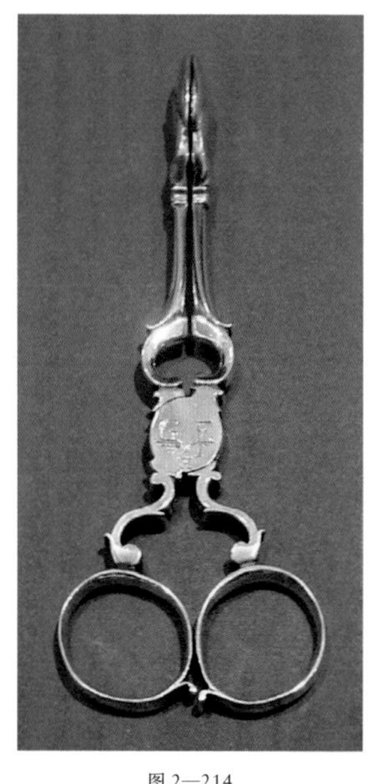

图 2—214

图 2—215

图 2—214 乔治二世时期的银质方糖夹子，长 4.75 英寸，约翰 · 艾伦二世（John Allen II）1745 年前后于伦敦制作。图片由丹尼尔 · 贝克斯菲尔德古董公司提供。

图 2—215 来自阿斯普雷公司（Asprey）“顶尖收藏”（Finial Collection）系列的现代纯银滤茶器。图片由阿斯普雷公司提供。

中不可缺少的部分。

小结

英国人在茶器设计与泡茶过程上花的巧心慧思，让我们可以更深入地理解茶作为贸易商品、社会风俗的风向标和休闲娱乐活动的主题，在英国历史上的重要地位。整个英国陶瓷产业都是基于饮茶风俗建立起来的，银器和家具产业相对而言关联性较弱。18 世纪，有富人抱怨“买一张茶桌比雇一个护工、生两个孩子还贵”，这说明了茶在当时是属于上层阶级的消费品。[1] 到了 19 世纪，机器大生产、生产效率提高和技术创新降低了茶器的价格，茶成了社会风俗和家庭伦理形成的动力因素。围绕与茶相关的装饰艺术的研究，在其他艺术领域研究的影响下持续深入。艺术家作为社会的评论者，通过图像来捕捉茶文化的精髓，探讨茶在当代社会背景下发挥的作用。

1 引用自加拿大多伦多加德纳陶瓷艺术博物馆的展览“热·苦·甜”。

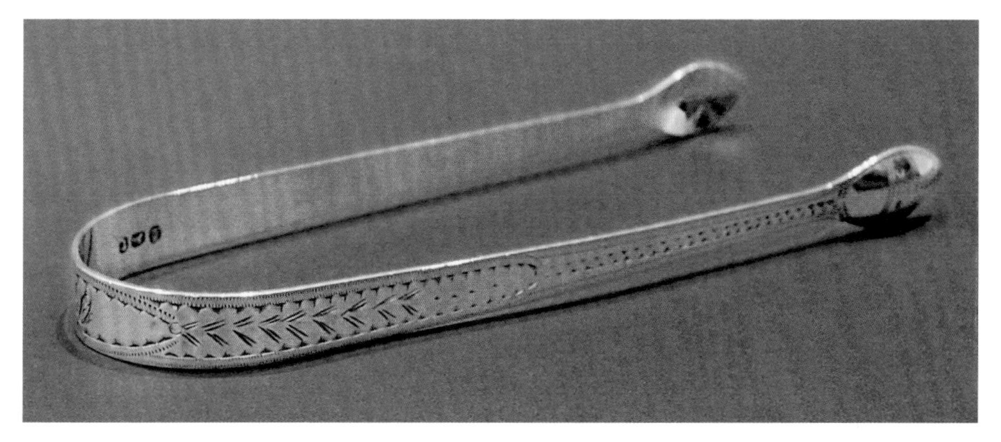

图 2—216 乔治三世时期的银质糖钳子，长 5.5 英寸，彼得与安妮·白特曼公司（Peter & Anne Bateman），1794 年于伦敦生产。图片由丹尼尔·贝克斯菲尔德古董公司提供。

Part III: The Fine Art of Tea

There is a great deal of poetry and fine sentiment in a chest of tea.
— Ralph Waldo Emerson

第三部分　茶的视觉艺术

一盒小小的茶叶中，蕴含着无数的诗意和动人的情感。

——拉尔夫·沃尔多·艾默生

绪论

137

对近百年间的美术作品（fine art）进行研究，可以帮助我们更好地理解历史事件和社会行为。视觉上的直观呈现，让我们能更好地了解当时人们的生活方式、房屋装饰等。荷兰艺术大师简·维米尔（Jan Vermeer）在他的作品中，抓住了17世纪日常生活最精彩的部分，使我们了解了当时人们是如何使用瓷器、银器、家具、地图和波斯地毯这些物品的。虽然很多研究艺术史的学者认为，这些日常物品的象征性存在争议；但不可否认的是，此类画作非常有效地向观者展现了形式与功能之间的关系。研究器物，静物写生也许是风俗画中最贴切的类型；而肖像画则是从另一个观察角度切入，呈现器物背后的社会风俗。

英国画家以擅长画肖像画闻名，其中最出类拔萃的是约书亚·雷诺兹爵士（Sir Joshua Reynolds，1723—1792）和托马斯·盖恩斯伯勒（Thomas Gainsborough，1727—1788）。作为上流社会生活的标志之一，饮茶在乔治王朝时期的英国经常被描绘成一群人的群像，这种画被称作“人物风俗画”（conversation piece）。在 17 世纪、18 世纪，能买得起茶叶及精美的陶瓷和银质茶具、茶家具，是一个人社会阶层的象征。而饮茶的时候让人给自己画像，更证明了主人的财富与阶层。

一个令人意外的发现再次证明了绘画作品对装饰艺术研究的重要性。威廉·韦雷斯特（William Verelst）在大约 1741 年创作的作品《高夫一家》（*The Gough Family*），曾被借展于伦敦维多利亚与阿尔伯特博物馆，画中展现了茶家具、银器、瓷器等一系列茶器。这些格外精美的茶器中，有三个银茶盒，装在桌子上一个中国风雕刻的象牙茶叶箱里。有一天，帕特里奇美术公司（Partridge Fine Art）要出售一个茶叶箱，一位名叫露西·莫顿（Lucy Morton）的银器专家发现，这个茶叶箱与画中的一模一样。因为高夫家族发家于对华贸易，那个象牙茶箱被认为是哈利·高夫（Harry Gough）直接从中国买入——他 1705 年曾担任东印度公司的商船司翠森号（Streatham）的船长，1730 年起担任东印度公司的主管，直到去世。高夫在返回英国前，为象牙茶叶箱搭配了三个银质茶叶盒，还制作了一个木箱子套在外面保护贵重的象牙。[1] 画中的这个茶叶箱，不仅彰显了茶的重要地位，也象征着对华贸易和英国商人所创造的财富。

可以说，到了 18 世纪，以饮茶为主题的风俗画已经发展出了其自身独有的风格。19 世

1 L. Morton, “On the Market Recently: The Gough Tea Caddies.” *The Silver Society Journal* (Autumn1999), 256–257.

图 3—1 一套极其稀有的乔治三世时期三件套纯银茶叶盒，高 4 英寸，伦敦的奥古斯丁·考陶尔德（Augustin Courtauld）制作于 1739—1740 年。正面雕刻着高夫家族的族徽，背面是斯塔福德郡佩里·豪尔庄园（Perry Hall）的主人高夫的纹章。三个茶叶盒装在中国进口的象牙箱子里，箱子盖上有环形的银把手。象牙箱子外面还套着一个郁金香木的箱子，黄铜把手。图片由帕特里奇美术公司提供。

图 3—2 《高夫一家》，威廉·韦雷斯特绘制于 1741 年前后，布面油画。这幅画中有很多茶器，包括一张独脚茶桌、烧水壶及其底座、正方形的银托盘，以及一套包含茶杯、茶碟、茶壶和糖罐的陶瓷茶具，桌上还有一个象牙盒子，里面是三个银制茶叶盒。私人收藏。

纪，此类画作的题材扩展至社会的更多面向。维多利亚时期的画作，不仅仅描绘了社会上层阶级，也记录了工人阶级喝茶的可怜景象：一家人围坐在小屋的炉火边，享用一天中最丰盛的一餐——下午茶（high tea）。这是英国绘画发展的繁荣期，有12000多名画家被记录在册。[1] 很多维多利亚时期的画家以茶为主题进行创作，或者将其作为画面中的点缀，“茶”可以说是当时最吸引眼球的主题之一。

138

当我们将茶的历史与中国外销画、航海图景、漫画研究，以及中国风格的影响联系在一起，就能对茶的社会作用有一个全面的了解，其影响力之深远出人预料。简单来说，只有通过画作，才能将与茶有关的社会现象了解得更透彻。

航海艺术

139

英国人对贸易、异国他乡和异域商品的着迷，使得以东印度商船为主题的画作非常流行。东印度商船是东印度公司贸易船只的统称，是当时英国贸易的支柱。这些航海主题的画作把大英帝国描绘成了一个海上贸易大国，记录了帝国崛起的历程。茶叶等商品的海上贸易是英国走向富强的关键，因此这些画作也可以作为史料来研究。

英国16世纪的航海艺术主题，灵感来自于荷兰已臻成熟的航海艺术传统。1673年，

1 C. Wood, *Victorian Painters, Volumes I & II* (Suffolk: Antique Collector's Club, 1995). 这本书上有对维多利亚时代艺术家最详尽的记载。

查理二世邀请荷兰航海画画家威廉·范·德·维尔德父子（Willem van de Veldes）来英国发展航海主题艺术，并将他们安置在了格林威治的皇后宫（Queen's House）。父子二人在这里开设了一个工作室，专为王室创作英国航海主题的画作。工作室的运作很成功，在17世纪90年代迅速扩张，创作出数量繁多的作品。[1] 直到18世纪中叶之前，工作室一直是英国航海主题艺术领域的领头羊。

这个时期，画家彼得·莫纳米（Peter Monamy，1681—1740）开始崭露头角。随后，一些艺术家创立了18世纪中叶的英国画派。彼得是同时期画家威廉·霍加斯（William Hogarth，1697—1754）的好朋友，后人推测，他与霍加斯甚至霍加斯朋友圈里的画家很可能有过合作。[2] 老约翰·克莱弗利（John Cleverly Sr.，约1712—1777）出生于伦敦的萨瑟克区（Southwark），生前一直在德特福德（Deptford）的皇家港区（Royal Dockland）工作。他从18世纪40年代起开始绘制轮船画。克莱弗利的作品中包含很重要的史料，记载了东印度商船从英国出发，勇敢开启未知旅程之前的情况。格林威治有一个英国国家航海博物馆（National Maritime Museum），里面收藏了很多英国航海主题的作品。在这个领域，伦敦的藏品是最丰富的。

随着这一艺术形式的流行，英国航海主题绘画的黄金时代来临了。人们通常认为，所谓黄金时代是指1786年到1805年之间，代表人物有尼古拉斯·波科克（Nicholas Pocock，1740—1821）、罗伯特·多德（Robert Dodd）、托马斯·鲁尼（Thomas Luny）和托马

1 E. H. H. Archibauld, *The Dictionary of Sea Painters* (Suffolk: Antique Collector's Club, 2000), 12–18. 作者写道，约1690年到1707年之间，维尔德工作室"成了产量极大的'图画工厂'"。

2 专家E. Archibauld在他的 *The Dictionary of Sex Painters* 一书中证实了这一点。

图3—3 《加拿大贸易中的东印度商船印度斯坦号、印第安贸易号、埃弗里塔号和南希号》，布面油画，53英寸×76英寸，托马斯·惠特科姆绘于1793年，画上有画家签名。图片由亚瑟·阿克曼和彼得·约翰逊有限公司（Arthur Ackerman & Peter Johnson Ltd.）提供。

斯·惠特科姆（Thomas Whitcombe，约 1752—1824）。尼古拉斯·波科克的父亲是水手，因此对海洋有切身的体验。与他一起工作的海员也对他赞赏有加。罗伯特·多德（1748—1815）因其创作的大量作品而为人所知。创作于 1780 年前后的画作《东印度商船诺森伯兰号离开圣赫勒拿》（*The East Indiaman Northumberland off St. Helena*）收藏于英国国家航海博物馆，展现了托马斯·鲁尼（1759—1837）的高超画技——鲁尼也有与航海相关的经验。这些画作向后人讲述了野心勃勃、敢于冒险的海员们把茶叶等贸易商品带回英国，供英国人享用的故事。所有这些画家都在皇家艺术学院（Royal Academy）展出过画作，向人们普及了航海艺术和东印度贸易的情况。

以上四位画家中，托马斯·惠特科姆最负有盛名，同时也是比较高产的一位。英国国家航海博物馆里收藏有他的 30 多幅画作，还有一些作品遍布世界各地的海军收藏中。1820 年，他的作品在英国协会（British Institution）展出；1783—1824 年曾在皇家艺术学院展出。惠特科姆忠实地记录了当时的航海场景，其最重要的成就之一是为《大不列颠的航海成就》（*The Naval Achievements of Great Britian*）一书创作了 50 幅插图，包括绘于 1793 年的《加拿大贸易中的东印度商船印度斯坦号、印第安贸易号、埃弗里塔号和南希号》（*The East Indiaman "Hindostan" in Company with "The Indian Trade", "Ewretta", and "Nancy", Ships Employed in the Canada Trade*）。他的画记载了这些船只波澜壮阔的历史，它们的航行为大英帝国的崛起立下了功劳。在 1811 年的画作《两个不同视角下的一艘东印

图 3—4 《两个不同视角下的一艘东印度商船》，布面油画，67 英寸 ×44 英寸。托马斯·惠特科姆创作于 1811 年，画上有作者签名。图片由马莱特文物有限公司提供。

度商船》（*An Indiaman in Two Positions*）中，惠特科姆描绘了一艘船从南大西洋的阿森西翁岛（Island of Ascension）出发的情景。这个岛是英国远东的航线上的要塞，是该航线上仅有的几个提供淡水和物资的补给点之一。

19 世纪，随着世界贸易的迅速扩张，伦敦的皇家艺术学院也将航海艺术认定为一个独立的流派。19 世纪职业航海画家的人数，比 18 世纪翻了三番。[1] 航海艺术大热的时期也正好与英国人对贸易和遥远的异国产生兴趣的时间相一致。

中国外销画

140

中国外销画使对这片土地充满好奇的英国人得以了解亚洲的文化、贸易、商业和地理。卡尔·克罗斯曼曾经说过："在照相机发明之前，绘画作为西方人了解东方文化的媒介，发挥了无比重要的作用。"[2] 东印度公司与中国建立贸易关系之后，中国的各类艺术品就开始流入英国。中国的出口艺术品找到了英国这个现成的市场。随着东西方联系日益密切，这一市场也日渐增长。

虽然缺乏西方绘画技巧的相关训练，但中国人还是凭借敏锐的商业嗅觉发现，迎合西方人审美的绘画作品有巨大的市场潜力。当时，那些远渡亚洲的西方绘画和画家们，给中国的

1 E. H. H. Archibauld, *The Dictionary of Sea Painters*, 12–18.

2 C. Crossman, *The Decorative Arts of the China Trade*, 202.

图 3—5 一幅绘制黄埔港景象的小画，布面油画，4.6 英寸 ×6.25 英寸，中国画家绘制于 1851 年前后。图片由马丁·格雷戈里画廊提供。

艺术市场带来了巨大影响。在此环境中完成的外销画卓尔不凡，结合了中西方的绘画技法，有强烈的视觉冲击力。东西方绘画最主要的区别在于：中国画是以简单的平面或垂直视角创作的；而西方绘画的色彩层次更多、更写实，其遵循的线性透视法和空气透视法起源于意大利的文艺复兴时期。另外，在中国画中，阴影并不是用来表现体量或者景深，而是用来遮挡瑕疵。尽管有这么多的区别，但中国的画家还是很快学会了西方的画技，并运用到风景画中。18 世纪中叶，东西方贸易欣欣向荣，中国画家按照西方绘画方式完成的作品市场需求量尤其大。画作的主题也为了迎合西方人的艺术品位，而做出了改变。但值得一提的是，在那些表现中国的产业和文化的绘画中，保留了更多的中国传统风格。这一点，在下文将有详细讨论。

中国外销画大多是水彩画和水粉画，1775—1800 年间又增加了油画。纸是最普遍的画材，但也有画在玻璃、丝织品、扇子、陶瓷、象牙和墙纸上的。

最早出口到西方的画作中，风景画是一大类。这些风景画描绘了各种各样的中国景色，使用了简单的线性透视和空气透视法。技法的使用虽不如欧洲画家那般纯熟，但画的内容包括了重要的贸易港口、船只，以及广州、香港、上海外滩和澳门的城市风景，为后人提供了重要的历史资料。其中最受欢迎的，当属那些描绘广州飘扬着各国旗帜的海关建筑、珠江风景和黄埔锚地的画作。黄埔锚地距广州 10 英里，是一处深水锚地。中国政府规定，外国的船只抵达中国以后，必须在这里抛锚停泊。全景图一般会画在几张不同的纸上，使人们能欣赏到该地点完整的景色。虽然画没有明确标注日期，但根据海关上飘扬的旗帜，能够推测出那些广州风景画的绘制年代。另外，18 世纪 80 年代后，西方的画材开始运到中国，根据画纸上面的水印也可以判定画的年代。18 世纪 20 年代到 60 年代之间的水彩画大多是匿名的；18 世纪后半叶之后，中国的画家也开始在作品上签名。这些画画工精湛，在今天仍颇具收藏价值，从表现主题上看也有很大的历史意义。

在中国出口的绘画中，描绘不同商业活动和贸易产业的水彩画和水粉画最受追捧，它们一般围绕一个特定的主题，12 幅为一组。一组完整的画，会呈现出商品生产的各个环节，比如最重要的贸易商品——茶和陶瓷的生产。这些画有的用丝带捆在一起，有的放在有丝绸里衬的盒子里。画的价格不高，易于运输，广受收藏者欢迎。西方的买家们非常喜欢这种系列画，画材一般是欧洲出口的纸张或者一种较脆的中国通草纸，通草纸一度被误认为是宣纸。描绘茶贸易的系列画通常会是这样的顺序：

a. 锄地

b. 播种、浇水

c. 给长出的幼苗浇水

d. 采摘茶叶

e. 分拣茶叶

f. 将茶叶放入篮子、托盘等容器内

图 3—6 至图 3—17　一组 12 幅描绘茶叶种植、加工场景的系列水粉画，中国画家绘于 1795 年前后。图片由马丁·格雷戈里画廊提供。

g. 把茶叶在圆形托盘上铺开，晾干（第一次）

h. 把茶叶在圆形托盘上铺开，晾干（第二次）

i. 炒茶

j. 编织茶叶容器

k. 通过河流运输茶叶

l. 在广州的仓库里重新打包、称重

而描绘瓷器贸易的系列画通常是如下顺序：

a. 挖黏土

b. 利用水磨来磨碎黏土

c. 捶打黏土

d. 拉坯

e. 造型、倒模

f. 上釉

g. 烧制

h. 装饰

图 3—7

i. 再次烧制

j. 把瓷器装到桶里以方便山间的运输

k. 将从山中运出的瓷器包装好并堆放起来，准备装船

l. 货品在瓷器店内出售

m. 出售后重新打包，准备运往西方

146

1772年到1825年间，关于茶叶和瓷器产业的系列画作尤其流行。一些人认为，这些画"以一种非现实的方式表现了那些出口到西方的产品的制作过程"。[1]它们绝大部分运用了中国画的风格——平涂画法、细节丰富，但构图和作画水平参差不齐。很多1800年以后的瓷器主题系列画，每幅图或每张纸上都描绘了不止一个生产步骤。不幸的是，现在很多系列画都不完整了，被拆分为独立画幅。这些单幅作品有的极受市场的追捧，甚至常常被代理商和收藏者们单独拿出来出售，比如一幅描绘西方商人与中国商人谈判的水彩画。

随着英国掀起了一股饮茶和讲究茶具的狂热之风，上面提到的相关系列画作引起了饮茶爱好者们的极大兴趣。这些画描绘了一种遥远的、充满异域风情的中国茶产业的浪漫图景。中国画中的平涂手法和散点透视在西方人看来充满异邦特色，极富吸引力。有时候，这些画甚至会在饮茶的时候被拿出来欣赏，它们使英国人确信，茶真的是一种稀奇的商品，是一步步地被精心制造出来的。这些画卖得很好，因为其中包含的故事非常引人入胜，并且它们一

1 C. Crossman, *The Decorative Arts of the China Trade*, 173–202. 作者写道，1785年到1820年之间的作品表现出了对细节的格外关注。

图 3—8

进入西方市场，就成为人们茶余饭后闲谈的话题。下面是一段来自1844年的文献，说明了当时的人们如何看待这些画作，以及西方人对中国货的痴迷：

> 每个画家的画室里，都有在宣纸上绘制的画作。宣纸纤细而脆弱，对颜色的表现力无与伦比。画作十分真实地展现了中国人的各种贸易活动、职业、生活仪式、宗教信仰等。生活中发生的一切，从最神圣的宗教仪式到最低俗的酒色场景，都有所展现。值得称道的不仅仅是颜色的恰当运用，还有对画中主体的精确描绘。绘制着各种风景、船只、鸟、动物、水果、花卉、鱼类、蔬菜的系列画作，以合理的张数，不多不少，被装在盒子里或装订成册。对一般贵族来说，这种画一打会花费一到两美元……或者你也可以预订一套绘有盛装的皇帝与皇后、满族官员和宫女的小画册，要花八美元。[1]

通常这些画会以主题分类，12张为一组售卖，1799年伦敦的佳士得拍卖行曾拍卖过一套非常有名的水彩系列画。这套作品展现了该类别艺术作品独特的风格。作为现存最完整的系列画作品之一，它由7组画作组成，描绘了港口、自然风光、广州、贸易、船只、鸟类、昆虫、风俗、服装、地图和“中国最有名、最有趣的地方，公园和修道院”。这些画最初由范罢览（van Braam Houckgeest）带到美国，1799年2月16日在佳士得拍卖行以173英镑5先令成交，在当时是一个相当可观的价格了。[2]

1 C. Crossman, *The Decorative Arts of the China Trade*, 173–202.

2 Christie's Lot 52 February 1799. C. Crossman, *The Decorative Arts of the China Trade*, 173–202.

图3—9

图 3—10

图 3—11

图 3—12

图 3—13

图 3—14

图 3—15

图 3—16

图 3—17

当中国画家开始在作品上署名，作品的认可度就更高了，这种情况在19世纪尤为明显。[1]比如，画家“煜呱”的名字就和最好的港口画作品画等号；画家“发呱”以在玻璃上绘画闻名，他擅长模仿西方的画作。这些画家大都是史贝霖（Spoilum）的追随者，后者是中国最早的外销画家之一，擅长肖像画，也是中国绘画交易领域最有影响力的人物。[2]他早在乔治·钱纳利（George Chinnery，1774—1852）这些西方画家到来之前，就开始作画了。他有灵敏的商业嗅觉，对海外贸易持开放态度。虽然画家的签名并不意味着这就是画家本人画的，但至少能保证这是由该画家的画室出品。

在这些画家中间，林官（本名关乔昌）的作品最值得在这里讨论。他经常被拿来与威尼斯画家卡纳莱托（Canaletto,1697—1768）比较，因为他开了一个画室，专为游客画肖像。林官的画室位于广州的中华街，一层展示作品，助手们在二层工作，画家的个人画室在顶层。画室运作高效，保证了画作的大量产出，种类包括水彩、水粉和油画。“英式风格”（English fashion）的画卖10镑，“中式风格”（China fashion）的卖8镑。[3]画家顺应市场需求的做法赢得了顾客的好评，甚至有顾客担保他的作品可以办展览。林官通常被视为钱纳利的追随者和模仿者，他曾是后者的学生，后来通过开出比西方画家更低的价格来赢得订单。[4]但还有一种说法是，在卡纳莱托来中国之前，林官就已经是成名的画家了，他的作品更接近史贝霖早期的风格。[5]

林官和他的助手们将一种印刷技术与平涂技法结合起来使用，这确保了画面的一致性。

1 中国画家史贝霖是最早在作品（1765到1805年之间的作品）上署名的艺术家之一。自他之后，署名成了19世纪的惯例。

2 C. Crossman, *The Decorative Arts of the China Trade*, 35–54.

3 P. Connor, *George Chinnery* (Suffolk: Antique Collector's Club, 1993), 263–268.

4 P. Connor, *George Chinnery*, 169.

5 P. Connor, *George Chinnery*, 263–268.

此种工艺也很适合用于绘制那些呈现茶叶与陶瓷贸易的系列画。下面是一段对 1840 年的林官画室的描述：“这个画室，生产那些用丝绸作封面的小画册，远销英国、美国甚至法国，画的内容包含动物、花卉、风景、各种生产过程、满大人的官服、各种刑罚等。这些画没有艺术含量，完全是商业操作，劳动分工系统化，工人们训练有素、忠心耿耿。在这里，一个画师一辈子只负责画树，而另一个只画人物。这个人画手脚，那个人画房屋，每个人在各自的工作环节中都几乎完美，尤其是在细节的处理上，但是没有人能独自完成一幅完整的作品。”[1] 不论他运用了什么样的技巧，总之，林官广州画室的成功促使他 1845 年在香港开了第二家分店。

中国出口的绘画，尤其是那些 18 世纪、19 世纪的作品，让西方人开始了解中国人的生活和习俗。那些涉及茶叶、瓷器等商品的画作，也使西方人更加全面地了解了这些物品。

西方艺术家笔下的中国意象

147

西方人对远东的兴趣如此强烈，以至于欧洲的画家也纷纷将目光投向这片异域的土地。上文提到的英国画家乔治·钱纳利抵达中国后，为中国出口的绘画作品带来了西方艺术的影响。钱纳利 28 岁离开英国，在印度生活了 23 年，后来又在中国的沿海地区生活了 27 年。

1 C. Crossman, *The Decorative Arts of the China Trade*, 200.

图 3—18 《澳门港岸边停泊的船只》（*Junk and Sampans off the Coast, Macau*），由铅笔和钢笔绘制，8.25 英寸 ×12 英寸，乔治·钱纳利创作。画上有作者题字：“完成于 1839 年 7 月 13 日”（correct. Fill up. July 13. 1839.）。图片由马丁·格雷戈里画廊提供。

1825 年抵达中国后，钱纳利发现中国境内生活着一个人数不多但颇具影响力的外国侨民群体，并且，其中有几位或许会构成他的朋友圈并成为他的主要赞助者。这个侨民群体到底有多小呢？帕特里克·康纳（Patrick Connor）在他的著作《乔治·钱纳利》（*George Chinnery*）中曾提到：1836 年，澳门的成年男性外国侨民只有 307 人；其中只有 23 人是和妻子或家人一起从西方过来的。这些侨民中有两位富有的英国贸易商——威廉·贾丁（William Jardine）和詹姆斯·马西森（James Matheson），他们后来成了钱纳利的赞助者。

钱纳利曾经在约书亚·雷诺兹爵士手下学习。他继承了英国绘画的庄重传统，其浪漫、极致的艺术风格迎合了当时移居海外的英国人的情感需求。对他们来说，维多利亚时期和当下的英国绘画可能反而更加陌生。作为少数几个生活在中国沿海地区的西方艺术家之一，钱纳利变得极具传奇色彩。[1] 因为竞争对手是针对出口市场的中国画家，他也不可避免地被中国艺术影响。虽然前人对中国外销画这个领域已经有了一些研究，但还是有不少画作被错误地归到钱纳利名下，或者被错误地归为“钱纳利风格”。[2] 作为一个深度参与中国出口贸易的西方人，钱纳利对中国的传统文化和商业贸易有着深刻的理解，这些理解也反映在了他的画作里。其画作的主题包括：中国岸边停靠的船只、重要人物（如公行领导）的肖像和中国人的日常生活如何被西方贸易所影响等。

1　虽然远东还有别的西方艺术家，但都没有钱纳利影响力大，他同时影响了职业艺术家和当地的业余艺术家。

2　P. Connor, *George Chinnery*, 10–12.

中国风的热潮

欧洲人对中国文化的兴趣，最初始于马可波罗的冒险之旅。在1306年前后出版的著作《马可波罗游记》(*Travels*)中，马可波罗描绘了这片异域土地上的建筑、神话和生活的人们："让我们现在……去中国旅行，这样你也许能够对它的伟大和财富有一些了解。"[1]而欧洲人最早接触到关于中国的图像，是在14世纪的意大利丝绸上。之后，通过进口的中国商品，中国风一点点地传播到了欧洲。

在英国，没有任何一种艺术风格能像18世纪中叶的中国风那样激起人们的好奇心。西方人开始模仿一切中国的风物，其影响范围波及纯艺术和装饰艺术，全英国上下掀起了一股"中国热"(China-mania)。从中国进口的瓷器、丝绸、家具、墙纸、珐琅、漆器、艺术品等，是中国热的源头。英国人从这些物品的手绘细节中获得了灵感，虽然有时并不能准确地理解它们。中式美学被运用到了各个领域，包括房屋内部设计、花园设计、装饰设计，甚至是源自中国的饮茶习俗。其结果是，中国的审美和艺术极大地影响了英国人的生活方式。当然，它也影响了欧洲大陆，尤其是法国；但在英国，中国风在无与伦比的银器业、中式奇彭代尔风格(Chinese Chippendale style)的家具，以及克莱顿庄园(Claydon House)华美的内部装修中都有突出表现。

148

英国上层社会生活的方方面面，包括出版物、艺术、文学，都透露出强烈的学习中国风

1 D. Jacobson, *Chinoiserie* (London: Phaidon, 1993), 9–29. "China" 这个词的前身是 "Cathay"。

图3—19 18世纪广州产的黄底珐琅四叶草形状酒壶，高6.75英寸，壶底有四个短足，表面粉彩装饰。虽然是酒壶，但出口到英国之后一定被当作茶壶使用过。图片由伦敦的马钱特父子公司提供。

图 3—20、图 3—21 中国制造的 12 扇乌木屏风，约 1700 年，每扇屏风高 110.25 英寸，宽 18.2 英寸。屏风的主体部分描绘的是庭院场景，其中有几个独立的嵌板上有静物茶壶的图案。这张屏风从侧面强调了中国人对饮茶传统的重视，以及茶与中国士大夫的密切关系。图片由伦敦的马钱特父子公司提供。

俗的愿望。1755 年，《鉴赏家》（*The Connoisseur*）杂志的一位作者讽刺道："中式美学已经侵占了我们的花园、建筑和家具，还会入侵我们的教堂；要是一个纪念碑也是中国风，装饰着龙、铃铛、宝塔和满大人，该有多美啊？"[1] 中国热激发了英国人的想象力，英式设计与中式主题的结合，散发出巨大的魅力。英国人对中国风格进行了创新，发展出引人注目的中式洛可可风格，它与之前流行的严肃的帕拉第奥式风格相反，正好迎合了当时人们轻浮、猎奇的审美取向。

人们普遍认为，英国人在 18 世纪创造了艺术园林，也就是所谓的"中英混合式园林"（Anglo-Chinese garden）。18 世纪 40 年代，之前对称、统一的风格已经被不对称和中式的亭台楼阁、宝塔所取代。这种风格的园林，现存最好的一个例子是英国皇家植物园（Kew Gardens），里面有钱伯斯爵士（Sir William Chambers）在 1760 年左右仿照南京大报恩寺琉璃塔建造的宝塔。修·昂纳（Huge Honour）认为，中英混合式园林的地位十分关键："英国对欧洲的中式景观最重要的贡献就是所谓的中英混合式园林。这种园林后来传遍欧洲，它和它园子里的那些橡木和山毛榉，都带有鲜明的英式风格。"[2]

中国风对装饰艺术领域的影响无处不在。霍勒斯·沃波尔（Horace Walpole）发声反对中国风的流行，他也是最早把这种风格归为英国原创的人之一。大约在 1750 年，他在《世界》（*The World*）杂志中写道："现在的人普遍有一种错觉，以为所有东西都是来自中国的或中国风格的……连最本土的餐具都沦落成这种新潮的样式了。虽然很少被承认，但我们的那

1　H. Honour, *Chinoiserie: The Vision of Cathay* (London: John Murray, 1961), 130.

2　H. Honour, *Chinoiserie: The Vision of Cathay*, 126.

些中国风装饰品其实不仅仅是英国制造，更是英国创造。”[1] 当时，英国把中国风做得最好的两位银匠是保罗·德·拉米热和尼古拉斯·斯普利蒙特，虽然他们被说成对东方艺术一无所知，但两人都在作品中运用了中国元素。[2] 银匠的主顾们对中国风如此痴迷，以至于他们经常要求把包装盒上的汉字刻到银茶盒上，虽然并不知道那些汉字到底是什么意思。那些字的意思会不会是“保持干燥”“货品”，或者“此面朝上”？坦白地说，重要的不是意思，而是在喝茶的时候，这些装饰为主客之间的优雅交谈提供了有趣的话题。

在家具领域，英国设计师大量炮制中式洛可可风格的图样书。1740年以后，马蒂亚斯·洛克（Mathais Lock）最早开始雕刻鸟和带翅膀的龙。这种风格的集大成者是奇彭代尔1754年出版的《绅士与细木家具制造者指南》，书中介绍了所谓的中式奇彭代尔风格。[3] 无数的茶桌被做成这种风格，桌面被高于桌子的回纹装饰围起来，以保护昂贵的茶具，使其不会被摔碎。虽然这些茶桌的设计受到了东方艺术的影响，但并非抄袭。

扇子是时髦的装饰品，也是地位的象征。扇子上画着关于茶的画，因此它还是一种独特的茶文化传播媒介。欧洲的扇子大多是东印度公司从中国进口的，也有些是在本地生产的。据记载，1709年东印度公司的商船福佑号购入了5万到6万把扇子：“质量好的扇子……所有都是上等的扇骨……全部品质非凡……一共19种图案。”[4] 透过扇子我们得以窥见当时英国的社会生活；同时，它本身也是独立的艺术品。扇骨由雕刻精美的象牙、玳瑁或珍珠贝做成，扇面也做了很好的上色和装饰。从花卉到政治局势，当时的扇面图案涉及的题材包罗

1　C. Blair, ed. *The History of Silver*, 125–139.

2　P. Glanville, *Silver in England*, 138.

3　奇彭代尔书中的很多设计都出自 Mathais Lock 和 Henry Copeland 之手，均创作于他们在奇彭代尔公司任职期间。其他展现中国风影响的书籍还有：William Halfpenny's *New Designs for Chinese Temples, Triumphal Arches, Garden Seats, Palings etc. and Rural Architecture in the Chinese Taste* (1752); Lock and Copland's *A New Book of Ornaments in the Chinese Taste*; Thomas Johnson's *Collection of Designs* (1758); Mathias Darly's *A New Book of Chinese Designs Calculated to Improve the Present Taste* and Paul Decker's *Chinese Architecture* (1769)，仅举以上几例。Stalker and Parker 的 *Treatise of Japanning and Varnishing* 为中国风审美提供了另外的维度。

4　D. S. Howard, *A Tale of Three Cities Canton, Shanghai & Hong Kong*, 231.

图3—22　英国产的中国风红漆折扇，约1780年。扇面绘有中国人物，扇骨上漆，并以珍珠贝、羽毛和麦秆装饰。扇面上左边的男人正在用一个珍珠贝粉绘制的茶壶往杯子里倒茶。图片由伦敦格林威治的扇子博物馆（The Fan Museum）提供。

万象。这个时期的团扇和折扇上都绘有喝茶的场景，使得英国人对喝茶更为重视。图 3—22 中这把英国制造的扇子是位于格林威治的扇子博物馆的藏品，上面描绘了中国人备茶、饮茶的各个步骤。

英国人对中国风的狂热还延伸到了整套房子的室内设计，给房屋带来了一股异域风情，尤其是卧室、客厅、密室和喝茶的房间。在奥利弗·金史密斯（Oliver Goldsmith）的《世界公民》（*The Citizen of the World*）一书中，有一个角色曾去拜访一个中国艺术品代理商："你有没有漂亮的中国货？那种一般人不知道做什么用的……""我有 20 种只有中国人懂得怎么用的东西。看这些罐子，正宗的豆绿色……还有这些，虽然在你看来可能还不错，但对中国人来说不值一提。但它们是有用的器具，所以每个家庭都应该有一套。"[1] 这段对话揭示了瓷器、漆器这些中国进口商品的重要地位，它们往往被人们有意地摆在一间中国风的屋子里展示。

18 世纪 20 年代以后，中国风的室内设计还会配上针对欧洲市场的中国进口手绘墙纸。第一批墙纸是在 17 世纪后期从中国运来的，被当做英国印花棉布的廉价替代品，因此曾被政府禁止进口。后来，这种墙纸的品质有了大幅提升。到了 18 世纪中叶，这些墙纸变得非常抢手，上面一般绘有精美的花鸟或者带有宝塔、桥梁、亚洲人喝茶场景、广州风景的中国景物。之后进口的墙纸在图案上融合了上述两种题材。与上文提到的中国外销画类似，墙纸也展现了西方人尤其感兴趣的茶叶、瓷器等中国商品的贸易状况。这些墙纸至今在英国境内

1 H. Honour, *Chinoiserie: The Vision of Cathay*, 131.

的很多田庄都有保存，在家用物品清单上它们通常被称为“印度纸”（India paper）。除了购买现成品，也可以定做墙纸；虽然价格更贵，但英国人喜欢定做，因为这样可以保证墙上的背景更加完整。然而，中国风雅致、朴素的微妙美感，并不总能满足英国人的需求。1769年，托马斯·奇彭代尔曾在约克郡的诺斯戴尔修道院（Nostell Priory）铺设墙纸，记载购买了这些材料：“4张印度纸加包边——2镑15先令”和“17张优质印度纸——12镑15先令”。[1]人们普遍认为，1740年到1790年间出产的墙纸质量最好。

这一时期，有些特殊的室内空间因为极为精妙地运用了中国风并力求“完全”还原中国本土居室的样子而十分引人注目。例如，1753年为博福特公爵四世（the 4th Duke of Beaufort）装潢的位于埃文郡（Avon）的贝德米特住宅（Badminton House）的中式卧室中就有约翰·林内尔（John Linnell, 1729—1796）的作品，代表了对中式审美的尝试。比这个更好地展示了东方审美品位的，是卢克·莱特福特（Luke Lightfoot, 约1722—1789）在1769年左右设计，至今保存完好的，位于白金汉郡（Buckinghamshire）的克莱顿庄园的中式房间。这个房间体现了中式洛可可风格的精髓，无可争议地成为英国现存该设计风格最重要的代表。另外，它也体现出一些托马斯·约翰逊（Thomas Johnson, 生于1714年，1770年之前和卢克在一起工作）风格的影响。蓝色的墙上装点了雕工精细的木头和石膏浮雕，充满想象力，进入房间，感觉就像是隐居到了另一个地方。因为屋里的异域元素太多，家具反而成了装修中的次要元素。房间里有一个装茶的壁龛、一把长沙发椅，以及饮茶用的家具，

1　C. Crossman, *The Decorative Arts of the China Trade*, 398. 克罗斯曼解释了为何对传统视角的缺乏反而适合这类工作。这些水粉画纸一般用来装点墙壁，也有些被用来装点屏风。

图3—23　克莱顿庄园的中式房间中的石膏浮雕特写，描绘了中国人的茶会，制作于1769年前后。图片来自英国国民托管组织的图片库，所有人是安德烈亚斯·冯·爱因西德尔。

这些使饮茶成为更加愉悦的体验。屋内一个展现中国家庭饮茶场景的装饰细节表明了房间的用途，在该场景中，茶壶、茶碗、茶碟、茶勺、糖罐等茶具一应俱全。这个房间无疑给主人弗尼（Verney）一家和朋友一起饮茶创造了一个愉快的环境。

到 18 世纪 60 年代末，英国的中国风热潮逐渐被哥特风格的复兴和新古典主义取代；不过，中国风也曾与哥特风有过一段短暂的结合期。1801 年，有人送了乔治四世中国墙纸作为礼物，他由此获得灵感修建了气度不凡的布莱顿宫，这导致中国风在那一段时间曾重回时尚舞台。布莱顿宫的整体风格看起来似乎非常符合乔治四世所期待达到的氛围，轻松、愉快、有趣、富有魅力，适合举办各种各样的活动和聚会。简而言之，各种形式的中国热为英国人“原汁原味地”享受中国的饮茶风俗提供了绝佳的背景。在中国风的影响下，英国人有了专门用于饮茶的放松、舒适的空间，无论是卧室、密室、花园，还是专门的茶室。

乔治王朝时期的茶主题插画

英国现存的无数关于茶的版画中，有顶尖艺术家的创作，但更多是籍籍无名的作品。仅仅英国国家博物馆就有 25000 张这样的版画，全都在《政治与个人讽刺目录》（*Catalogue of Political and Personal Satires*）中记录在册，证明了这种艺术类型在英国的发展水平。18

150

世纪、19 世纪，茶这一主题一直很流行，反映了当时英国社会上下对中国风俗和那片国土的追捧。像《拳》（*Punch*）这样的英国杂志，因为评论社会现象、刊载讽刺时事的漫画而出名。[1] 茶作为一种商品，是当时政治辩论的焦点，也是政治讽刺家、社会评论家关注的主题。由于象征着高品位，喝茶成了各种视觉艺术所青睐的创作题材，包括版画、蚀刻画、讽刺漫画、卡通画等。随着咖啡馆和茶室的增加，以这些场所为主题的版画数量也在增多。

乔治王朝时期的英国盛行由威廉·霍加斯开创的版画风格。霍加斯被尊为英国绘画之父，他多才多艺，身兼画家、雕塑家和理论家的角色。他通过充满智慧的讽刺和幽默，以独特的视角解读当时的各种道德话题，讲述那个时代英国人的生活。[2] 霍加斯在自传中将他的作品形容成一个男男女女在上面表演喜剧的舞台。霍加斯出生于伦敦，父亲是一位穷困的作家，因此他早早就亲身体会到了生活的现实。或许，他讲故事的本领就来自童年的经验。在霍加斯的作品中，我们能感受到那个时代的自由主义、人道主义精神和社会行为的本质。

作为第一位在欧洲大陆和工人阶级中间扬名的英国画家，霍加斯打破了社会阶级和语言的限制。通过生产廉价的版画——当时被称为“先令蚀刻画”（shilling etchings），他成了有史以来受众群最广的版画家。这种版画的市场需求持续增加，当时的人会用它们来装饰自己家里光秃秃的墙壁。另外，由于此类版画的主题都是具有争议性的热点，画作本身也激起了讨论。

在这一时期，茶是英国人日常生活的重心。因此，霍加斯这位时事评论者也把饮茶作为

1 *Punch* 杂志 1902 年的一期中，有一幅漫画这样写道：“服务员，看这里。如果这里有咖啡，那我想要茶；如果这里有茶，那我想要咖啡。”这幅漫画说明茶和咖啡两种热饮都很受欢迎，各自都有受众。

2 J. Burke & C. Caldwell, *Hogarth: The Complete Engravings* (London: Thames and Hudson, 1968), 5–29.

绘画的主题，或者辅助叙述其他话题。在成为艺术家之前，霍加斯是一位银器雕刻师的学徒，对茶器非常了解，因此在他的作品中总会出现最新潮的茶器。霍加斯的人物群像画上的种种线索表明，他是少数几个在银器几乎普及的时候，仍在为将其视为富人身份象征的受众服务的艺术家。[1]下面将对霍加斯的三幅作品进行比较，来说明他如何用茶主题绘画反映不同的社会问题。第一幅是 1745 年的《时髦的婚姻》（*Marriage à la mode*），讲述了一个破产的贵族与富有贸易商之女为了利益联姻的故事。它展现了男女双方地位与财富的结合，画中围绕早餐桌的场景预示着这场婚姻的前景并不乐观；然而，房间的内部装潢和器具都十分华丽，早餐桌的布置也恰到好处。第二幅是 1732 年的《一个妓女的进步》（*A Harlot's Progress*），它表现的是另一个极端：两位从事不体面职业的女性在一张没铺好的床边饮茶。茶桌尺寸极小，用作饮茶并不合适，或许是主角放荡生活的象征。然而，对她们这种社会底层的人来说，饮茶是生活中仅有的一点乐趣。第三幅是 1740 年的《痛苦的诗人》（*The Distressed Poet*），被认为是画家对自己童年的回忆。画中描绘了一个穷困潦倒的家庭，壁炉架上有简陋的茶具。后两幅图中的茶，也许是穷苦人民生活中少有的亮色。霍加斯将茶作为媒介，在作品中表现各个社会阶层的生活，因为不管是穷人还是富人，平时都会饮茶。

151

18 世纪英国的讽刺漫画和讽刺艺术与茶紧密相关，其中有几幅作品相当出名，辨识度很高。詹姆斯・吉尔雷（James Gillray，1757—1815）以画工精细准确而闻名，是他将讽刺人像艺术发扬光大。他的作品《反砂糖，或约翰・布尔一家停止使用砂糖》（*Anti-Sac-*

1 P. Glanville, ed., *Silver* (London: Victoria & Albert Museum, 1996), 131. 作者描述了在《时髦的婚姻》系列中，霍加斯是如何描绘象征财富与地位的伯爵夫人的奢侈银质梳妆用具的。

图 3—24 《一个妓女的进步，第三幕：即将被一位地方法官逮捕》（*A Harlot's Progress, Plate Three: Apprehended by a Magistrate*），蚀刻版画，威廉・霍加斯绘于 1732 年。图片由伦敦布立基曼艺术图书馆提供。

charites, or John Bull and His Family Leaving off the Use of Sugar, 1792),公开反对喝茶加糖;另外一幅作品《穿穆斯林裙子的好处!大不列颠的时尚女性们要高度重视了》(*Advantages of Wearing Muslin Dresses! Dedicated to the Serious Attention of the Fashionable Ladies of Great Britain*, 1802),描述了一个喝茶引发的"灾难"的生动瞬间:由于太靠近壁炉,一位正在饮茶的女人裙子着火了。在这种讽刺漫画里,一般会强调礼节和习俗。托马斯·罗兰德森(Thomas Rowlandson, 1756—1827)的代表作是《伦敦的小宇宙》(*Microcosm of London*, 1808—1810),他也创作以茶为主题的作品。他在画作《私人的痛苦》(*Miseries Personal*, 1807)中描绘了这样一个场景:"晚饭后,当女士们跟着你从一群友善的男士身边离开,你需要尽可能地招待她们",展现了根深蒂固的饮茶习俗。相似的作品还有乔治·克鲁克香克(George Cruikshank, 1792—1878)的《茶会,或英式礼仪与法式礼仪》(*A Tea Party or English Manners and French Politeness*, 1825),幽默地展现了英国人和法国人在喝茶文化上的差异。很明显,画上的法国人并不习惯英国的做法。克鲁克香克一生中画过5000多幅讽刺画,是乔治王朝时期最后的一批讽刺画家之一。他后来受雇给狄更斯的小说画插图,跻身维多利亚时代顶级插画师的行列。

这个时期的版画以单幅售卖,彩色的和黑白的价格有差别;也会装订成作品选集,按日出租。这些版画的目标群体是不断壮大的中产阶级,因此市场不断扩大,销售商也在增加。在18世纪70年代,每年生产100幅这种版画;到了19世纪20年代,这个数字增长到了250幅。[1]

1 J. Hill, *The Genial Genius of George Cruikshank* (Minneapolis: University of Minnesota, 1992), 1–27.

图3—25 《反砂糖,或约翰·布尔一家停止使用砂糖》,蚀刻版画,手工上色,詹姆斯·吉尔雷绘于1792年,由汉娜·汉弗莱(Hannah Humphrey)出版。图片由伦敦奥谢美术馆提供。

图 3—26 《穿穆斯林裙子的好处！大不列颠的时尚女性们要高度重视了》，手工上色版画，詹姆斯·吉尔雷创作，1802 年由汉娜·汉弗莱出版。图片由伦敦奥谢美术馆提供。

图 3—27 《茶会，或英式礼仪与法式礼仪》，乔治·克鲁克香克绘于 1825 年。图片由伦敦奥谢美术馆提供。

霍加斯、吉尔雷、罗兰德森、克鲁克香克这些画家成了时事评论家，他们创作效率很高，创造出了许多突出乔治王朝时期社会活动的作品。

版画的流行，意味着画家通常会将作品制版印刷，卖给更多人。比如，乔治·莫兰德（George Morland, 1763—1804）最出名的作品《茶花园》（*The Tea Garden*），就是针对版画市场创作的。这幅画在 1790 年第一次制版，一同制版的还有《圣詹姆斯公园》（*St. James's Park*）。这两幅画后来大受欢迎，被多次再版。再版时一般为手工上色，并装饰以过分华丽的边框。画中拉内拉赫花园（Ranelagh Gardens）的饮茶场景深受中产阶级欢迎，描绘了中产阶级优雅地打发时间的理想方式。

书中的故事里也会伴有关于茶的插画，其中有些永不过时。简·奥斯汀的小说里就涉及很多饮茶的场面。比阿特丽克斯·波特（Beatrix Potter）的维多利亚时代童话也借用了茶的社交礼仪，并配以适合儿童观赏的插画。而最有名的无疑是路易斯·卡罗尔（Lewis Carroll）创作于 19 世纪的《爱丽丝梦游仙境》插画，由约翰·坦尼尔（John Tenniel）制版。这些为这个经典童话创作的插图在今天已经是天价。故事里疯帽子先生的茶会这一情节令人印象深刻，部分就归功于所配的插画。在这个童话中，茶对孩子是有教育作用的。这些文学作品中的故事记录下了饮茶的规矩和礼仪，通过滑稽地模仿现实中的茶会，锻炼了孩子和大人的想象力。

通过研究关于茶的版画，可以更清楚地理解英国社会的历史。这些画曾经流行，现在也

图 3—28 《爱丽丝梦游仙境》中的插画，《疯帽子先生的茶会》（*The Mad Hatter's Tea party*），路易斯·卡罗尔绘于 1865 年，由约翰·坦尼尔制版。图片由茶叶协会公司提供。

是抢手的藏品，吸引着那些对乔治王朝时期的社会问题感兴趣的人。茶是那一历史时期人们讨论的核心话题，因此也是当时版画创作的常见主题。

18 世纪的英国肖像画和风俗画

16 世纪以来的英国肖像画，现大多存于全国各地的庄园、收藏机构和收藏家手中，伦敦还有一个专门的国家肖像画美术馆（National Portrait Gallery）。英国肖像画作为一个流派兴起，源于宗教改革时期到 19 世纪之间的私人赞助。最有名的几位画家都是在 18 世纪声名鹊起，包括约书亚·雷诺兹爵士、托马斯·盖恩斯伯勒和乔治·罗姆尼（George Romney，1734—1802）。英国社会是一个阶级意识很强的社会，不同阶级的肖像画也有区别。盖伊·米格（Guy Miege）在 1707 年的著作《大不列颠的现状》（*The Present State of Great Britain*）中清楚地阐明了这种阶级区分："英国人大致分两种，俗人（Laity）和神职人员（Clergy）；俗人可以进一步细分为贵族（Nobility）、绅士（Gentry）和平民（Commonality）。"当时，贵族阶层的大多数家族，家族成员不会超过 200 人，并且会相互联姻，他们是肖像画的主要模特来源。有地产的贵族喜欢将自家庄园的风景作为自己肖像画的背景，他们甚至有权力制定名下庄园的社会秩序。[1]

1　Colnaghi, *The British Face: A View of Portraiture 1625–1850* (London: P & D Colnaghi & Co. Ltd., 1986), 17–19.

18 世纪，在肖像画中绘制“剑与皇冠”的图案已经不再恰当了：“人们期待画家或雕塑家用别的方法显示主人公的地位。比如，仆人（尤其是牵着马的马夫或者黑奴），昂贵且过分浮夸的服饰，代表某种特殊荣誉的类似嘉德勋章那样尊贵的勋章和绶带，或者能暗示家族显赫地位与良好教育的古典建筑，这些都是财富与地位的象征。1718 年后，随着英国中产阶级的壮大，贵族感受到了越来越大的威胁。”[1] 因此，画家很可能通过在画面构图中使用象征性的符号，突出主人公的社会地位，从而使他们与中产阶级区别开来。但另一方面，崛起的中产阶级也希望请人为自己绘制那种传统的贵族肖像画。

153

饮茶作为财富和地位的象征，被认为是上流阶层打发时间的方式，因此也被视为区分个人与家庭的财富情况和社会地位的依据。这导致很多人要求画家给自己绘制饮茶的肖像，因为茶和茶器只有最富有的人才能负担得起。比如，银制茶器长期与富有和贵族相关联，是奢侈的象征，与画中饮茶的形象十分契合。[2] 相似的例子还有从远东地区进口的昂贵瓷器。18 世纪，越来越多的肖像画开始画饮茶的人。

在肖像画领域，被称为“风俗画”（conversation piece）的群像画尤其适合表现饮茶的主题。这种尺寸较小的风俗画在 1725 年到 1775 年间在英国尤为盛行，一般表现的是在家庭环境中或风景背景下的群像，其中两个或两个以上的人在聊天或者进行喝茶这样的优雅社交活动。[3] 这种画在皇家、贵族、有产绅士，以及富商、店主和他们的太太之间很流行。画上的主人公一般都是家庭成员，偶尔会有好朋友包括在内。在室内或室外的各种环境中饮茶

1 Colnaghi, *The British Face: A View of Portraiture 1625–1850*, 11–19. 这条规则也有例外，那就是在最正式的肖像画中对“剑与皇冠”这一视觉符号的运用。

2 P. Glanville, ed. *Silver*, 128–131. 作者写道，自从 16 世纪以来，银就与贪欲和无节制联系到了一起，“银在那些虚无派画作中最常出现：虚无，虚无，一切都是虚无”。

3 Chilvers, Osborne & Farr, *The Oxford Dictionary of Art* (Oxford: Oxford University Press, 1988), 117.

的场景非常贴近现实，画上的主人公可以很好地融入周围的环境。比起画作的风格，高档衣服、房子、土地、昂贵器具等等，这些肖像画中的奢侈元素显得更为重要。[1]那些多才多艺、风格多变的艺术家在风俗画中描绘的上流社会和中产阶级家庭生活的一个侧面，正好通过茶器得到了展现。

威廉·霍加斯的作品极富戏剧性，这与上述风俗画在本质上有相似之处，因此或许可以推断，霍加斯的作品曾对此类人物群像画产生影响。比如，值得关注的相关作品包括：收藏于莱斯特博物馆及画廊（Leicester Museum and Art Gallery）的《沃拉斯顿一家》（*The Wollaston Family*），收藏于爱尔兰国家美术馆（National Gallery of Ireland）的《怀斯顿一家》（*The Western Family*，约 1738），收藏于泰特美术馆的《斯绰德一家》（*The Strode Family*，约 1738）。这些画上的主人公们舒适地在家里用茶，有些是家庭聚会，有些是社交集会。在《斯绰德一家》这幅肖像画中，一群人舒适地围坐在茶桌旁，桌上有银制的烧水壶、托盘、奶罐以及瓷制的茶壶和茶碗，各种茶具一应俱全。值得注意的是，威廉·斯绰德（William Strode）用的茶匙在茶碗里立起来了，这表明他刚刚饮完了茶，而仆人正在用烧水壶往茶壶里加热水。茶桌前的地板上，放着一个典型的长方形红木茶叶罐。在这幅画中，霍加斯捕捉到了一个动态，呈现出了每个角色的个性以及环境的奢侈。虽然霍加斯多才多艺，是当时最好的人像画家之一，但他本人还是更喜欢其社会评论者的角色。

风俗画中的家族并不一定都血统高贵，但他们都希望显得如此。虽然绘制此类群像画的 155

1 Colnaghi, *The British Face: A View of Portraiture 1625–1850*, 11–19.

图 3—29 《斯绰德一家》，布面油画，34.25 英寸 × 36 英寸，威廉·霍加斯绘于 1738 年前后。画中的人物包括威廉·斯绰德，他的新任妻子安娜·塞西尔（Anna Cecil），亲戚克罗尼尔·斯绰德（Colonel Strode），以及家庭教师亚瑟·史密斯博士（Dr. Arthur Smyth），他后来成为都柏林大主教。图片由泰特美术馆提供。

画家大多并不是当时顶尖的肖像画家，但他们的作品也很不错，非常专业，而且价格比雷诺兹、罗姆尼这些著名画家的作品便宜很多。约瑟夫・范・艾肯（Joseph van Aken, 约 1699—1749）生于弗拉芒（Flemish），1720 年移居伦敦，后来成为英国一流的绘制布料褶皱的画家，曾经为托马斯・哈德孙（Thomas Hudson, 1701—1779）和罗姆尼这些肖像画家工作。艾肯也绘制迎合英国人审美的风俗画，其最有名的作品是《饮茶的英国一家》（*An English Family at Tea*，约 1720），现藏于泰特美术馆。画作描绘了一个身份不明的富有家庭的饮茶场景，画中人物包括家庭成员和家中的仆人们，很可能是画家刚刚离开家乡安特卫普（Antwerp）时画的。画中的一个人在用茶叶罐的盖子称量茶叶，另一个茶叶罐放在画面前端地板上的木质茶叶箱里。画面中间涂了黑色漆的茶桌上，放满了贵重的茶具：一套包括茶碗、茶碟、废水碗、茶壶底座的青花瓷茶具，以及一个紫砂壶。女仆正要把热水从银质的烧水壶倒进茶壶里，和水壶配套的烧水炉放在旁边的红木架子上。画面围绕英式茶会中的种种活动展开了多层次的叙事。

156

亚瑟・戴维斯（Arthur Devis, 1711—1787）生前并不出名，他画过小型单人肖像，后来完全投身于风俗画，成为这个领域最早的名家之一，代表作是《希尔夫妇》（*Mr. & Mrs. Hill*, 1750—1751）。戴维斯画中的人物往往动作生硬，像木偶一样坐在家庭室内或花园中，从事饮茶等活动。画家这种关注细节的风格，很适合描绘微妙的室内活动。[1]《希尔夫妇》画面构图的中心呈现了当时流行的茶器，包括 7 套茶碗和茶碟，以及糖罐、废水碗、银奶罐、

1 S. Sartin, *Polite Society by Arthur Devis, 1712–1787: Portraits of the English Country Gentleman and His Family* (Preston: Harris Museum and Art Gallery, 1983), 9–16. 艺术家在伦敦和兰开夏郡都工作过，有很多主顾。

图 3—30 《饮茶的英国一家》，布面油画，35.5 英寸 ×46 英寸，约瑟夫 · 范 · 艾肯绘于 1720 年前后。图片由泰特美术馆提供。

宜兴紫砂壶各 1 个，它们都放在红木的三脚茶桌上。画中的希尔夫妇像是在等待客人。有专家指出，他俩的动作和当时礼仪书上教的一模一样——丈夫的手优雅地搁在马甲上，妻子姿势优美地拿着一块饼干。[1] 戴维斯的作品在他死后逐渐被遗忘，直到 1930 年，在伦敦举行的一个名为“风俗画”（Conversation Pieces）的展览重新激起了人们对他的兴趣。[2] 现在，他的家乡兰开夏郡（Lancashire）普雷斯顿（Preston）的哈里斯博物馆与美术馆（Harris Museum and Art Gallery），收藏了他的大量作品。

艾肯和戴维斯都是技术熟练、有一定能力的画家。很多富有家庭雇佣他们绘制以大庄园为背景的肖像画，模仿比自己社会地位更高的人。但其实，这两位画家在他们生活的 18 世纪的英国都只是二流的肖像画家。

贵族阶层会找水平更高的画家，包括弗朗西斯·海曼（Francis Hayman, 1708—1776）和约翰·佐法尼（Johann Zoffany, 1733—1810）。海曼是艺术家兼书籍插画家，在西普里亚尼（Cipriani）出现之前，他一直以历史画闻名。1768 年，他和雷诺兹及其他一些人共同创立了皇家艺术学院，并在 1760—1768 年间担任画家协会（Society of Artists）主席。海曼也是英国为数不多的几位带有洛可可风格的艺术家之一，代表作包括位于沃克斯豪尔（Vauxhall）的休闲花园的装饰，这是一个很受欢迎的供人们饮茶和娱乐的公园。据说，他还和盖恩斯伯勒一起在法国画家格拉沃洛（Gravelot）的画室工作过，两个人都曾在那里接受洛可可风格的美术教育。海曼画过很多风俗画，其中一幅名为《乔纳森·泰尔一家》

1 E. D'Oench, *The Conversation Piece: Arthur Devis & His Contemporaries* (New Haven: Yale Center for British Art, 1980), 56.

2 S. Paviere, *The Devis Family of Painters* (Leigh-on-Sea: F. Lewis, Publishers, Limited, 1950), 13. 戴维斯的家族里有很多画家，包括：Anthony Devis (1729–1816), Thomas Anthony Devis (1757–1810), Arthur William Devis (1762–1822) and Robert Marris (1750–1827).

图 3—31 《希尔夫妇》，布面油画，30 英寸 ×25 英寸，亚瑟·戴维斯绘于 1750—1751 年前后。图片由伦敦布立基曼艺术图书馆和耶鲁英国艺术中心（Yale Center for British Art）提供。

（*Jonathan Tyers and His Family*，1740），画了泰尔一家人饮茶的场景。海曼是最早的风俗画家之一，他的风俗画足以与盖恩斯伯勒的早期作品相媲美。将后者的名作《安德鲁斯夫妇》(*Mr. and Mrs. Andrews*, 1750)与海曼的作品进行对比，不仅可以看出两位画家的不同，而且能够感受到传统肖像画与18世纪风俗画之间的差异。

约翰·佐法尼风格活泼的作品给风俗画带来了一股新的活力，其中有好几幅是饮茶题材的。佐法尼曾在罗马学习绘画，后来移居德国，最后定居英国。他很快就适应了英国的审美和生活方式，还经常光顾伦敦的“古老的杀戮”（Old Slaughter）咖啡馆。[1]佐法尼逐渐成为肖像画、风俗画的专家，曾给乔治三世和著名演员大卫·加力克（David Garrick）画过像（演员加力克的画像呈现的是他在台上表演的场景），受到客户的广泛赞许。他最有名的以茶为主题的风俗画之一，是创作于1766年前后的《威洛比·德·布洛克勋爵一家》（*Lord Willoughby de Broke and His Family*）。佐法尼自由放松的独特画风正好迎合了18世纪英国人的审美，也预示了一种更加现实主义的绘画流行趋势。1772年到1779年间，佐法尼居住在佛罗伦萨，回到伦敦后，他发现风俗画的市场已经消亡，十分沮丧，于是决定前往印度作画。1783年到1789年，他在印度呆了6年，通过给富有的贵族和英国移民作画发了一笔财。1783年到1787年他待在加尔各答，绘制了作品《奥利奥尔和达什伍德家族》（*The Auriol and Dashwood Families*），画中奥利奥尔、普林塞普（Prinsep）、达什伍德三个英国家庭在一棵菠萝蜜树下。画面中，七个人围绕着中间两个喝茶的女性——夏洛特·达什伍

1 D. Shaw-Taylor, *The Theme of Genius in Eighteenth Century British Portraiture* (Great Britain: Scottish National Portrait Gallery & Notthingham University Art Gallery, 1987), 79.

图 3—32 《乔纳森·泰尔一家》，布面油画，30.6 英寸 × 41.75 英寸，弗朗西斯·海曼绘于 1740 年。乔纳森·泰尔因为建造了时髦的沃克斯豪尔公园（Vauxhall Gardens），使得伦敦各个阶级的人都能来这里饮茶、听音乐会、散步而极具影响力。这幅画描绘了泰尔一家围坐在一张独脚茶桌前饮茶的场景，茶桌上放着镀银的奶罐、瓷的茶碗和废水碗、一个紫砂壶。背景中壁炉的上方有一个威尔士王子弗雷德里克（Frederick Prince of Wales）的圆形浮雕头像：他是泰尔最大的主顾。图片由英国国家肖像美术馆（National Portrait Gallery）提供。

图 3—33 《威洛比·德·布洛克勋爵一家》，布面油画，约翰·佐法尼绘于 1766 年前后。这幅画描绘了当时最新潮的茶具，视觉焦点是一个银茶瓮，放在早餐桌的边上。茶瓮有一个奇彭代尔风格的红木雕花围栏底座。三脚茶桌表面覆盖着品质很好的白色亚麻桌布，上面放着一个茶盘，里面是一套日本赤绘风格的陶瓷茶器，包括茶碗、茶碟、糖罐、废水碗和带底座的茶壶。图片由佳士得图片库提供（Christie's Images）。

德（Charlotte Dashwood）和索菲亚·普林塞普（Sophia Prinsep），一个年轻的家仆拿着茶壶，让印度仆人将水注入。[1] 从社会和历史研究的角度来看，这幅画表明了当时以饮茶为代表的英国习俗已经传播到了殖民地。虽然佐法尼晚年无所建树，但他依然是最重要的风俗画家，对以茶为主题的绘画做出了巨大贡献。

18 世纪末，随着肖像画的发展，风俗画渐渐不再流行。人们对风俗画中戏剧化的、极其夸张的人物姿势和场景失去了兴趣。在约书亚·雷诺兹爵士在皇家艺术学院做了他的名为“第三和第四次演讲”（Third and Fourth Discourse）的系列讲座之后，庄重的英国风格的绘画成为新的流行风尚。作为历史画家、肖像画家，更重要的是理论家，雷诺兹在肖像画领域提出了很多有价值的观点。他分析了画面的构图，主张肖像画呈现的观念应该是一般的而非特殊的。比如，他认为在严肃绘画中，人物着装应当是那种不会过时的经典款，而非当时的流行款；并主张绘画应该回归到赞美主人公的道德品质上面。在他看来，那些炫耀主人公富有、高贵和赶时髦的饮茶肖像都是不应该被接受的。

虽然风俗画通常画幅很小，但它对于社会学、历史学研究却影响深远。饮茶人物的风俗画被收藏在世界各地，英国尤为丰富，这很容易理解。上文讨论了很多风俗画的领军人物，但有一些有趣的画作并未署名。[2] 风俗画描绘了处于家中或花园里的新兴中产阶级、商人、乡绅、贵族及其家人，成为现在研究英国社会阶级的重要参考资料。它们记录下了当时上流社会的风俗，包括怎样饮茶和使用茶具。

1 M. Archer, *India and British Portraiture* (London: Oxford University Press, 1979), 159–161.

2 其中两件有意思的作品是：*A Family at Tea* (1727, Victoria & Albert Museum) 和 *A Gentlemen's Tea Party*（约 1705, York Civic Trust）。

与茶相关的静物画

静物画是历史最为悠久的绘画门类之一，已存在了两千多年。它源于庞贝时期，在意大利文艺复兴时期和荷兰黄金时代到达顶峰，正式成为一个独立的门类。将各种物品摆放在一起，有策略地安排进作品的画面构图中，可以形成某种象征性意象，反映生活背后的哲学思想。对研究装饰艺术的历史学家来说，静物画是记录某种器具在历史上的使用方式的媒介，比如银器、瓷器、玻璃器皿和各种家具。

158

大多数人认为，静物画起源于荷兰。罗伯特·隆吉（Robert Longhi）针对卡拉瓦乔的名作《水果篮》（*Basket of Fruit*，约 1598—1601）评论说："这是对静物画最纯粹的表达。"[1] 经过不断演变，17 世纪的时候，静物画的分支"虚空派"出现了，它的英文名"vanitas"在拉丁文中表示"空"。虚空派进一步升华了静物画的意义，其表现的主题一般是生命的无常，财富、权力和世俗名利的转瞬即逝。虚空派得名于雅克·德·戈恩二世（Jacques de Gheyn Ⅱ）在 1600 年前后创作的作品《虚空》（*Vanitas*）。这幅画目前收藏在纽约大都会艺术博物馆（Metropolitan Museum of Art）。

英国的静物画主要受 1660 年后移民到伦敦的荷兰艺术家的影响。当时英国的艺术市场，尤其是贵族，十分推崇欧洲大陆画家的绘画技术，而荷兰画家被认为是最杰出的，尤其是在肖像画领域。其中有一位彼得·盖里茨·范·罗斯特拉登（Pieter Gerritsz van Roestrae-

1 J. Turner, ed. *Grove Dictionary of Art* (New York: Macmillan Publishers Limited, 1996), 663.

ten，1629—1700）出生于荷兰西部的哈勒姆（Haarlem），曾拜弗兰斯·哈尔斯（Frans Hals，约 1582—1666）为师，学习肖像艺术，并于 1646 年加入了哈勒姆协会（Haarlem Guild），后与哈尔斯的女儿结婚。罗斯特拉登在 1664 年前后移民到英国，在英国定居了 30 多年，直到去世。在英国落脚后，他被彼得·莱利（Peter Lely，1618—1680）引荐给了当时的国王查理二世，给国王展示了他的作品《虚空静物》（*Vanitas Still Life*），这幅画至今还收藏在汉普顿宫（Hampton Court）。罗斯特拉登的静物画技法高超，作品非常受贵族主顾们的欢迎。但他之前学习的是肖像画，是什么促使他转行到静物画的呢？后人猜测可能有两个原因：第一，彼得·莱利作为肖像画家，担心罗斯特拉登会和自己产生竞争，因此是在罗斯特拉登不绘制肖像画的前提下将他引荐给查理二世的。第二，罗斯特拉登本人意识到肖像画领域竞争之激烈，于是退而求其次，转到他第二喜欢的静物画领域，这受到了阿姆斯特丹著名静物画家威廉·卡尔夫（Willem Kalf，1619—1693）的影响。罗斯特拉登是那个时期英国最出色的画家之一，影响了整整一代静物画家。

罗斯特拉登看到了为那些对象征财富的奢侈品感兴趣的人绘制静物画的市场潜力，是最早将茶器作为绘画主题的画家之一。他不仅创立了形式独特的虚空画派，还以画家的视角观察着当时的社会，通过绘画表达自己对饮茶这一社会风俗的看法。罗斯特拉登在英国创作的作品中经常出现的元素有：安东尼·奈尔米（Anthony Nelme）设计的一个银烛台（制作于 1693—1694 年前后，造型是一个举着丰饶角[1]的女人）、一个宜兴紫砂壶、一套五彩瓷茶碗

1　译者注：丰饶角，又名丰饶羊角（Cornucopia），起源于罗马神话。丰饶角的形象为装满鲜花和果物的羊角（或羊角状物），以此庆祝丰收和富饶；同时，丰饶角也象征着和平、仁慈与幸运。

图 3—34　《有银茶壶和司康饼的静物画》（*Still Life with Silver Teapot and Scones*），布面油画，24 英寸 × 20 英寸，尼基·菲利普斯（Nicky Philipps）绘于 2002 年。图片由尼基·菲利普斯和艺术品委托有限公司（Nicky Philipps and Fine Art Commissions Ltd.）提供。

和一个红漆的茶叶罐。其中的中国器物都是东印度公司进口的，那些能买得起茶叶的富人，对这些茶具也很感兴趣。银器、瓷器和漆器的特性使它们暗示着财富和地位，再加上画面中对器物外形的描绘，使得以茶为主题的静物画更具象征意义了。

可以说，罗斯特拉登把典型的荷兰画风带到了英国，并且为了迎合英国人的审美，做出了适当改进，是他给英国人带来了新的艺术形式。在他的作品《有磨砂银姜罐和粗陶茶壶的静物画》（*Still Life of Frosted Silver Ginger Jar with Stoneware Teapot*，约 1695）中，描绘了带镶嵌的宜兴紫砂壶、带浮雕的银姜罐、茶碗、镀金茶匙等物件，构图十分精巧。另一幅作品《有银烛台的静物画》（*Still Life with a Silver Candlestick*）中则包含了他作品中的所有典型元素，体现了他层次丰富的绘画风格。画中的茶器看似随意地摆放在桌上，以一种自然主义的方式，巧妙地吸引着观者的注意力。刚刚熄灭的蜡烛是虚空派画作中常见的元素，表现人生的短暂。但在生命易逝的痛苦之外，代表世俗享乐的茶器才是罗斯特拉登画面的焦点。在那个时候，茶还被认为是一种激起性欲的春药。1680 年左右出版的一本小册子上曾写道："茶于新婚夫妇很有用，给洞房之事注入了潜力。"[1] 因此，在静物画中，茶是世俗享乐的象征，它使得罗斯特拉登的画有了更丰富的内涵。

罗斯特拉登延续了在荷兰时形成的绘画风格，但他对静物的诠释，却是以一种英国人的视角。有人认为，他的成功之处在于能够给银器和茶具赋予现实的意义，正是这种创新使传统的虚空派绘画逐渐过渡到现代静物画。有人认为罗斯特拉登"通过把静物画传统的象征手

1　F. Meijer, *Still Life Paintings from the Golden Age* (Rotterdam: Museum Boymans-van Beuningen, 1989), 100–101. 作者翻译道："这巩固了爱情，对新婚夫妇有益。"作者还提出，画面上出现的肉豆蔻籽，暗示这种香料可能和糖一起被加入了茶中。这幅画目前收藏在鹿特丹的 Museum Boymans-van Beuningen。公共收藏中同类的其他作品还包括：*Still Life with a Theordo*（Royal Collection）和 *Still Life with Chinese Tea Things*（Gemäldegalerie, Berlin）。

图 3—35　《有磨砂银姜罐和粗陶茶壶的静物画》，布面油画，彼得·盖里茨·范·罗斯特拉登绘制于 1695 年前后。图片由苏富比图片库（Sotheby's Picture Library）提供。

法转变成对当下流行的物件本身的描绘，将茶器以最原本的摆放形式呈现出来……不仅捕捉了器物本身的美感，也记录了贵族生活中的时髦仪式。正是在这种选择和专业化的过程中，以及对客体的真实呈现中，画家的精明头脑和高超技艺显现了出来”[1]。罗斯特拉登对静物画的影响之深刻，怎么夸张都不过分。

不幸的是，有很多不是罗斯特拉登本人创作的画作被错误地归到了他的名下，那些其实是他众多追随者绘制的模仿品。比如，画家爱德华·科利尔（Edward Collier，约 1640—1706）在自己创作于 17 世纪末的静物画中选用了和罗斯特拉登相似的茶器。虽然科利尔试图模仿罗斯特拉登的静物画，但很明显他的技法并没有荷兰的绘画大师成熟。看起来，以茶为主题的静物画已经自成一派。两幅佚名画家的作品——《有茶壶、银罐和烛台的静物画》（*Still Life with a Teapot, Silver Jar & Candlestick*，约 1695）和《托盘中的一套茶具》（见本书第 187 页插图），体现了罗斯特拉登对英国当时和后世画家的巨大影响，无论是生前还是在他去世多年后。

到了 18 世纪，静物画逐渐变得因循守旧，但依然流行，特别是在错视画领域。此类绘画更注重装饰性，而非之前的虚空内涵。后来，静物画逐渐没落，在人们心中的地位也降低了。1875 年，传统的静物画彻底成为历史，但它依然是艺术史中的一个重要门类。[2]之后静物画的创新陆续受到印象主义、后印象主义、立体主义，以及 20 世纪艺术的各种“主义”的绘画风格的影响。后来的这些流派，强调的是色彩和实用性。今天，静物画依然有人创作

1 L. B. Shaw, "Pieter van Roestraeten and the English 'vanitas.'" *The Burlington Magazine*, vol. III (1990): 402–406.

2 C. Sterling, *Still Life Painting From Antiquity to the Twentieth Century* (New York: Harper & Row, Publishers, 1981), 147–158.

图 3—36 《有茶壶、银罐和烛台的静物画》，布面油画，英国画派，由彼得·盖里茨·范·罗斯特拉登的追随者绘制于 1695 年前后。画中有一个英国或荷兰产的银罐子（约 1650—1680）；一个英国产的镀金银烛台，底座的形状是一个屈膝的奴隶（约 1690）；还有一个红漆茶叶罐、带镶嵌物和托盘的茶壶、茶碗，以及一个镀金银茶匙（约 1690）。图片由维多利亚与阿尔伯特图片库提供。

和欣赏，人们被静止的物体吸引，产生无穷的想象。而以茶具为主题的静物画，展现出了一种家庭内部私密空间的温馨氛围。[1]

维多利亚时期的意象

160

维多利亚女王统治时期（1837—1901）是一段发展迅速、变革剧烈、极其繁荣的时期，用一句话概括就是“大不列颠帝国的太阳永不落”。同时，这也是一个各种观点和思想剧烈冲突和碰撞的时期。虽然机器和新技术的产生给帝国带来了巨大的财富，但也导致了贫穷和环境污染。达尔文用进化论颠覆了维多利亚时期英国人的神学观念，改变了他们看待人类自身的方式；而禁酒运动则是对过分自由的宗教气氛的一种反抗。各种新产业和重要的盛事如雨后春笋，纷纷展示着新的发明创造，比如1851年的万国博览会（Great Exhibition of 1851）。另一方面，设计师中也出现了一种倡导传统手工艺复兴的思潮，具体表现为工艺美术运动（代表人物是威廉・莫里斯）、查尔斯・巴里（Charles Barry）设计的新哥特式建筑——国会大厦（Houses of Parliament），以及A. W. N. 皮金（A. W. N. Pugin）的著名室内设计。约翰・罗斯金（John Ruskin，1819—1900）是当时杰出的艺术批评家，捧红了J. M. W. 特纳（J. M. W. Turner，1775—1851）极具革新性的作品，提倡“艺术至上”（art

1　C. Sterling, *Still Life Painting From Antiquity to the Twentieth Century*, 147–158.

图3—37　《喝茶的艾达》（*Ada Taking Tea*），布面油画。25英寸×20英寸，罗伯特・彭斯比・斯特普尔斯爵士（Sir Robert Ponsby Staples）绘于1900年前后。图片由笔者提供。

for art's sake）的观点，还在著作《现代画家》（*Modern Painters*，1843—1860，共 5 卷）中为拉斐尔前派画家（Pre-Raphaealites）和传统现实主义的作品进行了辩护。

维多利亚时代的主流价值观是重视家庭，重视休闲活动，强调道德标准。英国成立了很多新的公司，解决了就业问题，使更多的人过上了富足舒适的生活。虽然贫困依旧存在，但中产阶级占总人口的比例越来越大。维多利亚女王和阿尔伯特亲王的家庭生活使维多利亚时期的人感到自豪，并渴望像王室家庭那样享受天伦之乐。罗斯金把家庭形容成“一个神圣的地方，一座纯洁的庙宇，一座被家庭之神守护者炉火的神庙”[1]。家庭是维多利亚时期人们生活的中心，是辛苦工作的父亲在一天的劳累之后想要回归的地方，那里有他听话的孩子和可爱的妻子。[2]

维多利亚时代人们的生活方式，给当时的艺术家提供了灵感。艺术家带着慈悲和现实主义的眼光描绘人们生活中的各种场景，从婚礼、玩耍的孩子到饮茶的一家人。画中快乐、舒适的体面生活场景与家庭之外快节奏的社会形成反差，突出了维多利亚时代注重家庭的价值观。维多利亚时期最常见的绘画是叙事画。伦敦皇家艺术学院的墙上就挂满了叙事画，这些作品饱含感情、技法精巧地描绘了当时人们的室家之乐，似乎在诉说那个时代的价值观：无论贫穷还是富有，只要家庭幸福就是快乐的。[3]它们有些描绘的是富有的上层中产阶级家庭，有些描绘的是贫穷的乡村家庭，但给人的感受都一样——壁炉和家宅的人间烟火气息带来了稳定和舒适的感觉。这些叙事画跨越了社会阶级，将主题聚焦在了那个时代人们普遍接受的

1 C. Wood, *Victorian Panorama* (London: Faber & Faber, 1976), 59.
2 C. Wood, *Victorian Panorama*, 59.
3 C. Wood, *Victorian Panorama*, 59.

图 3—38 《在红屋外饮茶》（*Tea at Red House*），水彩画，7 英寸 ×11 英寸。沃尔特·克兰（Walter Crane）绘于 1907 年，画上有作者姓名首字母组成的图案。克兰与威廉·莫里斯和他的朋友圈有联系，这幅画画的就是在莫里斯家花园里喝茶的场景。图片由伦敦美术协会提供。

图 3—39

图 3—40

图 3—39 《他会来吗？》（*Will He Come?*），布面油画，22 英寸 × 30 英寸，乔治·古德温·基尔本（George Goodwin Kilburne）绘。图片由百老汇海恩斯画廊提供。

图 3—40 《清理房间，准备喝茶》（*Tidying the Nursery for Tea*），布面油画，作者乔治·古德温·基尔本绘。图片由沃特豪斯与都德公司（Waterhouse & Dodd）提供。

图3—41 《玩偶的茶会》(*The Doll's Tea Party*)，布面油画，20英寸×24英寸，查尔斯·戈金(Charles Gogin)绘于1876年，画上有作者签名。画家擅长绘制以儿童为主题的作品。在这幅画中观众可以看到，画上的小女孩在很小的时候就被鼓励和教育以玩偶为对象开茶会，学习如何做一个合格的女主人。图片由克里斯托弗·伍德美术馆(Christopher Wood Gallery)提供。

价值观上。

维多利亚时期茶叶越来越便宜，喝茶成了每个家庭日常生活的一部分，在这一时期的绘画中可以看到许多与饮茶相关的内容，它们有的是画作的主题，有的是将茶具作为参与其他叙事的元素。维多利亚时期的作家伊莎贝拉·比顿在她的著作《家庭主妇珍藏的家政知识》中提出一家人喝茶“应该是一天中大部分事务都结束了，全家人都可以坐下来尽情享受这一餐的时候”[1]。茶给了人们这么美好的感受，难怪它会成为当时绘画的一大主题了。本书所呈现的多姿多彩的维多利亚时期饮茶场景证明了“茶”这一主题的丰富性：儿童房间里的茶、茶会、花园里的茶、温室里的茶、上流社会的茶、工人阶级的茶。这类作品无一例外属于现实主义绘画，它们试图在特定的环境中捕捉生活的一个短暂瞬间。与之前的任何一个时代都不同，维多利亚时期的绘画反映了那个时代的多样性，完全真实地记录了人们的生活方式，让后人能够全面地理解当时的社会和日常生活。

詹姆斯·雅克·迪索（James Jacques Tissot，1836—1902）或许是那个时代英国最好的画家之一。他来自法国，在伦敦工作和生活。和罗斯特拉登一样，他主动调整自己的绘画题材以适应英国人的审美；但在风格上，他依然是一个典型的法国画家。迪索出生于法国西部的南特（Nantes），曾经在巴黎美术学院（Beaux-Arts in Paris）就读，期间受到了印象派运动的影响，其画作描绘了当时社会上最时髦的场景，画风松弛而自由。在迪索 1871 年移居伦敦之前，他的画作已经在伦敦展出过了，也在上流社会取得了一定的知名度。迪索是

164

1 I. Beeton, *Housewife's Treasury of Domestic Information*, 393.

因为卷入了巴黎包围战而被迫离开法国的，他选择定居伦敦并在这里度过了十几年，直到1882年才离开。到伦敦之后，他迅速融入了当地的精英圈子，开始作画描绘当时英国人的生活，包括各色人物、风俗、品位和社交活动。他的作品可以形容为印象派风俗画，茶是其中的一个典型意象，围绕茶的是打扮入时的人物和装修精美的室内环境。

迪索凭借他敏锐的观察能力发现，在维多利亚时期的英国，茶已经成为人们生活中必不可少的一部分。于是，他以茶作为工具，来描绘当时的社交活动。他的作品《在温室里（情敌）》（*In the Conservatory [The Rivals]*）创作于1875—1878年前后，画中是四位女性和两位男性在享用下午茶。在这样一个社交场合中，女性可以自由地交往，甚至可以低调地与男人调情，同时又不违背上流社会的礼仪。社交礼仪约束了人们的行为，甚至影响着饮茶时的谈话。可以想象到，在这种场景中的对话，一定也符合这幅画绘制完成那年的礼仪小册子中所描述的内容："完美的谈话者，一定要符合以下几个要求。他们一定要了解世界，博览群书，并且善于表达；要拥有创造力、好的记性，以及明白什么该说、什么不该说的敏锐直觉，还要有良好的审美品位、好脾气和好的礼仪。"[1] 在迪索另一幅绘于1872年的作品《坏消息（分手）》（*Bad News [The Parting]*）中，一位即将远行的游客正在饮茶。而在描绘早餐场景的《能看到海港的房间》（*Room Overlooking the Harbour*，约1876—1878）中，画家隐晦地表达了"婚姻也许只是权宜之计"的观点。总之，迪索将饮茶的行为作为其作品的黏合剂，将画中的叙事联系到了一起。

1 Ward, Lock, and Taylor, *The Manners of Polite Society or Etiquette for Ladies, Gentlemen and Families*, 206–212.

图 3—42

图 3—42 《坐在早餐桌旁》（*At the Breakfast Table*），布面油画，安妮·萝丝·莱恩（Annie Rose Laing，1869—1946）绘，画上有作者签名。作品照片由伦敦理查德·格林美术馆（Richard Green Galleries）提供。

图 3—43 《楼下的快乐生活》（*High Life Below the Stairs*），布面油画，23 英寸 ×34 英寸，查尔斯·亨特（Charles Hunt）绘于 1897 年，画上有作者签名。图片由克里斯托弗·伍德美术馆提供。

图 3—43

图 3—44

图 3—45

图 3—44 《在温室里（情敌）》，布面油画，16.75 英寸 ×21.25 英寸，詹姆斯 · 雅克 · 迪索绘于 1875—1878 年。图片由伦敦布立基曼艺术图书馆提供。

图 3—45 《茶会》（*A Tea Party*），布面油画，20 英寸 ×24 英寸，托马斯 · 韦伯斯特（Thomas Webster）绘于 1883 年。图片由英国普雷斯顿的哈里斯博物馆与美术馆提供。

总得来说，维多利亚时期的画作是悦目的，其表现的主题能够唤起人们的美好情感，与饮茶相关的画作即是如此。而维多利亚时期的公众对艺术的态度则可以用艺术史家理查德·缪瑟（Richard Muther）的这段话很好地概括："维多利亚时期的艺术是基于奢侈品、乐观主义和贵族……当时的主流观点是，一幅画首先要是一件引人注目的家具，适合挂在客厅里……这幅画中的一切都要符合迷人、温和、丰盛的标准，不能有任何体现生存艰难的画面出现。"[1] 在如此严格的要求下，难怪当时有那么多画家选择描绘饮茶的意象了。饮茶是一种无论男女老幼、贫富贵贱都可以享受其中的活动。茶，通过绘画，就这样简简单单地成了一种人们通用的语言。

摄影

摄影技术作为记录现代生活的工具出现，具有十分重大的意义，而最早应用该技术的国家是英国和法国。摄影术发明于 19 世纪中叶，20 世纪才开始真正发挥作用。1859 年，巴黎沙龙（Salon of Paris）第一次展出了摄影作品。最早的照片是通过暗箱成像的，由法国人约瑟夫·涅普斯（Joseph Niépce）在 1826—1827 年左右发明，这种技术是直接形成正片。1835 年，约瑟夫的合伙人路易斯·达盖尔（Louis Daguerre）成功将曝光时间从 8 小时缩

1 C. Wood, *Paradise Lost: Paintings of English Country Life and Landscape* (London: Barrie & Jenkins, 1988), 13.

图 3—46 《喝茶的一家人》（*A Family at Tea*），立体照相，手工上色，蛋白印相工艺，装裱在硬卡纸上。阿尔弗雷德·西尔维斯特（Alfred Silvester）创作于 1855—1860 年前后。图片由维多利亚与阿尔伯特图片库提供。

短到20分钟。著名的达盖尔摄影法也称银版摄影法，采用的是使独立的小幅图像在一块抛过光的、镀有薄银的铜板上显影的方法。另一位对摄影技术革新做出重要贡献的人物是英国的威廉·亨利·福克斯·塔尔博特（William Henry Fox Talbot），他在1835年发明了真正的现代照相技术，有了底片，照片就可以重复冲洗了。[1] 后来，大卫·布鲁斯特爵士（Sir David Brewster）和安东尼·克莱尔多特（Antoine Claredot）又发明了立体照相术，即通过拍摄两张不同视角的照片，重现人眼中的三维效果。维多利亚时期，立体照相术和名片照片（carte-de-visite）都非常流行，后者是一种便宜的、尺寸能放进口袋的肖像照。[2]

摄影这一新的媒介技术对绘画的影响极大，它直接终结了现实主义绘画，为后来20世纪的各种流派开启了一扇大门。艺术家的创造性不再被正统学院的规矩所束缚，绘画也不再是记录真实生活的工具。摄影成为新的记录手段，同时也是一个新的艺术门类。正如某知名学者所说：“震撼人心的图像，介于纯粹的绘画与纯粹的摄影之间，它的迷人之处无法用语言和逻辑概括。”[3] 摄影使得客观记录日常生活、社会场景和重大事件成为可能，而肖像摄影也成了19世纪和20世纪新的风俗画形式。与18世纪的风俗画不同，摄影作为一种媒介技术更具真实性，不论贫富贵贱，社会中各行各业、各个阶层的真实生活场景都可以被记录下来。19世纪到20世纪初，茶依然是英国文化中重要的一部分，因此饮茶场景也是摄影师广泛使用的题材。维多利亚时期的人希望自己饮茶的样子被永久定格，他们认为饮茶的活动极具描述的价值，更最重要的是，当时人们普遍把饮茶当作一项愉快的活动。在花园、温室、

166

1 D. Davis, *Photography as Fine Art* (London: Thames & Hudson, 1983), 7–20. 在路易斯·达盖尔于巴黎展示他名为达盖尔型（daguerretype）的工艺之前，塔尔博特并没有为自己申请专利。

2 H. Bridgman & E. Drury, eds., *The Encyclopedia of Victoriana* (London: Country Life, 1975), 75–81.

3 D. Davis, *Photography as Fine Art*, 12.

图3—47 《在草坪上饮茶的英国家庭》（*An English Family Taking Tea on the Lawn*）照片，摄于20世纪初。图片由维多利亚与阿尔伯特图片库提供。

梳妆间或儿童房间拍摄的饮茶照片，保存至今的有上千张。这些照片让生活于 21 世纪的人们得以一瞥那个时代：人们的生活更加文雅，每天都有固定的时间被指定用于饮茶这项文明的活动。

永不过时的主题

即使现在，茶已经成为一种跨越阶级的、器具和仪式极度简化的饮料，但当它出现在艺术的语境中，它仍是全人类共通的语言。举个例子，詹姆斯·古恩爵士（Sir James Gunn，1893—1964）绘于 1950 年的画作《温莎皇家别墅的风俗画》（*Conversation Piece at the Royal Lodge, Windsor*）描绘了国王乔治六世、伊丽莎白王后、伊丽莎白公主和玛格利特公主一起喝茶的情景。这幅画绘于第二次世界大战后，那时的英国社会风气保守，茶一直是限量供应，茶桌的存在是为了强调重视家庭的英国传统价值观这一主题。画中王室成员随意的姿势拉近了他们与其他阶级之间的距离，坚定地传达出无论王室还是平民，在这个时代都要为国家负起责任。这幅画中的王室成员并没有像往常的肖像画中那样身穿全套王室盛装——据说这是乔治六世的决定，因为这样更贴近当时的英国社会。

英国青年艺术家组织（Young British Artist，缩写为 YBA）的莎拉·卢卡斯（Sarah

图 3—48　《温莎皇家别墅的风俗画》，布面油画，59.5 英寸 ×39.5 英寸，詹姆斯 · 古恩爵士绘于 1950 年。画中的人物是国王乔治六世、伊丽莎白王后、伊丽莎白公主和玛格利特公主。茶桌上有银茶瓮、托盘、糖罐和一套陶瓷茶具。图片由英国国家肖像美术馆提供。

图 3—49

图 3—50

图 3—49 《姐妹》（*The Sisters*），木板油画，14.25 英寸 ×20 英寸，莱昂纳多·坎贝尔·泰勒（Leonard Campbell Taylor，1874—1969） 绘于 1908 年，画上有画家签名。画作照片由伦敦理查德·格林美术馆（Richard Green Galleries）提供。

图 3—50 《野餐》（*The Picnic*），布面油画，20 英寸 ×24 英寸，威廉·查尔斯·潘恩（William Charles Penn，1877—1968）绘于 1921 年，画上有画家签名。画作照片由伦敦理查德·格林美术馆提供。

Lucas）也在她 12 幅的系列自拍肖像摄影作品中把茶用作了道具。这套作品现在由查尔斯·萨奇（Charles Saachi）等英国收藏家收藏。卢卡斯还有一幅电子印刷作品《端着茶杯的自画像》（*Self Portrait with Mug of Tea*，1993），收藏于泰特现代艺术馆（Tate Modern），画中艺术家的姿势很男性化，手上端着她的每日“一杯茶”（cuppa）。这些作品表明，像“茶”这样的传统符号依然活跃在当代艺术作品之中。

今天，茶为世界各地的人所了解和喜爱，它代表了一种平静和休闲的态度。当代艺术家在画作中将茶和茶器当作道具，来反映画中人物的个性；甚至饮茶的活动本身就是画作的主题。画家阿拉斯泰尔·亚当斯（Alastair Adams）细心地在桌子上放了一只现代的茶壶，用它来反映画中人的生活品质。同时，画家让自己的样子反射在了银茶壶光滑的表面上，巧妙地使自己融入了画作。这幅画使人们回想起了过去大家在高雅的场所饮茶的年代。在黑兹尔·摩根（Hazel Morgan）的一幅现代风俗画里，画家描绘了一群去西西里采风的英国画家。画面定格了这样一个瞬间，大家随意地坐着，喝着茶或者酒，散发出一种无比放松和欢乐的气氛。

图 3—51 《弗里茨和英格里德·斯皮格尔》（*Fritz and Ingrid Spiegl*），布面丙烯画，40 英寸 ×40 英寸，作者是阿拉斯泰尔·亚当斯。图片由画家本人和英格里德·斯皮格尔艺术代理有限公司（Ingrid Spiegl and Fine Art Commissions Ltd.）提供。

小结

茶，把大英帝国的民众联结在了一起，它与英国文化紧密相连，很大程度上已经成了英国的国家符号。300 多年来，对英国的艺术家和工匠来说，茶是永不过时的主题，给他们提供了丰富的灵感。英国不仅接受了中国的喝茶习惯，还独创了自己的喝茶礼仪。在欧洲，没有任何一个国家像英国这样爱喝茶。东印度公司垄断了早期英国与亚洲的茶叶贸易，为英国实现了财富积累。茶带动了贸易的发展，喝茶也改变了社会风俗和礼仪。随着英国普通大众生活水平的提高，绝大多数人都能喝得起茶了，茶成为各个阶级平等享有的一种饮料。

甚至，花园和房间的装饰、房屋的布局，都是围绕饮茶与茶间谈话设计的。对茶器的需求促进了 18 世纪英国的陶瓷、银器和家具产业的发展，使英国制造出了那些被认为是当时世界上最好的产品。德国魏玛的《时尚与奢侈品杂志》（*Journal des Luxus und der Moden*）在 1786 年的一篇社论中描述了这一深远的影响："几乎所有的英国家具都非常坚固和实用；相比之下，法国家具就没有那么结实，且略显矫揉造作，招摇卖弄……无疑，在今后很长的一段时间里，英国都会引领家具领域的时尚潮流。"这段话体现了英国家具产业的巨大影响力，同样的情况也存在于以斯塔福德郡为中心的英国陶瓷业，以及以伯明翰、谢菲尔德为中心的金属器皿产业。[1] 这三个产业，都向欧洲和北美出口了大量的茶具、茶器和茶家具。

1 Thornton, *Authentic Décor: The Domestic Interior 1620–1920*, 140.

图 3—52 《康帕尼亚克的画家们》（*Campagnac Painters*），布面油画，23.5 英寸 ×31.5 英寸，作者是黑兹尔·摩根。画上是一群去西西里采风的英国画家。图片由黑兹尔·摩根艺术代理有限公司（Hazel Morgan and Fine Art Commissions Ltd.）提供。

美术作品是研究装饰艺术的工具之一。据考证，自 17 世纪中期开展茶叶贸易以来，茶就频频出现在各个流派的绘画中。在乔治时代的版画和插画中，茶是政治工具和讽刺工具。在静物画中，茶器是财富、地位和生命易逝的象征符号。到了风俗画和人物群像画中，茶成了提升画中人社会阶层的道具。而在维多利亚时代情感丰沛的画作和早期摄影作品中，则是通过英国人的茶桌这一主题宣扬了重视家庭的价值观和当时的社会道德观。茶，作为美术作品的主题和道具，在促进画家与观众之间的交流方面起到了巨大的作用。

历史上，茶一直被宣传为一种健康饮料。一位 19 世纪早期的作家说过："世界上大多数人喝茶都是受英国人影响。在一定程度上，茶取代了酒精饮料，这对社会稳定有很大的好处……喝茶，很可能也对现代英国人寿命的延长起到了积极作用。"[1] 今天，英国茶叶协会依然在宣传茶及其保健功效，事实也证明了茶可以降低我们患某些疾病的几率，比如它可以预防癌症、降低血压，茶中的氟化物还可以防止龋齿。现在，前往英国旅行的游客都想要品尝世界上最好的茶，而且希望体验原汁原味的英式喝法。可以这么说，茶在世界的普及，部分应归功于英国人对它的热爱。

虽然英国人在茶中获得了极大的享受，但它也曾引起过战争、冲突和重税。历史上，人们围绕茶进行过很多争论。茶还在社会秩序的建立和改革的进行方面起到了推动作用，两次世界大战期间，茶亦曾鼓舞过人们的士气。茶塑造了英国，是英国人民坚强不屈的民族精神的象征。

1　M. D. George, *London Life in the Eighteenth Century* (London: Penguin Books, 1987 sixth edition), 329. 引自 Gilbert Blane's *Select Dissertations* (1833)。

Part IV: Tea Miscellany

第四部分：关于茶的杂录

备茶过程

169 备茶的过程随着历史的发展而演变，不同地域、国家在不同的文化背景下，备茶的方式也各不相同。究竟哪一种泡茶方式最适合你，取决于你个人的口味喜好。你喜欢按你祖母的方法泡茶，还是你的味蕾已经随时间而发生了改变？你喜欢在茶倒出来之前加奶，还是之后？有些人觉得为了"养壶"，不能用肥皂清洗茶壶；而另一些人认为需要清洗茶壶，以防泡出来的茶味道过苦。因此，简单地说，泡茶的方法完全因人而异。

下面介绍四种泡茶方法，分别来自：当代茶专家山姆·川宁（Sam Twining）、维多利亚时期的家政女王伊莎贝拉·比顿夫人、茶品颇受欢迎的伦敦丽兹酒店，以及中国传统茶道。

著名茶商、茶专家山姆·川宁在他的著作《我的一杯茶》（*My Cup of Tea*）中写道：

> 为了泡出一杯完美的茶。首先，你的茶壶要是银的、不锈钢的、玻璃的或瓷的；如果是陶的，那么内部必须上釉（比如布朗贝蒂茶壶［Brown Betty］[1]）。冲泡时间根据茶叶大小有所不同；较碎的茶叶只需2—3分钟，大小适中的茶叶4—5分钟，较大的茶叶需要6—7分钟。倒茶前可以打开茶壶盖，轻轻搅拌，并不算失礼。

山姆·川宁对泡茶提出了以下几条"黄金守则"：

1. 泡茶的水以含氧量充足为佳。打开自来水龙头，用空的水壶接水，使自来水与空气充分接触。
2. 泡茶的水要干净，应该确保茶壶中没有污渍。如果有，放入2茶匙小苏打粉，加入沸水，静置2—3个小时。这样可以除去污渍和残留的味道。
3. 泡茶前先将茶壶用热水预热，但预热后并不用擦干它。
4. 虽然所有的商家都建议，茶叶用量需要按每人一茶匙的茶，再在壶里加一茶匙来计算；但永远记住，茶的浓淡全凭个人口味。

1 译者注：一种产自英国本土的圆形、表面有锰棕色罗金厄姆釉的茶壶。

5. 因为泡茶的水以含氧量充足为佳，所以水煮沸后要尽快冲泡茶叶。这样做可以最大限度地保留茶水中的氧气，泡出最好的茶。（注意，泡绿茶的水，最好烧到将沸未沸的程度。）

6. 永远不要在茶里加糖，因为糖会麻痹味觉，带走茶本来的味道。如果想喝甜的，可以喝花果茶。

7. 使用茶壶保温套相当于人为地延长泡茶时间，会让泡出的茶更苦、更酽。借助可取出的浸茶器或直接用茶包可以解决这个问题。

8. 柠檬适合放入锡兰红茶或者较淡的中国红茶中。

9. 记住“MIF”（Milk-in-First）定理，即先奶后茶。如果最后加奶，茶水表面可能会出现很多小小的奶泡。

10. 水面如果有浮渣或泡沫，是水质不好造成的。买一个滤水器吧，它特别有用。[1]

19世纪的家庭作家伊莎贝拉·比顿在《家政管理之书》中写道，泡茶用的水必须是软水，而且要充分沸腾。如果你家的自来水不是软水，她建议加几粒小苏打，在水沸腾之前放入，用这样煮出的水泡茶能更好地带出茶的香味。比顿夫人说：“以前那种每人一茶匙后，再加一茶匙的量取茶叶的做法，现在依旧在沿用。”她还提到，茶壶预热需要2分钟，泡茶需要5—10分钟，这样才能使茶叶的味道充分发挥出来。[2]

伦敦的丽兹酒店也公开了他们自己的泡茶方法：

第一步：清空烧水壶，从水龙头注入冷水。

第二步：开始烧水。在水沸腾之前，取一些热水注入茶壶（瓷壶或陶壶最佳），旋转茶壶，让热水一圈圈温热茶壶内壁，然后倒掉（预热茶壶并非毫无意义，它能让之后加入的沸水在接触茶叶的时候始终保持很高的温度，使茶叶更快地舒展开）。

第三步：量取每人一茶匙，另加一勺的茶叶放入茶壶。（同等重量下，叶片较大的茶叶，相对来说体积更大，所以这种茶叶可以多放一勺左右。）放好茶叶后，水正好也烧开了，就可以泡茶了。但要注意水不能过度沸腾，过度沸腾会使水中的氧气流失，造成茶的味道更苦涩、浑浊。

第四步：根据茶叶大小而异，静置3—6分钟。（较碎的茶叶时间短些，较大片的茶叶时间久些。）

1 S. Twining, *My Cup of Tea*, 61–62.

2 I. Beeton, *Book of Household Management*, 480.

第五步：充分搅拌茶水，倒入茶杯。可以使用过滤器，防止茶叶也一起倒出。如果加奶，要加凉的、新鲜的奶，并且要在倒茶之前将奶加入茶杯。

P. S.：泡茶包从来都不是一个好主意。茶包泡出的茶与茶叶泡出的味道完全不一样。另外，试着不要加糖，因为糖会损坏茶的味道。[1]

170 中国福建出产的高品质茶叶，其泡法与西方的常规方法有所不同。这种茶通常用宜兴紫砂壶冲泡，被称为工夫茶：

第一步：烧水。在水过度沸腾之前，就要从火上拿下来。

第二步：放入茶叶前先用开水冲洗茶壶，这样泡茶的时候茶叶可以更快地吸收热水，舒展开来。

第三步：茶壶中放入茶叶，倒入茶水，盖上盖子。

第四步：用热水浇淋茶壶外壁，防止茶叶香味散逸。

第五步：将茶水立刻倒入在茶盘内摆放成一圈的茶杯中。

第六步：倒茶的时候要转着圈挨个倒，中间不能停顿，直到所有茶杯都注满为止。这样可以保证每杯茶的浓度一致。

第七步：茶壶不需要洗，但泡过的茶叶要清理干净。[2]

中国人把水称作“茶之母”，把茶壶称作“茶之父”，木炭则是“茶之友”。[3]他们认为想要喝到好茶，一定要用最新鲜的水，烧到最适合泡茶的程度。另外，茶壶也要精心挑选，这样才能更好地突出茶叶的特点和香味。

茶常常被拿来和酒做对比。和酒类似，不同种类的茶适合在一天中的不同时段饮用，根据天气、食物，甚至一起喝的人，也可以做出不同的选择。而配制适合自己的茶，更是一件可以满足个人独特口味的快事。

1 H. Simpson, *The London Ritz Book of Afternoon Tea*, 62.

2 K. Lo, *The Stoneware of Yixing: From the Ming Period to the Present*, 253.

3 K. C. Lam, *The Way of Tea*, 74–87.

茶品名称一览

茶叶来自茶树，茶树最早种植于中国，后来传到日本、印度及其他地区。它的叶子、茎和嫩芽都能采摘，会根据加工工艺的不同进行分类。茶的呈现形态包括茶叶、茶粉和茶砖，味道受种植地区的土壤和海拔的影响，还与采摘的季节有关。茶的品种很多，在任何场合、任何气氛下，都有适合喝的茶。

中国当代的鉴赏家们会花钱雇专家来定制混合茶叶，满足自己的独特喜好。而你在家里也可以这样试着将不同味道的茶叶混合起来，泡出味道符合当下心情的茶。笔者个人的最爱是下午茶喝伯爵红茶，晚上喝混合了薄荷和洋甘菊的茶，这种茶令人非常放松，而且对消化功能有好处。茶叶泡的茶最好喝，茶包泡的茶虽然味道不及茶叶，但十分便利。

下面介绍一些较常见的茶品名称：

香料茶，成分是香料、水果或花卉。

阿萨姆茶，是一款入口浓烈、有麦芽香味的茶，汤色为深琥珀色。这种茶生长于印度东北部的阿萨姆（雅鲁藏布江谷地），是早茶的理想之选。

红茶，是加工时氧化过的茶，包括橙黄白毫、白毫小种、小种、工夫茶、武夷茶、祁门红茶和正山小种等许多品类。

混合茶，顾名思义，是多种茶叶混合在一起的茶。比如，英国人早晨喝的茶是阿萨姆茶和锡兰茶的混合，而下午茶则是大吉岭茶和锡兰茶的混合。

锡兰茶，生长和生产于斯里兰卡的高海拔地区，特点是非常提神。

大吉岭茶，被称作“茶中香槟”，生长在印度喜马拉雅山脚海拔几千英尺的地区。

伯爵茶，是英国人的最爱，混合了红茶和佛手柑油。它的英文名字“Earl Grey”，源于厄尔·格雷二世（the 2nd Earl Grey，曾任英国首相）。一位出访中国的外交使节回国时带回了这种茶，作为礼物送给厄尔·格雷二世。后来，厄尔·格雷二世将茶的配方提供给了川宁公司，之后的故事就众人皆知了。

中国台湾乌龙茶，这种茶是 19 世纪 50 年代从福建传入台湾的杂交品种。喝这种茶不能加奶，否则会破坏它类似柑橘的清新口感。

绿茶，加工时未被氧化的茶，包括中国珠茶、古代作为贡品的熙春茶、松萝茶、屯溪茶等许多品种。

中国珠茶，是中国最古老的茶叶品种之一，由东印度公司进口到英国。味道稍苦，但咖啡因含量很低。

草本茶，由新鲜的或干燥后的草药制成。

冰茶，普遍认可的说法是，冰茶是1904年由英国茶商理查德·布莱彻登（Richard Blechynden）在圣路易斯世界贸易博览会（St. Louis World Trade Fair）上发明的。当时天气很热，博览会上的客人们不愿意喝热饮。于是，理查德在茶里加入了冰块，大受欢迎。但是山姆·川宁认为，中国很可能早就有这样的喝法了。伊莎贝拉·比顿1880年的著作《家庭主妇珍藏的家政知识》中也提到，冰茶“特别适合孩子晚上渴了喝。用沸水泡好茶（不必用太贵的茶叶），然后晾凉，加入半颗柠檬的柠檬汁”[1]。冰茶选用锡兰茶叶制作味道最佳，还可以加入糖、柠檬片、薄荷叶和草莓之类的各种水果，以及大量冰块。

调制茶，是将茶叶或草药泡在水、奶或者酒精中，调制出各种口味。比如，柠檬茶的做法就是在茶中加入柠檬汁和蜂蜜，据说可以刺激胆囊，促进肠道蠕动。[2]

茉莉花茶，是绿茶中最流行的品种，茶叶中加入了茉莉花，普通茉莉花茶大概能泡三泡，顶级茉莉花茶则能泡七泡左右。

祁门红茶，味道较淡，有果香，喝的时候不加奶，被认为是古代中国的皇家用茶。

正山小种，是一种中国红茶，产自福建，茶的叶片较大。加工过程中，茶叶被翻、炒，并在松木烧的火上烘干。喝的时候不加奶。

乌龙茶，半氧化状态的茶，多数产于福建，在英国被称作“中国乌龙茶”，喝的时候也不加奶。

俄罗斯商队茶，最早由中国的骆驼商队运到俄国，传统上主要是供俄国贵族享用。

特产茶，是指那些以特殊方法种植或在特定区域内生长的茶叶，有些是出现于某个特定时期的混合型茶叶，有些会加入其他调味料。[3]

传统茶点

171

本书介绍的这些在历史上具有重要意义的经典菜谱，都来自维多利亚时代的家政咨询师伊莎贝拉·比顿夫人1861年出版的《家政管理之书》，选择的都是经得住时间检验的配方。[4]

适合儿童吃的清蛋糕

原料：四分之一磅生面团，四分之一磅微湿的砂糖，四分之一磅黄油或优质的牛油，四分之一品脱热牛奶，半勺肉豆蔻粉或半盎司葛缕子籽。

1 I. Beeton, *Housewife's Treasury of Domestic Information*, 487.

2 L. Fronty, *Aromatic Teas and Herbal Infusions* (New York: Clarkson Publishers, 1997).

3 M. Adams & J. Pettigrew, *Tea: Best Tea Places Guide* (London: The Tea Council Ltd., 2001), 232.

4 I. Beeton, *Book of Household Management*, 751–862.

制作过程：如果你很少在家做面包，可以从烘焙店买来生面团，然后立即装在盆子里，放在热源或火的附近；盆口盖上厚布，等待面团发酵。同时，将黄油打发，加热牛奶；生面团发酵好后，与上述材料充分混合，再揉几分钟。在蛋糕模上涂黄油，将揉好的面团放入，填到模具的一半就好。将蛋糕模放在温暖的地方，继续发酵。当蛋糕模中的面团发酵到模具的四分之三的时候，放入烤箱，烤 105—120 分钟。如果不喜欢葛缕子籽的味道，可以用几颗红葡萄干代替。

烘烤时间：105—120 分钟。

平均花费：1 先令 2 便士。

适合所有季节。

杏仁酥皮蛋糕

原料：一磅精磨块状糖，一磅甜杏仁，四个鸡蛋的蛋清，一点点玫瑰水。

制作过程：用水焯一遍杏仁，捣碎至糊状，期间加入玫瑰水，可以加快捣碎的过程。将蛋清打至干性发泡，与杏仁糊混合，加入糖搅拌均匀，烘烤。烘烤完后，外面加一层杏仁酥皮，再放进烤箱烘干。注意在加酥皮之前，要确保蛋糕表面光滑平整，而这需要烘烤之前对杏仁糊进行充分敲打。

普通葡萄干蛋糕

原料：3 磅面粉，6 盎司黄油或优质牛油，6 盎司微湿的砂糖，6 盎司葡萄干，3.5 盎司甜胡椒粉，2 汤匙鲜酵母，1 品脱新鲜牛奶。

制作过程：将黄油揉进面粉，加入糖、葡萄干和胡椒粉；加热牛奶，牛奶中加入酵母；将牛奶加入面粉，揉成面团。充分揉匀后，分别放入 6 个模具，模具需要事先涂上黄油。将模具在热源附近放置 1 小时左右，使面团发酵，然后放入烤箱，烤 60—75 分钟。如果想要确认它是否烤好，可以将一把干净的小刀插入蛋糕中间，然后抽出来。如果抽出来的刀依然是干净的，就说明烤好了。

烘烤时间：60—75 分钟。

平均花费：1 先令 8 便士。

上述用料可以做出 6 个小蛋糕。

松脆饼

松脆饼的做法与英格兰松饼基本一样，只有一点不同，就是在和面的时候，要调得更稀，类似面糊而不是面团，面糊发酵半小时左右。在加热板上将铁质模具预热，然后倒入发酵好的面糊，开始烘烤。一面烤好了以后，迅速翻到另一面。烤好后拿出，把松脆饼放到长柄烤面包叉上，在火上烘烤，但不要挨得过近。烤到表皮呈褐色，但不能烤成黑色。一面烤好后，翻到另一面。两面都烤成褐色后，涂上黄油，切为两半。切好后，堆放在预热好的盘子上，迅速端上餐桌。松脆饼与英格兰松饼不能放在同一个盘子里，但两者烤好后都应该尽快端上桌。

烘烤时间：10—15 分钟。

大概每个人可以吃掉 2 个松脆饼。

酸奶油

牛奶在冬天的保质期是 24 小时，天气很热的时候，保质期要减半。用奶锅加热牛奶，使牛奶始终保持热度，但不要使它沸腾，否则牛奶表面会形成很厚的奶皮。当奶油基本成形时，表面的波动看起来会比较厚，还会出现一些小圆圈。加热牛奶的时间根据奶锅和火力的大小不尽相同，但所用的时间越长越好。热奶油就放在奶锅里，第二天再取出。这种酸奶油很受欢迎，会被装在小方罐子里发往伦敦的市场，用它搭配新鲜水果非常好吃。在德文郡（Devonshire），黄油也是用这种奶油做的，那里的黄油非常坚硬。

图 4—1 《烤松饼》（*Toasting Muffins*）。图片由伦敦奥谢美术馆提供。

柠檬蛋糕

原料：10 个鸡蛋，3 汤匙橙花水，三分之二磅精磨块状糖，1 个柠檬，四分之三磅面粉。

制作过程：将鸡蛋的蛋黄和蛋清分离，将蛋清打至干性发泡；加入橙花水、糖，柠檬皮打成碎屑加入，搅拌均匀。然后将蛋黄打碎，和柠檬汁一起加入。将面粉慢慢撒到混合物上，一边撒一边搅拌均匀。最后放入已经预先涂好黄油的模具，烘烤 1 小时左右，时间稍长也可以。另外，如果加入一点点打发的黄油，蛋糕会更好吃。

烘烤时间：1 小时左右。

平均花费：1 先令 4 便士。

适合所有季节。

英格兰松饼

原料：牛奶，每夸脱需要准备 1.5 盎司德国酵母；一点点盐，面粉。

制作过程：加热牛奶，放入酵母，充分搅拌。将牛奶倒入平底锅内，加入足够多的面粉，搅拌，直到做出一个软面团。用布盖上面团，放在温暖的地方发酵。面团充分发酵后，将其均匀地切成块，每块大概一只手能握住的大小，将它们放在铺有大约两英寸厚面粉的木质托盘上，再次发酵。发酵后，面团应该呈半球形。然后小心地把它们移到烤箱里烘烤，直到表面呈浅褐色，然后翻到另一面继续烘烤。松饼的做法并不容易，大多数人会去购买，而不是在家自己做。最后烤制的时候，要把松饼的边缘全部切开，切到 1 英寸左右，用手指将切口拉开，再把松饼放到长柄烤面包叉上，在火上烘烤。烤到表皮呈褐色，但不要烤得太焦，再翻到另一面继续烤。火不宜太大，否则表面烤好的时候，里面可能还没有熟。烤好后从切口将松饼掰开，将掰开的两面都涂上黄油，再合上，切成两半，放在预热好的盘子上，迅速端上餐桌。

烘烤时间：20—30 分钟。

每个松饼大概是一个人食量。

磅饼

原料：1 磅黄油，1.25 磅面粉，1 磅精磨块状糖，1 磅葡萄干，9 个鸡蛋，2 盎司蜜饯果皮，0.5 盎司圆佛手柑，0.5 盎司甜杏仁；如果喜欢，还可以加一点肉豆蔻干皮粉。

制作过程：将黄油打发，撒上面粉，加入糖、葡萄干。蜜饯果皮切碎，杏仁焯水后切碎，加入，搅拌混合。鸡蛋打碎，加入混合物，充分搅拌均匀，要搅拌 20 分钟。将混合物倒入一个底部和侧面都铺好事先涂了黄油的烤盘纸的圆形烤盘中。预热烤箱，烘烤90—120分钟。如果烤箱不预热，葡萄干就会都沉到磅饼底下。注意，鸡蛋的蛋清和蛋黄要分开，分别打碎后加入。有时也会加入一杯红酒，但不是必须，因为即使不加，味道已经足够浓郁了。

烘烤时间：90—120分钟。

平均花费：3先令6便士。

以上食材大概能做出2个磅饼。

适合所有季节。

皇后蛋糕

原料：1磅面粉，0.5磅黄油，0.5磅精磨块状糖，3个鸡蛋，1茶杯奶油，0.5磅葡萄干，1茶匙苏打粉，调味用柠檬精或杏仁精。

制作过程：将黄油打发，撒上面粉，加入糖、葡萄干，充分混合。打碎鸡蛋，与奶油混合，用柠檬精或杏仁精调味，再加到面粉里。加入苏打粉，搅拌10分钟。将混合物倒入涂过黄油的小烤盘中，烘烤15—30分钟。柠檬精可以用碎柠檬皮代替，味道不输柠檬精。

烘烤时间：15—30分钟。

平均花费：1先令9便士。

适合所有季节。

手指饼干

原料：4个鸡蛋，6盎司精磨砂糖，1个柠檬的碎柠檬皮，6盎司面粉。

制作过程：将鸡蛋打碎，蛋黄和蛋清分离。先打碎蛋黄，加入砂糖、柠檬皮，搅拌15分钟，然后缓缓撒入面粉。将蛋清打至干性发泡后倒入面粉混合物，搅拌5分钟。将面粉糊倒在厚纸上，在纸上形成饼干大小的条状。放入预热好的烤箱烘烤，烘烤的时候要在一边仔细观察，及时操作，因为一旦烤好，再拖延几秒钟，就有可能烤糊了。这种手指饼干是制作俄式奶油蛋糕和其他一些精致甜食的原料。

烘烤时间：在烘烤较快的烤箱里需要5—8分钟。

平均花费：每磅饼干1先令8便士，每条0.5便士。

茶蛋糕

原料：2磅面粉，半茶匙盐，0.25磅黄油或猪油，1个鸡蛋，一块胡桃那么大的德国酵母，热牛奶。

制作过程：面粉一定要干燥。将面粉倒入盆里，加入盐、黄油或猪油。打碎鸡蛋，放入酵母搅匀，与热牛奶一起倒入面粉，揉成一个细腻的面团，放在热源附近发酵。充分发酵后，将面团放入烘焙模具中，再发酵几分钟，然后放入烤箱，温度不要太高，烤 15—30 分钟。加入黄油后，再加一点葡萄干或砂糖会更好吃。这种蛋糕最好涂上黄油，烤出来立即吃。如果放久了，不新鲜了，掰开重新烤一下；或者蘸些牛奶、清水，上面盖个盆子，放入烤箱重新加热一下，也和刚烤出来的一样好吃。

烘烤时间：15—30 分钟。

平均花费：10 便士。

上述原料足够做 8 个茶蛋糕。

适合所有季节。

厚姜饼

173

原料：1 磅糖蜜，0.25 磅黄油，0.25 磅红糖，1.5 磅面粉，1 盎司生姜，0.5 盎司甜胡椒粉，1 茶匙苏打粉，0.25 品脱热牛奶，3 个鸡蛋。

制作过程：面粉放入盆中，加入糖、生姜、甜胡椒粉，搅拌。将黄油加热后放入，同时加入糖蜜搅拌。牛奶加热至微温，放入苏打粉和打好的鸡蛋一起放入盆中，揉出一个细腻的生面团。给模具刷上黄油，将面团放入模具，烘烤 45—60 分钟。如果姜饼很厚的话，可以烤得更久些。在快要烤好的时候暂停，再拿一个鸡蛋的蛋黄，加入一点点牛奶打散；将蛋液刷在姜饼的表面，然后放回烤箱完成烘焙。

烘烤时间：45—60 分钟。

平均花费：每块烤盘 1 先令。

适合所有季节。

维多利亚三明治

原料：4 个鸡蛋，一定量的面粉、黄油和糖；后三者的重量总和应与鸡蛋的重量等同。四分之一勺盐，任意果酱。

制作过程：将黄油打发，撒入面粉和糖，充分搅拌。打碎鸡蛋，加入面粉里，搅拌 10 分钟。模具用约克郡布丁的模具，预先涂好黄油，倒入混合物，烤 20 分钟，温度不能太高。放凉之后，将蛋糕的一半涂上一层果酱，另一半折叠过来，轻轻压实，用刀切成长条状。将长条三明治在玻璃盘子中互相垂直摆成格子状，就可以上桌了。

烘烤时间：20 分钟。

平均花费：1 先令 3 便士。

一块是 5—6 人量。

适合所有季节。

传统茶会指南

> 想象你靠在我的膝上，
>
> 这是属于我们两个人的茶。
>
> ——欧文 · 凯撒（Irving Caesar），《两个人的茶》（*Tea for Two*），1924 年

茶适用于各种正式或不正式的场合。非正式的茶会可以是自助餐的形式；而在较正式的茶会上，客人端坐在一起，由茶会的主人或服务员上茶。维多利亚时期，所有的社交场合都有茶的身影，包括婚礼、儿童室和野餐。

家庭聚会：18 世纪，茶刚刚传入英国的时候，人们每周或每个月固定有一天时间喝茶，而且只有收到邀请函的人才能出席。在这种场合，食物和饮料并不重要，因为如果拿出了超出普通待客规格以外的东西，会被认为是在炫耀。那个时代，没有现代的通信和交通手段，茶会便成了与亲朋好友联络的宝贵机会。

婚礼茶会：这种茶会始于维多利亚时期，是新娘和她的母亲为了感谢亲朋好友对婚礼的帮忙而举办的。今天，新娘通常会在这一场合送伴娘礼物。

香槟茶会：一次正式的下午茶中一定要有香槟。这种茶会现多举办于克拉里奇（Claridges）、丽兹、萨沃伊（The Savoy）这种高级场合。

奶油茶会：形式简单，一般会吃司康饼，配果酱、酸奶油或浓缩奶油。这种茶会起源于英格兰西南部，那里肥沃的草地出产了脂肪含量很高的浓缩奶油。

正式的下午茶：传统上在下午 4 点举行。维多利亚时期，淑女们参加茶会会戴白手套。1762 年，英国贵族约翰 · 孟塔古（John Montagu, 也被称为 4th Earl of Sandwich, 即三明治伯爵）发明了三明治后，三明治也成为下午茶中必不可少的食物。黄瓜三明治等传统茶点会和精美的糖果、油酥点心一同供应。

高茶：传统上在下午 6 点举行。这种茶会上不仅有香甜美味的零食，还有肉类；但没有蛋糕和糖果。它之所以叫这个名字，是因为这种茶会中一般会使用较高的餐桌，等同于晚餐。

小茶会：也称"低茶"（low tea）或"kettledrum"。"低茶"的名字，源于客人所坐的维多利亚时期低矮的扶手椅；而客人所用的桌子形状类似半球形铜鼓（英文中"kettledrum"即为此意），因此这种茶会也被称为"kettledrum"。这种茶会非常放松随意，几乎不吃东西，一般由女主人简单提供茶饮。

儿童茶会：是一种以儿童为主角的传统茶会，流行于维多利亚时期。这种茶会有个规矩，必须先吃三明治，后吃蛋糕。17 世纪早期就开始出现儿童专用的小茶具套装，今天，韦奇伍德依然在销售这种茶具。英国很多流行的故事与童谣中都提到了茶会，包括《比阿特丽斯·波特的故事》（*The Tales of Beatrice Potter*）、《爱丽丝梦游仙境》中的疯帽子茶会、《彼得·潘》（*Peter Pan*）。在《彼得·潘》中，当温蒂（Wendy）、约翰（John）和米歇尔（Michael）被问到想要冒险还是喝茶的时候，温蒂选择了喝茶。另外，维多利亚时期还有一首著名的童谣：

> 我是一只小茶壶，生来低矮又短粗。
>
> 我有手柄可以拿，茶水从我嘴中出。
>
> 咕嘟咕嘟水煮开，这时听我歌一曲。
>
> 缓缓倾斜莫着急，汩汩倒进茶杯里。

这些可爱的经典童谣反映出茶会从一开始就是儿童日常生活中的重要活动。

野餐茶会：在户外进行的高茶。"野餐"（picnic）这个词最早出现于 1740 年左右，是法语中"piquer"的派生词，法语原词的词义是"挑选（食物）"。[1] 在户外喝茶的风俗源于 18 世纪，那个时期的风俗画中多有记载。当时，启程去壮游的英国贵族子女会带上便携式茶具，无论走到哪里，都保持在英国时的文明习惯，到时间就停下来喝茶。约翰·沃尔夫冈·冯·歌德（Johann Wolfgang Von Goethe）在他 1805 年的著作《陌生人》（*Strangers*）中如此揣测："人们对英国人的刻板印象是，他们无论去哪里都带着茶壶，甚至爬埃特纳火山（Mount Etna）[2] 的时候都要背上。但难道不是每个国家都有自己的茶壶，即使在旅行中也可以拿出来泡一些从家乡带来的干燥植物吗？"维多利亚时期，从维多利亚女王、阿尔伯特亲王，到广大民众，都喜欢在户外喝茶，因为这是个放松自己的机会，不需要像在客厅里那样拘束。野餐中通常包括散步、游戏、诗歌、速写、采摘野花、音乐表演，有时甚至会有狩猎派对。

1 Mallett & Son (Antiques) Ltd., *Pleasures of Bacchus: Dining and Drinking* (London: Mallett, 2002), 70.

2 译者注：埃特纳火山位于意大利西西里岛东海岸，是欧洲最高的活火山。

下面摘录一段比顿夫人书中的可供40人享用的野餐菜谱，展现了19世纪的野餐茶会有多么丰盛：

174

> 一大块冷的烤牛肉，一大块冷的煮牛肉，2根羊脊，2块羊肩膀肉，4只烤禽类，2只烤鸭，1根火腿，1条舌头肉，2个小牛肉火腿馅饼，2个鸽子肉派，6个中等大小的龙虾，1片家养小牛犊的牛头肉，18个生菜，6篮沙拉，6根黄瓜。
>
> 将水果煮熟加糖，放入玻璃瓶，用瓶塞塞紧，搭配3到4打原味的油酥饼干。2打水果半圆卷饼，4打芝士蛋糕，2个冷李子布丁（一定会很好吃），几篮新鲜水果，3打原味饼干，1块奶酪，6磅黄油（包括喝茶用的黄油），切成四等分的自己烤制的面包，3打小圆面包，6条土司面包（配茶吃），2个原味李子蛋糕，2个磅饼，2个松糕，1罐混合的各种饼干，0.5磅茶叶。咖啡不适合野餐喝，因为泡起来比较麻烦。
>
> 野餐中不能忘记带的东西：
>
> 1根辣根，1瓶密封好的薄荷酱，1瓶沙拉酱，1瓶醋，芥末，胡椒，盐，高品质的油，精磨的糖。如果能储存的话，带一点冰块。盘子、平底玻璃杯、葡萄酒杯、刀叉、勺子这些就不用说了，另外还要带茶杯和茶碟、3到4把茶壶、方糖、牛奶——如果这些东西在野餐地点附近找不到的话。还要带3个开瓶器。
>
> 饮料：3打1夸脱装的麦芽酒，放在食篮里；生姜啤酒，苏打水，柠檬汁，每样2打；6瓶雪莉酒，6瓶红葡萄酒，香槟随意，还可以带其他你喜欢的低度酒，2瓶白兰地。野餐地点一般会有水，所以不用刻意带。[1]

这么多食物当然不可能由一个人提供，而是一群人共同承担。在1854年版的《韦氏词典》（*Webster's Unabridged Dictionary*）中，对“野餐”这个词的定义是：“一种娱乐活动，每个人带一些食材或物品，大家共享”。

夏季/冬季茶会：随季节举办的茶会。夏天会在花园里晒着太阳喝茶，冬天会围坐在火炉边喝茶。

茶杯主题茶会：每位客人带来自己的茶杯，每个茶杯都有独特的故事，可以在茶会上讲。这种自带茶杯的茶会最早出现在茶具套装很贵的时候，茶器价格降下来后，维多利亚时期的人沿革了这种风俗。在这种茶会上，客人会用特制的盒子包装自己的茶杯，有一种“展示和说明”（show and telll）的感觉。

1 I. Beeton, *Book of Household Management*, 960.

关于茶具收藏的建议

无论收集什么，首先都会反映出收藏者自己的审美趣味。茶具的种类花样百出，价格不一，适合不同审美和经济实力的人收藏。下面是几条收藏小建议：

为你的收藏定下一个主题。也许是专注于一种器具，比如茶壶、茶杯、茶叶罐、茶匙；或者将你的收藏聚焦于某个具有特殊风格的时期。

了解相关知识。加入社群，买书，看展览，或者与交易商和专家聊聊。

在购买之前先研究你要买的东西，寻找带有关键信息的标记和瑕疵。了解这件茶具的总体情况怎样？需要修复吗？整体设计合意吗？

理性购买。先想好你应该怎么支配你的钱。高品质的茶器很难买到，因此，在预算有限的情况下，要学会妥协。比如，有些茶器有一点点瑕疵，但价格会降很多。自己的旧藏品也可以转卖，以便买进新的、更喜欢的藏品。

一定要享受你的收藏活动。得到的藏品要舍得用，藏品的展示要按自己的心意来，并与周围环境相协调。通常成组展示藏品效果会很突出，比如根据色彩、器型、大小、风格和年代等条件挑选出具有相同特质的藏品放在一起展示。

图 4—2 韦奇伍德博物馆的一件藏品。博物馆位于斯塔福德郡的巴拉斯顿。

图 4—3

图 4—3　旅行茶器套装，克里斯托弗 · 德莱塞博士设计于 1880 年前后，由胡金与西斯公司（Hukin and Heath）生产。图片由伦敦美术协会提供。

图 4—4　各种各样的茶壶、咖啡壶和热水罐，柜子的制作者是 E. 吉木森（E. Gimson），盘子的制作者是 W. A. S. 本森，约 1900 年。图片由伦敦美术协会提供。

图 4—4

一些有用的信息

英国茶叶协会

The British Tea Council
9 The Courtyard
Gowan Avenue
Fulham, London
SW6 6RH
+44 (0)207 371 7787

卡蒂萨克号

The Cutty Sark
King William Walk
Greenwich, London
SE10 9BG
+44 (0)208 858 2698
这是世界上现存唯一一艘运茶船，
也是英国历史上最快的运茶船之一。
现在停泊在格林威治，
已经改造成博物馆。

英国国家海洋博物馆

The National Maritime Museum
Park Row
Greenwich, London
SE10 9NF
+44 (0)208 858 4422
博物馆中的佼佼者，展示了英国作为
海洋帝国的历史。馆内有关于贸易和
大英帝国的展览。

诺威奇城堡博物馆

The Norwich Castle Museum
Shirehall, Market Avenue
Norwich, Norfolk
NR2 3EW
+44 (0)1603 493 625
www.norfolk.gov.uk/tourism/museums
这个博物馆藏有数量最多、质量最好的
英国陶瓷茶壶，位于川宁美术馆中。

皇家王冠德比博物馆

Royal Crown Derby Museum
194 Osmaston Road
Derby, Derbyshire
DE23 8JZ
+44 (0)1332 712 800
www.royal-crown-derby.co.uk

皇家道顿游客中心与亨利·道顿爵士美术馆

Royal Doulton Visitor Centre & Sir
Henry Doulton Gallery
Nile Street
Burslem, Stoke-on-Trent
Staffordshire
ST6 4AJ
+44 (0)1782 292 434
www.royaldoulton.com

伍斯特陶瓷博物馆

Royal Worcester
The Museum of Worcester Porcelain
Severn Street
Worcester, Worcestershire
WR1 2NE
+44 (0)1905 746 000
www.royalworcester.com

斯波德博物馆与游客中心

Spode Museum & Visitor Centre
Church Street
Stoke, Stoke-on-Trent
ST4 1BX
+44 (0)1782 744 011
www.spode.co.uk

陶器博物馆与美术馆

Potteries Museum and Art Gallery
Bethesda Street
Hanley, Stoke-on-Trent
Staffordshire
ST1 3DW
+44 (0)1782 232 323
馆内藏有 5000 多件斯塔福德郡陶瓷作品，包括近期售卖的明顿瓷。
博物馆的展品回顾了英国的陶瓷史。

维多利亚与阿尔伯特博物馆

The Victoria & Albert Museum
Cromwell Road
South Kensington, London
SW7 2RL
+44 (0)207 942 2000
世界上最好的装饰艺术博物馆之一，展品专注于瓷器、银器和家具。重新修复开放的英国美术馆，也对茶贸易和茶产业有所涉及。

韦奇伍德游客中心

Wedgwood Visitor Centre
Barlaston, Stoke-on-Trent
ST12 9ES
+44 (0)1782 282 263
www.wedgwood.com
在新成立的游客中心，可以了解到韦奇伍德公司 1759 年后的全部历史。这里有展品，还有体验项目，游客可以亲身体验瓷器的整个制作过程。这里还提供旅行社和餐厅、店铺的预订服务。

图 4—5

图 4—6

图 4—5　老式乡村风格玫瑰图案茶器套装，由皇家阿尔伯特（Royal Albert）公司生产。图片由收藏于皇家道尔顿（Royal Doulton）提供。

图 4—6　丁香纹样茶器套装，由皇家阿尔伯特公司生产。图片由皇家道尔顿提供。

经典茶品牌

福特南·梅森公司

Fortnum & Mason
181 Piccadilly
St. James, London W1A 1ER
+44 (0)207 734 8040
www.fortnumandmason.com

哈罗兹有限公司

Harrods Ltd.
87-135 Brompton Road
Knightsbridge, London
SW1X 7XL
+44 (0)207 730 1234
www.harrods.com

皮卡迪利的杰克逊有限公司

Jacksons of Piccadilly Ltd.
79 Condor Close
Three Legged Cross
Wimborne, Dorset
BH21 6SU
www.jacksons-of-piccadilly.com

英国皇家泰勒茶

Taylors of Harrogate Ltd.
Pagoda House, Plumpton Park
Harrogate, North Yorkshire
HG2 7LD
+44 (0)1423 814 000
www.bettysandtaylors.co.uk

川宁有限公司

R.Twining & Co. Ltd.
216 The Strand
London WC2R 1AP
+44 (0)207 353 3511
www.twinings.com

图 4—7 韦奇伍德博物馆的一件藏品。

图 4—8 老式乡村风格玫瑰印花茶器套装，由皇家道尔顿生产。图片由皇家道尔顿提供。

英国下午茶的好去处

在英国的乡村地区，散落着形形色色的迷人茶室，每个茶室的茶都不错，但本书只列举了伦敦地区的茶室。注意，这些茶室都需要预约，建议您提前致电确定要去的日期。英国茶叶协会曾出版过一本《最佳喝茶去处指南》（*Best Tea Places Guide*），如果去英国的乡村旅行的话，这本指南会很有参考价值。

Browns Hotel
Albemarle and Dover Streets
Mayfair, London
W1A 4SW
+44 (0)207 493 6020

Claridge's
Brook Street
Mayfair London
W1A 2JQ
+44(0)207629886

The Ritz
Piccadilly
St. James's, London
W1V 9DG
+44 (0)207 493 8181

The Savoy
The Strand
London WC2R 0EU
+44 (0)207 836 4343

图 4—9　克拉里奇的茶室（Claridge's Tea Room），是伦敦最时尚的喝茶地点之一，下午茶和高茶都在一个阅读休息室（Foyer and Reading Room）中提供。茶室创建于 1898 年，装饰艺术风格的阅读室环境优雅。图片由克拉里奇的茶室提供。

图 4—10 至图 4—13　伦敦丽兹酒店的棕榈厅。这是伦敦最奢侈的喝茶场所，创建于 1906 年。这里的饮茶礼仪还保留着爱德华七世时代的遗风。图片由伦敦丽兹酒店提供。

图 4—11

图 4—12

图 4—13

部分参考文献

Adams, Elizabeth. *Chelsea Porcelain*. London: The British Museum Press, 2001.

Adams, Elizabeth. & Redstone, David. *Bow Porcelain*. London: Faber & Faber, 1981 & 1991.

Adams, M. & Pettigrew, J. *The Best Tea Places Guide*. London: The Tea Council, 2001.

Adamson, Alex. *1001 Household Hints*. London: Bear Hudson Ltd., 1950.

Agnew, Doxey & Marno. *Tea Trade & Canisters*. London: Stockspring Antiques, 2002.

Anderson, Anne. *The Cube Teapot*. Somerset: Richard Dennis, 1999.

Archer, Chloë. *Teapotmania: The Story of the British Craft Teapot and Teacosy*. Norfolk: Breckland Print Limited & Norfolk Museum, 1995.

Archer, Mildred. *India and British Portraiture*. London: Oxford University Press, 1979.

Archibauld, E. H. H. *The Dictionary of Sea Painters*. Suffolk: Antique Collector's Club, 2000.

Austen, Jane. *Emma; Pride & Prejudice; Sense & Sensibility; The Watsons*. Oxford: Oxford University Press, 1970.

Beeton, Isabella. Beeton's Book of Household Management. London: Cox & Wyman, 1861.

Beeton, Isabella. *Housewife's Treasury of Domestic Information*. London: Ward, Lock & Co., 1880.

Beldon, Gail & Snowdin, Michael. *Collecting for Tomorrow*. London: Pitman Publishing, 1976.

Berthoud, Michael. *A Compendium of British Teacups*. Stropshire, England: Micawber, 1990.

Berthoud, Michael & Miller, Philip. *An Anthology of British Teapots*. Stropshire, England: Micawber, 1985.

Binney, Marcus. *The Ritz Hotel*. London: Thames & Hudson, 1999.

Blair, Claude, ed. *The History of Silver*. London: Tiger Books International, 1987.

Bramah, Edward. *Novelty Teapots: 500 Years of Art & Design*. London: Quiller Press, 1992.

Brett, Vanessa. *The Sotheby's Directory of Silver: 1600 – 1940*. London: Philip Wilson Publishers, 1986.

Bridgman, H. & Drury, E. eds. *The Encyclopedia of Victoriana*. London: Country Life, 1975.

Brown, Peter. *In Praise of Hot Liquors*. York: York Civic Trust, 1995.

Buchan, William. *Observations Concerning the Diet of the Common People*. London: A. Strahan, T. Cadell & W. Davies, 1797.

Burke, Joseph & Caldwell, *Colin. Hogarth: The Complete Engravings*. London: Thames and Hudson, 1968.

Campbell, George. *China Tea Clippers*. London: Adlard Coles Limited, 1974.

de Castres, *Elizabeth. Collector's Guide to Tea Silver: 1670–1900*. London: Frederick Miller Limited, 1977.

de Castres, *Elizabeth. Collecting Silver*. London: Bishopsgate, 1986.

Charleston, R. J., ed. *English Porcelain 1745–1850*. London: Ernest Benn Limited & University of Toronto Press, 1965.

Chilvers, I., Osborne, H. & Farr, D. *The Oxford Dictionary of Art*. Oxford: Oxford University Press, 1988.

Chippendale, Thomas. *The Gentleman and Cabinet-Maker Director*. London: T. Osborne, 1754.

Church, A. H. *English Porcelain*. London: Chapman and Hall Limited, 1894.

Clark, Garth. *The Artful Teapot*. London: Thames & Hudson, 2001.

Clunas, Craig, ed. *Chinese Export Art & Design*. London: Victoria & Albert Museum, 1987.

Clunas, Craig. *"Design and Cultural Frontiers: English Shapes and Chinese Furniture Workshops 1700–1790"* . Apollo, October 1987 (CXXVI): 256–263.

Cockett, F. B. *Early Sea Painters 1660–1730*. Suffolk: Antique Collector's Club, 1995.

Cole, Brian. *Collecting for Tomorrow: Boxes*. London: Pitman Publishing, 1976.

Colnaghi. *The British Face: A View of Portraiture 1625–1850*. London: P&D Colnaghi & Co. Ltd., 1986.

Connor, Patrick. *George Chinnery 1784–1852: Artist of India and the China Coast*. Suffolk: Antique Collector's Club, 1993.

Corbett, William. *Cottage Economy*. London: 1822.

Crossman, Carl. *The China Trade*. Princeton: The Pyne Press, 1972.

Crossman, Carl. *The Decorative Arts of The China Trade*. Suffolk: Antique Collector's Club, 1991.

Crunden, John. *The Joyner and Cabinet-makers Darling*. London: Henry Webley, 1765.

Davis, Douglas. *Photography as Fine Art*. London: Thames & Hudson, 1983.

Day, Ivan. Eat, *Drink & Be Merry*. London: Philip Wilson Publishers, 2000.

D'Oench, Ellen. *The Conversation Piece*. New Haven: Yale Center for British Art, 1980.

Donnelly, P. J. *Blanc de Chine*. London: Faber & Faber, 1969.

Emerson, Julie. *Coffee, Tea, and Chocolate Wares*. Seattle: Seattle Art Museum, 1991.

Emerson, J., Chen, J. *& Gardner Gates, M. Porcelain Stories: From China to Europe*. Seattle & London: University of Washington Press, 2000.

Emmerson, Robin. *British Teapots & Tea Drinking: 1700–1850*. London: HMSO, 1992.

Farrer, K. E., ed. *Letters of Josiah Wedgwood: 1762–1794*. Manchester: E. J. Morten (Publishers) Ltd., 1906.

Farrington, Anthony. *Trading Places: The East India Company and Asia 1600–1834*. London: The British Library, 2002.

Fleming, John. & Honour, Hugh. *The Penguin Dictionary of Decorative Arts*. London: Penguin, 1989.

Fronty, Laura. *Aromatic Teas and Herbal Infusions*. New York: Clarkson Publishers, 1997.

George, Mary Dorothy. *London Life in the Eighteenth Century*. London: Penguin Books, 1987 (sixth edition).

George, M. D., Stephens, F. G. & Hawkins, E. *British Museum Department of Prints & Drawings: Catalogue of Political & Personal Satires*. London: Oxford University Press & British Museum, 1883–1935.

Glanville, Philippa, ed. *Silver*. London: Victoria & Albert Museum, 1996.

Glanville, Philippa. *Silver in England*. London: Unwin Hyman,

1987.
Godden, Geoffrey. *The Concise Guide to British Pottery and Porcelain*. London: Barrie & Jenkins, 1973.
Godden, Geoffrey. *Oriental Export Market Porcelain: and its influence on European Wares*. London: Granada, 1979.
Gordon, Elinor. ed. *Treasures from the East: Chinese Export Porcelain*. New York: Main Street/Universe Books, 1977.
Gray, Basil. *Sung Porcelain & Stoneware*. London: Faber & Faber, 1984.
Griffin, Leonard. *Taking Tea with Clarice Cliff*. London: Pavilion Books Limited, 1996.
Grimwade, Arthur. *London Goldsmiths 1697–1837: Their Marks & Lives*. London: Faber & Faber, 1976.
Haggar, Reginald. & Adams, Elizabeth. *Mason Porcelain and Ironstone 1796–1853*. London: Faber & Faber, 1977.
Hanway, Jonas. *Essay on Tea*. London: 1757.
Haskell, Francis & Penny, Nicolas. *Taste and the Antique: The Lure of Classical Sculpture 1500–1900*. New Haven and London: Yale University Press, 1981.
Hayward, Helena, ed. *World Furniture*. London: Paul Hamlyn, 1965.
Hepplewhite and Co., 3rd edition. *The Cabinet-Maker and Upholsterer's Guide*. London: I. & J. Taylor, 1794.
Hildyard, Robin. *"Containers of Contentment"*. Antique Collecting, January 2003: 14–19.
Hill, Jonathan E. *The Genius of George Cruikshank*. Minneapolis: University of Minnesota, 1992.
Holgate, David. *New Hall*. London: Faber & Faber, 1971 & 1987.
Honey, W. B. *Wedgwood Ware*. London: Faber & Faber, 1948.
Honour, Hugh. *Chinoiserie: The Vision of Cathay*. London: John Murray, 1961.
Houart, Victor. *Antique Spoons*. London: Souvenir Press, 1982.
Howard, Constance. *Twentieth Century Embroidery in Great Britain 1940–1964*. London: Batsford, 1983.
Howard, David S. *A Tale of Three Cities Canton, Shanghai & Hong Kong: Three Centuries of Sino-British Trade in the Decorative Arts*. London: Sothebys, 1997.
Impey, Oliver R. *Chinoiserie*. London: Oxford University Press, 1977.
Jacobson, Dawn. *Chinoiserie*. London: Phaidon, 1993.
James, Henry. *Portrait of a Lady*. London: Penguin Popular Classics, 1997.
Joy, Edward. *English Furniture 1800–1851*. London: Sotheby Parke Bernet Publication/Ward Lock Limited, 1977.
Kinchin, Perilla. *Taking Tea with Mackintosh*. San Francisco: Pomegranate, 1998.
Kinchin, Perilla. *Mackintosh and Miss Cranston*. Edinburgh: NMS Publications, 1999.
Kirham, Pat. *The London Furniture Trade, 1700–1851*. Leeds: Furniture History Society, 1988.
Lam, Kam Chuen. *The Way of Tea: The Sublime Art of Oriental Tea Drinking*. New York: Barron's, 2002.
Lang, Gordon. *European Ceramics at Burghley House*. Great Britain: Sotheby's, 1991.
Latham, Robert, ed. *The Diary of Samuel Pepys (volume I–III)*. London: Folio Society, 1996.
Lillywhite, Bryant. *London Coffee Houses*. London: George Alen and Unwin Ltd., 1963.
Lo, K. S. *The Stonewares of Yixing: From the Ming Period to the Present Day*. London: Sotheby's Publications, 1986.
Lochnan, K., Schoenherr, D. & Silver, C., eds. *The Earthly Paradise: Arts & Crafts by William Morris and his Circle from Canadian Collections*. Toronto: Art Gallery of Ontario, 1993.
Lubbock, Basil. *The China Clippers*. Glasgow: James Brown & Son Publishers, 1914.
MacGregor, David. *The Tea Clippers: Their History & Development 1833–1875*. London: Conway Maritime Press, 1952.
Mallett & Son (Antiques) Ltd. *The Pleasures of Bacchus: Dining and Drinking*. London: Mallett, 2002.
Mankowitz, Wolf. *Wedgwood*. London: B. T. Batsford Ltd., 1953.
Medley, Margaret. *The Chinese Potter: A Practical History of Chinese Ceramics*. London: Phaidon, 1998.
Meijer, Fred. *Still Life Paintings from the Golden Age*. Rotterdam: Museum Boymans-van Beuningen, 1989.
Morton, Lucy. *"On the Market Recently: The Gough Tea Caddies"*. The Silver Society Journal. (Autumn 1999): 256–257.
Okakura, Kakuzo. *The Book of Tea*. New York: Dover Publications Inc., 1906 & 1964.
Palmer, J. P. & Chilton, M. *Treasures of the George R. Gardiner Museum of Ceramic Art*. Toronto: G. R. Gardiner Museum, 1984 (sixth edition).
Palmer, R. R. & Colton, Joel. *A History of the Modern World*. New York: Alfred A. Knopf, 1984 (sixth edition).
Paviere, Sydney. *The Devis Family of Painters*. Leigh-on-Sea: F. Lewis Publishers, Limited, 1950.
Pettigrew, Jane. *A Social History of Tea*. London: National Trust, 2001.
Phillips, Phoebe. *A Collector's Encyclopedia of Antiques*. London: Bloomsbury Books, 1993.
Rawson, Jessica. *The British Museum Book of Chinese Art*. London: British Museum Press, 1996.
Reynolds, Dinah. *Worcester Porcelain: 1751–1783*. London: Phaidon & Ashmolean Museum, 1989.
Rice, Dennis. *Derby Porcelain: The Golden Years 1750–1770*. London: David & Charles, 1983.
Riley, Noël. *Stone's Pocket Guide to Tea Caddies*. Sussex: June & Tony Stone Antique Boxes, 2002.
Saumerez Smith, Charles. *Eighteenth Century Decoration: Design and Domestic Interiors*. London: Weidenfeld & Nicolson, 1993.
Sartin, Stephen. *Polite Society by Arthur Devis, 1712–1787: Portraits of the English Country Gentleman and his Family*. Preston: Harris Museum and Art Gallery, 1983.
Scott, J. M. *The Tea Story*. London: Heinemann, 1964.
Shaw, Lindsey Bridget. *"Pieter van Roestraeten and the English 'vanitas'"*. The Burlington Magazine, vol. III (1990): 402–406.
Shaw-Taylor, Desmond. *The Theme of Genius in Eighteenth Century British Portraiture*. Great Britain: Scottish National Portrait Gallery & Notthingham University Art Gallery, 1987.
Sheaf, C. & Kilburn, R. The Hatcher Porcelain Cargoes. Oxford: Phaidon, 1988.
Sheraton, Thomas. *The Cabinet-Maker and Upholsterer's Drawing-Book*. London: T. Bensley, 1802.
Simpson, Helen. *The London Ritz Book of Afternoon Tea*. London: Random House, 1986.
Snodin, Michael & Styles, John. *Design & the Decorative Arts: Britain 1500–1900*. London: V&A Publications, 2001.
Sterling, Charles. *Still Life Painting From Antiquity to the Twentieth Century*. New York: Harper & Row, Publishers, 1981.

Street-Porter, Janet & Tim. *The British Teapo*t. London: Angus & Robertson Publishers, 1981.

Swift, Jonathan. *Hints to Servants*. London: Effingham Wilson, 1745.

Tam, Laurence, ed. *Yixing Pottery*. Hong Kong: Hong Kong Museum of Art & The Urban Council, 1981.

Thorton, Peter. *Authentic Decor: The Domestic Interior 1620–1920*. London: Weidenfeld and Nicolson, 1983.

Turner, Jane. *Grove Dictionary of Art*. New York: Macmillan Publishers Limited, 1996.

Twining, Sam. *My Cup of Te*a. London: James & James (Publishers) Ltd., 2002.

Twining, Stephen. *The House of Twining*. London: R. Twining and Co. Ltd., 1956.

Twitchett, John. *Derby Porcelain: 1748–1848. Woodbridge*, Suffolk: Antique Collector's Club, 2002.

Twitchett, John. & Sandon, Henry. *Landscapes on Derby and Worcester Porcelain*. Henley Upon Thames: Henderson and Stirk Ltd. Publishers, 1984.

Vainker, S. J. *Chinese Pottery and Porcelai*n. London: British Museum Press, 1991.

Vincent, Benjamin. *Haydn's Dictionary of Dates*. London: Ward, Lock & Bowden Limited, 1895.

Volker, Thomas. *Porcelain and the Dutch East India Company, 1602–1682*. Leiden: E. J. Brill, 1971.

Vollmer, Keall & Nagai-Berthrong. Silk Roads, *China Ships*. Toronto: Royal Ontario Museum, 1983.

Walkling, Gillian. *Tea Caddies: An Illustrated Histor*y. Victoria & Albert Museum, London, 1985.

Wallis, J. *The Process of Making China*. London: Barr, Flight and Barr, 1813.

Ward-Jackson, Peter. *English Furniture Designs of the Eighteenth Century*. London: HMSO, 1967.

Ward, Lock, and Taylor. *The Manners of Polite Society or Etiquette for Ladies, Gentlemen and Families*. London: Ward, Lock, and Taylor, 1875.

Whiter, Leonard. *Spode*. London: Barrie & Jenkins, 1989.

Wood, Christopher. *Paradise Lost: Paintings of English Country Life and Landscape*. London: Barrie & Jenkins, 1988.

Wood, Christopher. *Tissot: The Life and Work of Jacques Joseph Tissot*. London: Weidenfeld and Nicolson, 1986.

Wood, Christopher. *Victorian Painters*. Suffolk: Antique Collector's Club, 1995.

Wood, Christopher. *Victorian Panorama*. London: Faber & Faber, 1976.

Yee, Lai Suk & Bartholomew, Terese Tse. *Themes & Variations: The Zisha Pottery of Chen Mingyuan*. China: Shanghai Museum & The Art Museum, The Chinese University of Hong Kong, 1997.

Yu, Lu. *Ch'a Ching*. Great Britain: Ecco Press, 1974.

译后记

我与这本书的英文版最初邂逅于 2017 年的夏天。那时，我为了博士论文的写作前往英国调研，在维多利亚与阿尔伯特博物馆里，这本墨绿色封面、以茶为主题的书瞬间吸引了我。书中大量与茶和装饰艺术相关的内容，为我博士论文的研究和写作提供了线索。

论文完成之后，我跟北京大学出版社的编辑路倩表达了将这本书翻译成中文的愿望。出版社在审读原书、通过选题后，很快就联络英国的版权方，落实了版权购买等相关事宜。我邀请留英校友李天琪与我一道完成了本书的翻译工作，并邀请攻读博士阶段的同窗好友、专攻饮食相关领域设计的设计师黄俐玲为本书做整体设计。

虽然这本书看起来并不是一本枯燥的学术类书籍，但是其中涉及瓷器、漆器、银器、家具等多门类装饰艺术相关的工艺知识；除英文外，还涉及荷兰语、法语等多种语言的表达，翻译难度不言而喻。感谢英国茶文化专家简·佩蒂格鲁（Jane Pettigrew）女士为我们引荐了本书的原作者塔妮娅·M. 布克瑞·珀斯（Tania M. Buckrell Pos），塔妮娅耐心回答了我们在翻译中遇到的问题，还特意为中文译本写了序。

感谢我的挚友——上海思与行文化传播有限公司创始人彭昌龙先生，以及来自英国的“国际文化使者”夏洛特（Charlotte）和奥莉维亚（Olivia）在书稿审校过程中提供的支持与帮助。尤其感谢路倩编辑在本书审校过程中的“吹毛求疵”和兢兢业业，她在装饰艺术方面的知识储备让这本译著的专业度得到了有力保障。

最后，感谢茶让我们的生活如此多元、有趣。本书涉及内容丰富，视野宏大，译者自知能力有限，不足之处在所难免，恳请读者不吝指正。

张弛

2021 年 3 月 4 日于北京

著作权合同登记号　图字：01-2018-8588

图书在版编目（CIP）数据

茶味英伦：视觉艺术中的饮茶文化与社会生活 /（英）塔妮娅 · M. 布克瑞 · 珀斯著；张弛，李天琪译 . —北京：北京大学出版社，2021.8

ISBN 978-7-301-32329-8

Ⅰ . ①茶… Ⅱ . ①塔… ②张… ③李… Ⅲ . ①茶文化－文化史－英国－图集 ②社会生活－历史－英国－图集 Ⅳ . ① TS971.21-64 ② D756.18-64

中国版本图书馆 CIP 数据核字 (2021) 第 146263 号

书　　名　茶味英伦

CHA WEI YINGLUN

著作责任者　[英] 塔妮娅 · M. 布克瑞 · 珀斯（Tania M. Buckrell Pos）著 张弛 李天琪 译

责任编辑　路　倩

标准书号　ISBN 978-7-301-32329-8

出版发行　北京大学出版社

地　　址　北京市海淀区成府路 205 号　100871

网　　址　http://www.pup.cn 新浪微博：@ 北京大学出版社

电子信箱　pkuwsz@126.com

电　　话　邮购部 010-62752015　发行部 010-62750672　编辑部 010-62750577

印 刷 者　天津图文方嘉印刷有限公司

经 销 者　新华书店

170 毫米 × 240 毫米　16 开本　22.75 印张　391 千字

2021 年 8 月第 1 版　2021 年 8 月第 1 次印刷

定　　价　186.00 元